面向新工科数据科学与大数据技术丛书

R语言数据分析与可视化

微课版

沈刚 ◎编著

Data Analysis and Visualization in R Language

人 民 邮 电 出 版 社
北 京

图书在版编目（C I P）数据

R语言数据分析与可视化 ： 微课版 / 沈刚编著. -- 北京 ： 人民邮电出版社, 2023.12
（面向新工科数据科学与大数据技术丛书）
ISBN 978-7-115-61951-8

Ⅰ. ①R… Ⅱ. ①沈… Ⅲ. ①程序语言－程序设计－教材 Ⅳ. ①TP312

中国国家版本馆CIP数据核字(2023)第105875号

内 容 提 要

本书是为初学者学习 R 语言数据分析与可视化技术及它们在数据科学中的应用而编写的。全书共 7 章，可分为 3 个部分。第 1 部分（第 1～3 章）介绍 R 语言数据分析的基础知识，第 2 部分（第 4～5 章）介绍 R 语言基础绘图方法，第 3 部分（第 6～7 章）介绍较为重要的 R 语言可视化扩展包的具体应用。读者可以通过本书了解和体验 R 语言数据分析与可视化技术的特点、功能和应用。本书的所有示例代码均已在 R 4.2.1 环境下调试通过。

本书既可作为高等院校相关专业的教材，又可作为科技工作者使用 R 语言绘制图形的参考用书。

◆ 编　　著　沈　刚
　责任编辑　王　宣
　责任印制　王　郁　陈　犇
◆ 人民邮电出版社出版发行　　北京市丰台区成寿寺路 11 号
　邮编　100164　　电子邮件　315@ptpress.com.cn
　网址　https://www.ptpress.com.cn
　大厂回族自治县聚鑫印刷有限责任公司印刷
◆ 开本：787×1092　1/16
　印张：16.5　　　　2023 年 12 月第 1 版
　字数：455 千字　　2023 年 12 月河北第 1 次印刷

定价：69.80 元

读者服务热线：(010)81055256　印装质量热线：(010)81055316
反盗版热线：(010)81055315
广告经营许可证：京东市监广登字 20170147 号

时代背景

截至 2022 年年底，我国已有 600 多所高等院校开设了数据科学与大数据技术专业，为我国培养掌握数据科学与大数据技术的基础知识、理论与方法的专业人才做出了巨大贡献。数据科学与大数据技术专业的学生在学习数据科学、计算机科学及数学的基础知识和理论的同时，也需要掌握数据建模、数据分析与处理、数据系统及应用开发的基础理论、方法和技能，还需要将所学的知识与技能运用到自然科学、社会科学和工程领域去解决实际问题。为了实现上述目标，熟练地使用数据分析与可视化技术已成为数据科学与大数据技术专业学生的一项必备技能。

写作初衷

经过持续演化，R 语言已经成为目前数据科学研究与应用领域极受欢迎的程序设计语言之一。数据分析与可视化技术密不可分，通过可视化的形式展现数据，可以揭示数据所蕴含的模式和变化趋势，方便用户查看数据、理解数据并分析其中的规律，进而获得有价值的见解。R 语言及其众多的扩展包为我们提供了丰富的数据分析与可视化工具包，这些工具包可以帮助数据科学与大数据技术专业及其他相关专业的在校生和专业人士快速地完成主流的数据分析与可视化任务。为此，编者以展示 R 语言数据分析与可视化技术的特点和主要功能为主线编成了本书。

本书内容

本书内容可分为以下 3 个部分。

第 1 部分介绍 R 语言数据分析的基础知识，由第 1 章、第 2 章和第 3 章组成，内容包括概述、R 语言数据操作、R 语言数据分析等基础知识。

第 2 部分介绍 R 语言基础绘图方法，由第 4 章和第 5 章组成，内容包括 R 语言基础绘图系统和常用图形类型。

第 3 部分介绍较为重要的 R 语言可视化扩展包的具体应用，由第 6 章和第 7 章组成，内容包括 ggplot2 绘图和 plotly 绘图。

学时建议

本书各章内容学时建议如表 1 所示。

表 1　本书各章内容学时建议

章名	学时建议一（学时）	学时建议二（学时）
第 1 章　概述	2	4
第 2 章　R 语言数据操作	4	6
第 3 章　R 语言数据分析	6	8
第 4 章　R 语言基础绘图系统	6	8
第 5 章　常用图形类型	4	6
第 6 章　ggplot2 绘图	5	8
第 7 章　plotly 绘图	5	8
合计（学时）	32	48

本书特色

本书特色介绍如下。

（1）在知识内容的选择与理论深度的把握上，编者同时考虑了初学者的学习需要和 R 语言的最新进展，内容安排力求循序渐进，可以助力初学者快速入门。

（2）在技能实训与知识应用方面，本书配有大量的程序示例和使用 R 语言绘制的图形，通过可重现的程序示例引导初学者动手实践，能够锤炼初学者利用 R 语言进行数据分析与可视化的实战能力；同时，本书所有代码均已在 R 4.2.1 环境下调试通过。

（3）本书提供 PPT 课件、教案、教学大纲、习题答案、源代码和微课视频等教辅资源，读者可以登录人邮教育社区（www.ryjiaoyu.com）下载使用，部分教辅资源仅供院校教师下载使用。

由于编者的知识和水平有限，书中难免存在不足之处，敬请广大读者批评和指正。

编　者

2023 年春于华中科技大学

第1部分

第1章 概述

第2章 R语言数据操作

第3章 R语言数据分析

第 2 部分

第 4 章 R 语言基础绘图系统

第 5 章 常用图形类型

第 3 部分

第 6 章
ggplot2 绘图

第 7 章
plotly 绘图

第1部分

第1章 概述

人类天然地处在一个视觉世界中。研究表明，人类80%～85%的感知、学习和认知活动是通过视觉调节来完成的。中华文明源远流长，早在几千年以前，我们的祖先就在将军崖岩画上描绘出对土地的崇拜。虽然有图未必有真相，但是多数情况下“一图胜千言”仍旧成立。在我们生活的现代世界里，图像记录通常比文字和数字更直观。人类对图像中的信息通常更敏感，特别是能够迅速地发现图像中不同对象之间的关联。

数据中蕴含的价值需要通过数据分析才能得到体现。数据分析师在收集数据之后，需要清理和转换原始数据，使其变为可操作的信息；接下来，通过加工、建模等数据处理步骤提炼出知识、做出预测，并提供建议，形成以图表和图形为载体的报告，帮助决策者实施科学决策。近年来，在众多的数据分析项目中，数据可视化显得尤为重要。

从历史上看，数据可视化早期的成果体现在测量与地图绘制工作中。解析几何与概率论的发展把数据可视化的工作推上了更大的舞台。20世纪，电子计算机及相关技术的进步改变了分析和探索数据的方式，也加速了数据可视化技术的演化。相比于手工分析与绘图，计算机软件工具实现了更高效率的计算和更准确的绘图，并且可以适用于很多领域的复杂工作。用计算机取代纸和笔以后，用户不仅可以在短时间内完成大量复杂的统计计算与图表绘制，还能从多个不同的角度来查看数据，描绘数据的整体信息，比较不同数据的作用，发现数据中蕴含的模式和趋势。

在大数据和数据科学的应用中，人们使用的技术手段随着探索问题的深入也在不断进化。R语言是一门深受数据科学行业的分析师、研究人员、程序员欢迎和信赖的编程语言。R语言不仅提供了完整的应用统计分析工具，而且支持丰富的可视化功能，因此广泛适用于不同的数据分析与可视化任务中。R语言具有自己独特的风格，但是对于有过其他编程语言经验的人来说，其编程简单易学，即使是初学者也容易上手。R系统是一种开源、免费的计算软件，得到了开源社区广泛的支持，形成了一个日益成熟的、巨大的生态系统。越来越多的R语言扩展包使R系统成为数据分析与可视化工作的重要支柱。

本章主要介绍数据分析与可视化的基本内容，包括数据分析流程与可视化对象的结构，以及R语言对数据分析与可视化的支持。

1.1 数据分析的意义

本节将简要地介绍数据分析的重要性，并讨论数据分析所使用的主要技术。

1.1.1 数据分析的重要性

随着计算机技术的持续发展，数据这个术语逐渐被用来指代计算机存储、传输和处理的信息。实际上，数据在不同的场合中可能有不同的形式和含义。数据既可以是记载在纸上的文本和图形，也可以是存储在电子设备中的“字节”，还可以是“记忆”在人脑中的事实。当被问及什么是数据时，很多人都会根据自身的理解而给出不同的回答。例如，对于自动驾驶开发者而言，数据指的是摄像头拍摄的视频、惯性测量单元采集的加速度值和雷达测量的距离等；对于投资者而言，数据是指各种宏观经济指标、财务报表披露的信息和金融市场的交易量；对于零售业从业者而言，数据是关于商品的进销存统计、供货商和客户的信息；对于开展实验的学生而言，数据是使用的仪器设备参数、试剂的成分和用量，以及对实验结果的观测记录。

一般意义上，数据是指所收集到的、用于分析的信息。在韦伯斯特字典中，数据被定义成作为推理、讨论或计算基础的事实信息（如测量值或统计值），以可被传送或处理的数字形式存在。由于所指的事实与信息在不同的应用场景中拥有广泛的内涵，因此数据可以具有不同的表现形式。

数据本身并不直接体现价值。只有通过分析和处理，数据才能被加工成有组织的、完整的、准确的信息。数据分析就是经过收集数据、清洗数据、转换数据、数据建模、验证模型等步骤，从数据中抽取知识和洞见，实现有效的数据驱动决策的过程。数据分析结合了数学知识、编程技能、领域专业知识和其他科学方法，其目标就是从结构化数据和非结构化数据中提取可操作的知识，并将从数据中挖掘的知识应用到广泛的实际工作中。

伴随着源源不断产生的数据，数据分析的应用受到不同领域越来越多的关注。一个典型的数据分析应用案例是企业实现的精准广告投放。企业希望能够准确地定位目标客户，在投放广告时，将有限的资源用在潜在客户身上，而忽略那些对企业产品没有兴趣的人群。数据分析师通过跟踪产品在目标人群中的评价和销售情况等数据，更好地了解目标客户的消费习惯、可支配收入和可能感兴趣的领域。参考数据分析所发现的结果，企业还可以采用合理的产品价格、确定广告策略、预测所需产品的数量等能提升竞争力的措施。

尽管数据能产生重要的价值，但在现实中，用于表示观测对象的原始数据（如传感器采集到的测量值）往往既包含有用的信息，又包含与观测对象不相关的内容（如人为错误），可能还包含干扰成分（如测量噪声）。因此，这些原始数据必须经过逐步处理才能体现出所蕴含的最终价值，而数据可视化就是数据分析的一种重要手段。

可视化是一种形成视觉上可见形式的过程。可视化技术是指通过创建图表或动画来传达信息的技术形式。在历史上，人类很早就掌握了通过视觉形式来表达抽象概念和描绘具体对象的方法。这样的例子数不胜数，如洞穴壁画和象形文字。经过不断演化，当代工程技术和科学研究中已经采用了各种先进的绘图方法。

数据可视化的首要任务是帮助数据分析师开展有效的数据探索和验证。人们可以选择不同的数据可视化工具，借用图表、图形和地图等可视化元素将数据中隐含的抽象信息具象化，以查看和理解数据中的趋势、异常值和内在模式。图形将数据表现为更容易为人们所理解的视觉形式，有助于人们去深入挖掘数据中的价值。在大数据时代，数据可视化对于分析大量信息、做出数据驱动的决策至关重要。良好的可视化可以消除数据中的干扰和无效成分等噪声，从而突出有用的信息。

数据可视化还能充当让受众准确了解信息的媒介。数据分析所产生的报告离不开以图形展示的结果和结论。通过阅读图形，管理人员、决策者、执行人员和普通受众能够直观地掌握图形表达的信息，识别问题的主要因素，并迅速采取决策来解决问题。

1.1.2 数据分析技术

通常，数据分析师需要掌握一些关键的分析技术，包括描述性分析、诊断分析、预测分析、统计推断和文本分析。描述性分析用于解释发生了什么，用户通过使用统计和表示工具等进行现状描述。

诊断分析解释为什么会发生这种情况，用户使用诊断分析来识别数据中的模式。预测分析用于回答最有可能发生的事情是什么，用户通过使用历史数据和当前事件中发现的模式预测未来的事件。统计推断用于从样本中推出总体结论，对未知事物做出概率性推测。文本分析也称为文本挖掘，用于从文本数据中发现内在模式和趋势。

数据分析既包括探索性数据分析，又包括验证性数据分析。前者侧重于在数据中探索知识和发现内在模式。后者侧重于使用数据对依据理论和先验知识做出的假设进行验证。

统计学为数据分析提供了基础理论。常用的数据分析技术多借助于统计分析的具体方法，包括描述性分析、方差分析、因子分析、回归分析等。正在迅速发展的人工智能也为数据分析领域提供了有潜力的建模和分析工具，如聚类算法、决策树和各种深度神经网络等。

由于人是视觉导向的生物，图像可以快速引起人的注意。人在处理图像时所具备的并发处理能力也超出了处理文字和数字的表现。因此，数据可视化技术成为数据分析的重要支撑工具。

不过，数据分析师想要实现一个出色的可视化效果并非轻而易举，不能简单地等同于美化一幅图像，使其看起来更漂亮。在日常办公中，使用 Excel 电子表格软件就可以将数据方便地转换为折线图、柱状图或饼图等形式。类似的软件早就被广泛使用，这些可视化方法非常简单、有效，极大地提高了办公效率，却无法满足近年来不断提升的数据分析需求。随着大数据技术的应用日益受到重视，可视化技术也持续取得新的进步，一些新的可视化形式应运而生。下面以词云图为例加以说明。

目前，基于文本的数据分析几乎在每个行业都受到关注，词云图在获取对事实的认知和发现内在模式方面变得越来越重要。首先，词云图可以帮助用户从不同形式的大量数据中得出定性的结论，如帮助社交媒体网站收集和分析数据，寻找当前用户喜好趋势，识别不法分子或违规行为，以及预测即将发生的用户行为变化。其次，词云图可以帮助用户利用互联网中的搜索关键词和网页访问数据得出趋势，如帮助市场营销人员揭示当前的销售趋势、消费者行为特征和产品存在的问题等。此外，词云图还可以帮助用户使用自然语言处理技术提高工作效率，如帮助内容提供商确定一篇文章的主题，查找相关的文件，向订阅者推送他们感兴趣的知识。

利用词云图来显示文本数据的主要原因包括以下几个方面。首先，词云图可以保持关注的焦点。文本是一种复杂的沟通工具，读者需要长期的阅读训练才能快速理解一篇复杂文章的主旨。而词云图可以让读者无须浏览整篇文章就能够将注意力集中在主要因素上。其次，词云图以简洁、精准的方式呈现信息。通过文字大小和到图中心的距离将准确的信息呈现给观众。

综上所述，词云图通过直观的形式保障用户体验，在形式上具有视觉吸引力，可以很好地改善用户体验。

图 1-1 显示了使用 R 语言 wordcloud2 包生成朱自清先生的知名散文《春》的词云图。根据一份文档中所包括词的词频差异生成图示（词频越高，词的字号越大），即使不阅读全文，读者也可以快速地识别这篇文章的主题：春天。

图 1-1　R 语言生成的词云图

当然，可视化技术的发展也给数据分析师带来了挑战。有效的数据可视化需要在形式和功能之间达成巧妙的平衡。一些形式简单的图形虽然可以高强度地传递一个观点，但可能因其外观平淡、乏味而无法引起人们的注意；而另一些图形虽然有着炫目的视觉效果，却可能无法表达正确的信息。只有通过学习和训练来同时掌握出色的抽象分析技能和丰富的形象描述手段，数据分析师才能把数据的含义和视觉效果结合在一起，达到数据可视化更高层次的境界。

1.2 数据分析流程

本节介绍的是数据分析需要执行的主要步骤，以及需要设置哪些关键的可视化选项来更好地实现数据分析目标。

1.2.1 数据分析的主要步骤

数据分析所完成的是从原始数据到数据报告的变换。这一过程既包括对数据的加工和处理，也包括选择合适的分析工具和模型形式等一系列决策。通常，数据分析不是一个简单的线性过程，需要通过反复迭代才能得到最终有效的结论。图 1-2 中列出了一个典型的数据分析流程中所涵盖的步骤。

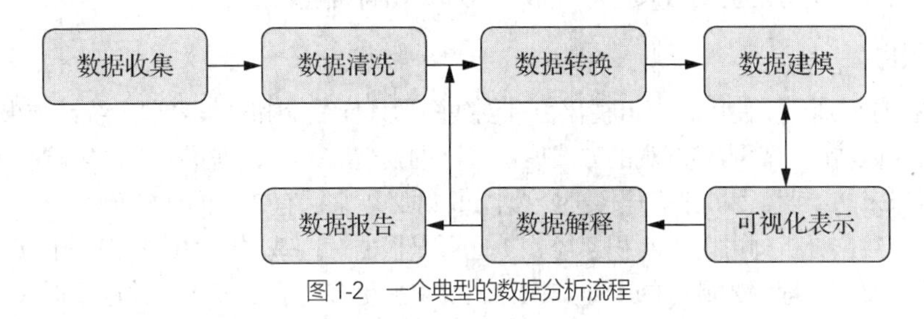

图 1-2　一个典型的数据分析流程

1. 数据收集

数据可以从不同的来源收集，如实地测量记录、磁盘文件和网上各种形式的文档。例如，数据分析师可以将磁盘上的文件读入使用的软件系统或从网络上的现有资源中抓取所需的数据。数据的意义决定了数据分析的价值，任何有价值的数据分析都离不开获取原始数据这一基本步骤。

2. 数据清洗

并非所有的数据都能在分析过程中产生价值，数据分析师通过筛选与过滤可以去除无关的数据，仅保留感兴趣的那些数据。同时，在数据中还可能有一些损坏或残缺的记录，因此数据分析师会清除掉不能满足要求的数据，也可以通过一些预设规则或者先验知识来补充及完善数据。

3. 数据转换

原始数据可能以各种各样的形式存储。在使用分析软件来处理数据之前，数据分析师必须将数据转换为一些特定的结构，例如把连续的数值型数据和分类数据分别定义为不同的数据结构。某些相关的数据还需要特殊的组织形式，例如有必要把收集到的对同一对象不同属性的观测结果组织为一条记录，把对若干对象的一组记录组织成一个表格。对相关数据进行转换的另一目的是使得不同维度的数据具有良好的特性，如相同的分布范围。经过变换得到的新的结构让数据分析师更容易通过系统提供的工具完成后续的处理。

4．数据建模

相比数字本身，决策者更关心数据中所隐藏的知识，如趋势、相关性和异常值。把数据代入不同的模型中，应用统计学或数据挖掘的方法来识别模式，挖掘数据中的潜在价值是数据建模的目标。数据可视化就是要帮助人们探寻可能无法直接从原始数据或统计特征中获得的见解。在探索性数据可视化过程中，对数据进行基于统计学的深加工，得出有助于理解数据的必要特征是一个关键且基本的步骤。数据建模往往无法一蹴而就，需要不断迭代以获得更好的效果。通过可视化展示数据和结果，数据分析师可以改进模型，让数据揭示的结论更清晰、更可靠。尝试更新、改进数据模型是与数据可视化持续交互的迭代过程。更具说服力和吸引力的图形展示可以进一步启发数据分析师构建有效的模型。

5．可视化表示

数据分析师在用视觉形式表示数据时，首先要选择一个基本的可视化模型，例如选用条形图、散点图或树状图中的一种来表示数据间的关联。可视化模型的种类越来越多，会给使用者带来一些选择困难：即使已经选择了符合需要的可视化类型，还要思考如何设计出优秀的视觉效果。

6．数据解释

对数据建模后，数据分析师需要评估和验证模型与预测结果。模型与预测结果的准确性和可靠性不仅需要得到测试数据和统计推断的支持，还需要判断模型结构是否与业务中的基础逻辑一致。数据解释就是用数据和事实对模型及结果进行评价，从而得出符合逻辑的结论。

7．数据报告

最后，数据分析师还要使用数据可视化工具创建图形来向受众和决策者展示统计结果和分析结论。数据分析师需要以清晰、简明和直观的方式展示自己的发现。由于数据报告可能影响决策者对业务现状的了解和对未来的预期，因此撰写报告时数据分析师必须掌握有效的沟通技巧。

在实践中，数据分析师可以不断积累经验，也可以根据一些基本的理论知识来丰富自己的技能。数据分析师不仅要深入理解领域中的专业知识，还要掌握更多的分析技术，并逐步形成良好的数据可视化风格。

1.2.2 影响数据可视化的因素

因为可视化类型和视觉元素的数量日趋丰富，数据分析师在运用可视化技术时需要从众多的选项中寻找合理的搭配。除柱状图、散点图和折线图之外，数据分析师还可以实现一些更为复杂的可视化效果，例如交互图、热图、小提琴图及蜡烛图等。

因此，数据分析师在选择可视化模型时，需要权衡视觉效果、数据精度、用户体验、显示器分辨率、打印机性能和编程快捷性等多个因素。

首先，数据分析师需要考虑是否用图形来表示数据。显然，数据表也是一种常见的选择，因为数字直截了当地代表计算结果，但是枯燥的数字也可能会掩盖数据中蕴含的特征。以等高线图和热图为例，两者将三维数据使用二维的方法可视化，同时用颜色来表示第三维数据的大小。虽然都用二维空间中颜色的色调或强度表示数值，不同之处在于等高线图中数值相等的邻近区域标识了轮廓，而热图以固定大小的单元格表示数值。颜色的变化提供了关于变量在空间中变化方式的线索。在图 1-3 所示的等高线图中，可以看到数值在二维空间中分布的局部连续性。而图 1-4 所示的热图中的行和列并没有按索引升序或降序排列，其排列反映了统计分析所发现的层次聚类的结果，揭示出行与行、列与列之间的相似关系。

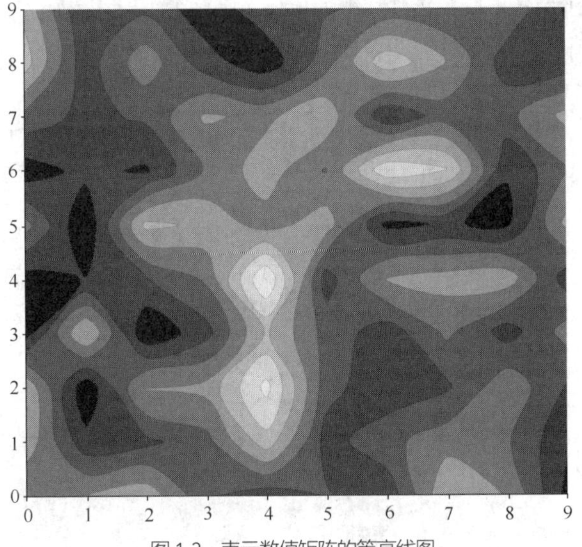

图 1-3　表示数值矩阵的等高线图

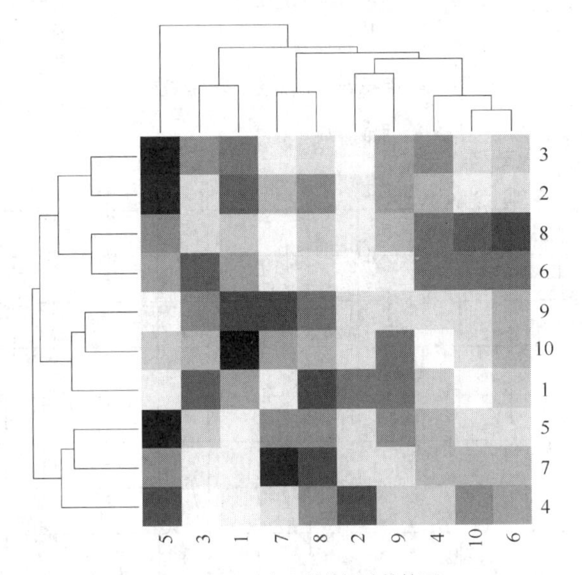

图 1-4　表示数值矩阵的热图

其次，数据分析师还需要决定是用多幅图来表示数据的不同侧面还是将所有信息集中到一幅图上。把不同的属性用不同的图表示出来，每一幅图的主题会更加明确，而且只需要进行一些简单的可视化处理。但是，在一幅图上同时表示多种数据特征可以使这幅图具备更高的信息密度，方便用户从不同角度对研究对象进行比较。下面以显示数据分布四分位的箱形图和更加复杂的小提琴图为例。小提琴图类似于箱形图，但在每一边加上了一个旋转的核密度图。与箱形图相比，小提琴图还显示了数据用核密度估计方法平滑了的概率密度分布。图 1-5 展示了小提琴图的形式，同时标记了箱形图中的四分位范围。

最后，数据分析师还需要决定是用静态图、动画还是用交互图来传递信息。静态图相对简单，容易实现。但与静态图相比，交互式可视化允许用户对数据进行更深入的探索。例如，在浏览器中通过移动鼠标指针来操作图形，可以让用户全面了解静态图无法表达的细节。一些 JavaScript 库（如 d3）使显示与交互的结合简单可行。R 系统中已包含 JavaScript 库接口，R 用户不需要深入了解 JavaScript 就可以生成交互式可视化的效果。图 1-6 展示了一个用 dygraphs 包创建的时间序列交互图。这一图形通过浏览器的渲染显示出来，当用户把鼠标指针悬停在折线上的数据点时，图像右上角的窗口就会列出该点的坐标值。

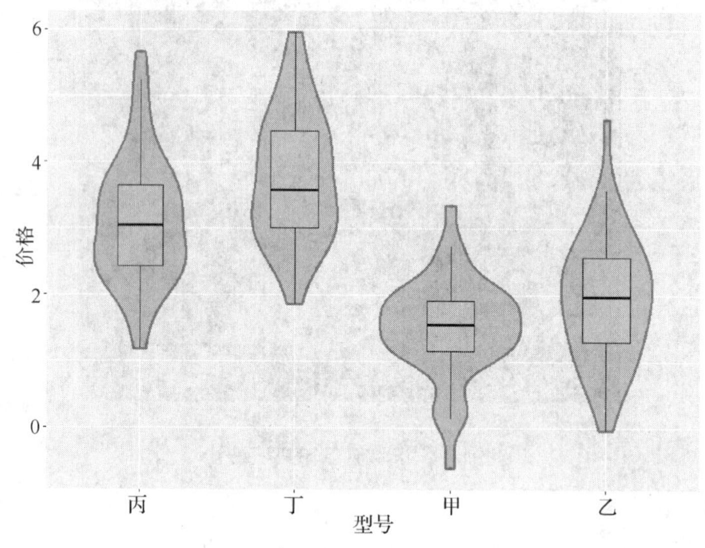

图 1-5　用 ggplot2 包创建的小提琴图

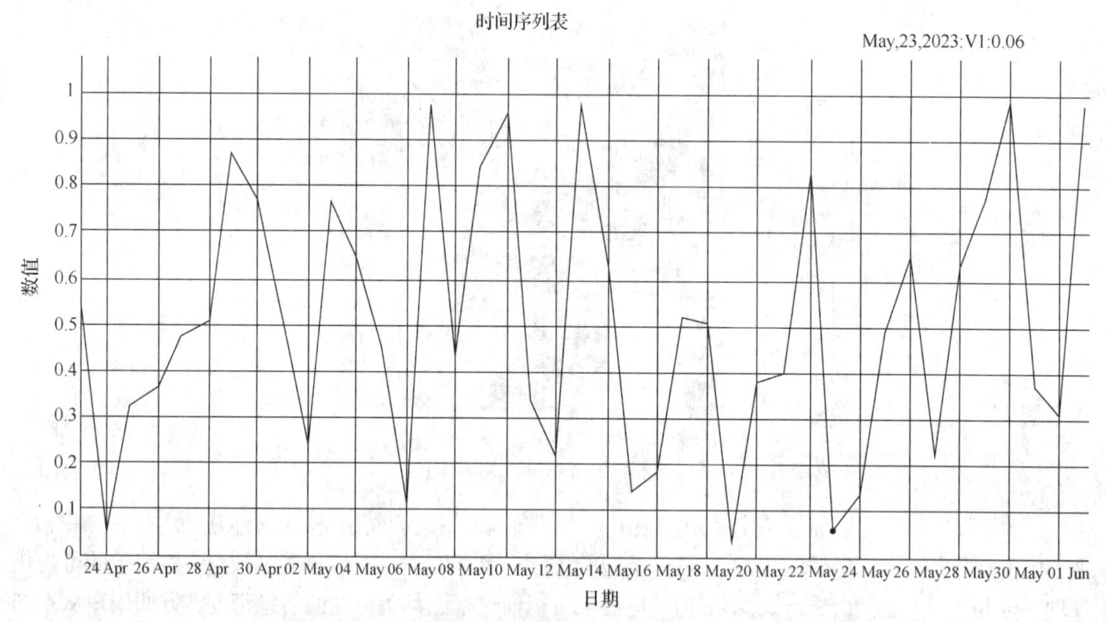

图 1-6　浏览器中的交互图

需要指出的是，数据分析师在决定使用哪种类型的可视化模型时，一定要明确可视化的目标是什么，而不能简单地随机选择。首先，需要深入理解数据的内涵，而不能简单地把数据当作一组数值或符号。经过思考并发现数据代表的含义后，数据分析师就能清楚地知道不同的可视化技术适用于不同的数据类型。此外，还应明确使用可视化方式来实现的目标是什么。例如，面对揭示数据中的显著趋势和寻找数据中的小概率事件这两种目标，数据分析师最好分别使用不同的可视化工具去完成。

接下来，需要考虑的是可视化受众所需关注的本质内容与所能接受的表示形式。每一份可视化图形都在讲述不同的故事，而面向不同的受众就需要不同的讲述方式。例如，数据科学研究的不同阶段有着不一样的受众群体。在研究过程中，数据分析师本人是主要的受众，一些能快速实现的、简化的可视化方法往往是最有效的。在报告研究结论时，受众有可能是对背景知识了解不深的普通人士，也可能是需要依据可视化结果进行决策的管理人员。因此，更易于理解、更清晰、更美观的可视化模型会更好地发挥作用。图 1-7 就是对调查问卷统计结果所做的一种面向普通受众的可视化形式，即用柱状图描述了一组问题的不同回答类别所占的比例。条柱上的颜色深浅差异非常直观地表示了满意程度。

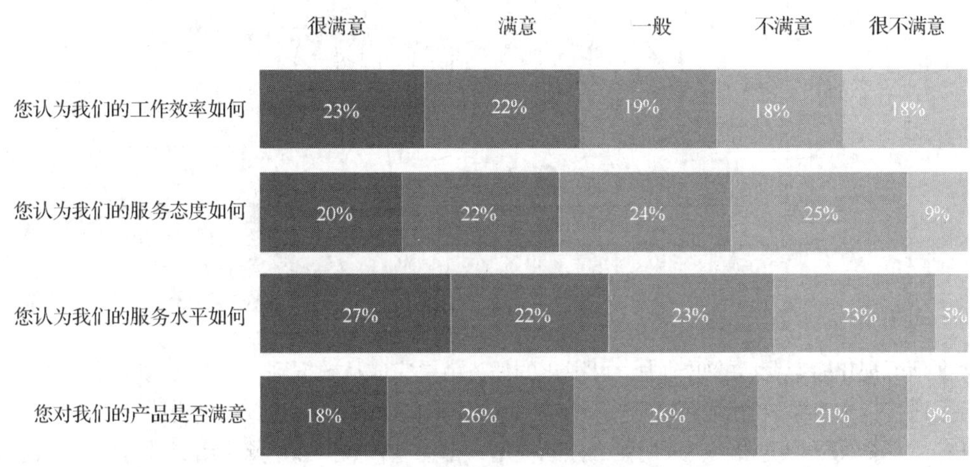

图 1-7 调查问卷结果的柱状图

有时候，数据分析师需要使用一组数据表格和图形才能完整、准确地传达出有说服力的结论，数据表和视觉技术需要协同配合来共同讲述好一个故事。单独的一组数据也许只呈现了局部信息，但是多组数据相互补充就可能构成一个整体。与之相似，如果单凭一幅图不能完美地传递出所有的信息，用户可以合理使用多幅图，甚至采用不同类型的图去达成目标。

1.3 可视化对象的结构

可视化对象的结构

本节将介绍可视化主要由哪些部分构成，各部分的作用与彼此之间的关系。

1.3.1 数据可视化的要素

计算机的显示器或彩色喷墨打印机的界面可以被视为一个由彩色像素点组成的二维平面。显示器和打印机的物理性质实际上对数据可视化形成了约束：首先是空间的约束，可供绘图的空间是一个有限的矩形区域；其次是分辨率的制约，不论是像素点还是墨点，都具有不容忽视的最小尺寸。因此，在数据可视化的过程中，人们需要考虑的就是如何在受约束的前提下将数据中的有效信息以图形的方式呈现在二维空间中。因此，当基本的数据处理完成后，可视化面对的具体对象主要是下面这样一些要素：视觉元素、映射关系、坐标系与比例尺、辅助说明。下面我们以图 1-8 为例来说明这些对象。

在图 1-8 中，我们可以看到一幅图的不同组成部分（要素）。整个图形占据的区域是图纸部分（外层边框内的范围，在不同的绘图系统中可能会有不同的名称，如设备窗口和图板等），由坐标轴决定的区域是绘图空间（浅色区域）。数轴带有标签和刻度，可以用网格线帮助读者更便捷地查找坐标值。图的中心部分是由不同几何对象（如点、线、多边形等）组成的数据表示，这些几何对象可以拥有不同的视觉属性，如形状、大小、颜色等。除了与数据直接对应的几何对象外，图中还可以添加用于解释说明它们的附注，如图例和标注等。

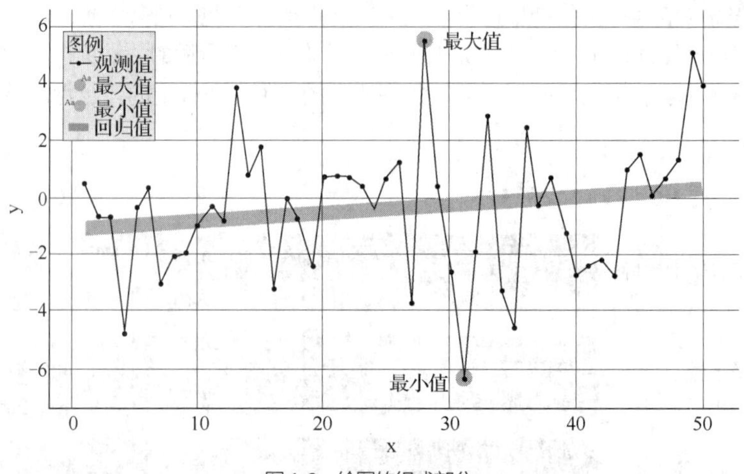

图 1-8　绘图的组成部分

数据是可视化模型背后的驱动力，可视化的任务就是完成从数据到视觉元素的映射，再按照一定的比例把这些视觉对象放置到指定的坐标系空间，当需要时再添加背景及辅助说明。每一个具体的可视化任务，不管其复杂度如何、采用什么样的模型，都建立在数据和这几个组成部分之上。这些组成部分有时具有一定的独立性，我们可以根据需要进行取舍；有时则形成了固定的框架，组成部分之间存在相互影响和彼此制约的关系。

1．视觉元素

可视化过程中需要把数据映射为几何对象及视觉属性，借助人们容易感知到的视觉形式来表示数据。这是一种行之有效的方式，充分利用了人类大脑擅长依靠视觉寻找模式的特点。在处理视觉元素时，我们要保证可视化效果和所表示的数据之间存在确定的映射关系，不能让读者只看到一些没有明确意义的几何形状和堆砌的颜色，而失去对数据本质含义的理解。

2．映射关系

人们不一定能在图形上找得到从数据到视觉元素映射关系的直接描述，但是可视化用到的映射一定会影响显示的结果。对于同一组数值型数据，实际上存在不同的映射方式将其转换为不同的视觉对象。例如，选择形状作为描述数据的几何对象，那么可以把数值的大小映射为形状的尺度（如长度、宽度或面积）。如果选择用颜色来表示数据，则需要把数值的大小映射为色轮上的编码。有些数据不是连续的数值，而代表一些固定的类别。符号是区别不同类别的简易方式，使用不同的符号来表示不同类别也构成了一种映射关系。因为数据被映射到二维平面，所以可使用混合方式来实现双重映射，例如分类刻度与数值刻度可以分别用于不同的坐标轴。

3．坐标系与比例尺

对象的相对位置和它们在坐标系中的绝对位置都可以用作重要的视觉提示。人们能够依据其相对位置进行数据之间相关性的判断，也可以根据观测到的坐标值去分析变量之间的映射关系。与形状（特别是一些大尺寸的形状）相比，表示位置关系不需要占用太多空间资源。但是，如果需要表示的数据过多、过密，就可能会出现彼此重叠的现象，这时就需要一些特殊处理来解决问题。除了平面直角坐标系之外，常用的坐标系还包括极坐标系和地理坐标系。基本的比例尺形式是线性比例尺，但有些场合下对数比例尺更能节省空间。比例尺不仅适用于坐标轴和形状，还可以用于颜色的缩放。使用颜色的色相和饱和度表示不同大小的数值时，也需要预先确定它们的对应关系。

4．标注与说明

有效的可视化需要做到不言自明。不过，为了让受众更准确地观察，或者更好地理解视觉对象和数据之间的关系，数据分析师在可视化工作中也可以增加一些背景或说明。例如，增加背景色来突出关键的几何对象或加上网格线辅助判断对象的位置。使用描述性标题来介绍上下文（如内容、时间、地点和原因的信息）有助于受众更清楚地理解数据。图例可以使受众了解不同几何元素代表的数据之间的区别。此外，文字标注和箭头可以解释变化的原因。

1.3.2 核心视觉元素

可视化的核心功能是将数据映射到由几何对象和视觉属性组成的图形的抽象过程。如果仅从技术角度出发，这似乎是一件很容易用软件实现的事情。在实际的数据可视化任务中，数据分析师所面临的挑战则是要让受众用视觉发现在数据表格中无法察觉的内容，因此要找出最适合数据的几何形式，并决定其在显示屏上的放置位置（坐标系），以及如何调整形状、大小及颜色的属性映射关系。从原始数据到可视化结果的质量，这都取决于数据分析师对数据的理解和对可视化工具的掌握。

当前，数据可视化技术可以给数据分析师提供形式丰富多样的视觉表示方法，但是并非所有的视觉对象都具有同样的功能。1985 年，美国贝尔实验室的统计学家威廉·克利夫兰（William Cleveland）和罗伯特·麦吉尔（Robert McGill）发表了一篇关于图形感知和方法的论文。这项研究的重点是确定人们对视觉线索理解的准确程度，从而得出一个从准确到不准确的排名。研究结论表明，从准确到不准确的排名依次是：位置、长度、方向、角度、面积、体积、曲度、色相和饱和度。这一研究成果随后影响了一些关于可视化的工作原则，例如人们现在普遍认为柱状图的视觉效果优于饼图的。

几何形状是一个有着明显区分度的视觉对象。在使用几何元素来表示数据时，既可以选用零维的点的坐标表示数值大小，也可以用一维的线段长度、二维的面积或三维的体积等不同方式来实现，用更大的对象表示更大的值。不同类型的形状和符号一样，都可用于直观地区分对象的类别。地图就是人们生活中的一个实例：地图上的位置关系可以直接对应到现实世界中，而形象化和抽象化的图标都可以表示现实世界中的事物。例如，可以用树木来代表森林，用房子来代表建筑物，或者用问号代表问讯处。在绘制折线图时，可以用圆形、三角形和正方形表示不同类型的数据点。

通常可以用色相和饱和度两种方式来指定颜色，这两种方式可以分别使用，也可以联合使用。色相就是人们通常所说的颜色，如红色、蓝色、绿色（简称 RGB）等。指定不同的 RGB 值可以生成更加丰富的颜色选项。用不同的颜色可以表示分类，也可以用连续变化的颜色值来代表数据的大小。饱和度是一种表示颜色的色相的数量值，所以如果选择的颜色是红色，饱和度越高，视觉上就感觉红色越深，降低饱和度则会使其看起来像褪色。将色相与饱和度结合在一起使用，则能赋予用户更高的灵活性。例如，可以用一组颜色来表示不同的类别，而在每个类别中用饱和度表示不同的数值。由于颜色不依赖于大小或位置，因此我们可以一次编码大量数据。然而，并非所有人对细微的颜色差别同样敏感。当使用颜色表示数据时，一定要保证足够的区别度。

当编码数据时，最终必须将表示数据的几何对象放置在某个位置。数据分析师用一个结构化的空间和规则来决定形状和颜色的走向。坐标系给出了平面上纵坐标和横坐标代表的含义。在可选择的坐标系中，有 3 种覆盖了大部分应用：笛卡儿坐标系、极坐标系和地理坐标系。坐标系指定了可视化的维度，而比例尺决定了把数据映射到这些维度中的具体位置。常见的比例尺可以分为 3 类：数值型、类别型和时间型。虽然时间是一个连续变量，我们既可以以线性映射在给定范围内描绘时间数据，也可以用时间表示类别，如星期几或某个月的第几天等离散值。需要指出的是，很多对象在时间轴上按不同周期循环，这种性质对于比较周期性的时间序列非常重要。

视觉元素是人们看到的主要内容，而坐标系和比例尺帮助人们赋予数据空间上的结构。标注和说明为数据注入了生命，使其易于理解、产生价值。可视化的要素相辅相成，把抽象的数据转移到易于感知的舞台，可以帮助人们迅速并准确地抓取数据代表的信息。

但是，可视化只是一种输出方式，其根本来源于数据。没有数据就谈不上可视化。数据内容过少，可视化的内容及价值也不会多。如果数据分析师得到了大量的高维数据，新的问题也会随之产生——如何加工、处理这些数据才能让受众看到有意义的细节？更多的数据意味着更多的可视化选项，其中许多数据可能没有实际价值，只有过滤掉质量不好的数据才能找到数据的真正价值。为了获得有意义的可视化效果，数据分析师的关键任务还是掌握好对数据的理解。

1.4 R 语言环境配置

R 语言环境配置

本节将介绍 R 语言对数据分析与可视化工作的支持，包括下载与安装 R 系统、R 系统基础图形绘制的示例以及一些可视化扩展包。

1.4.1 R 系统下载与安装

本书使用的 R 语言版本为基于 Windows 64 位的 v4.2.1。R 目前由 CRAN 维护和发布，读者可根据计算机操作系统平台（Windows 或 macOS）的类型搜索关键词“R 安装”，并选择下载相应的 R 基础（base）发布版二进制文件。下载完成后，单击对应的.exe 文件开始安装，根据提示选择就可以一步一步安装 R 程序。R 的发布版中带有一个简单的图形化用户界面——RGui，本书中的程序都是在 RGui 中执行的。

启动 RGui（64-bit）程序就进入了图 1-9 所示的控制台界面。在控制台中输入本书示例中的代码，或者打开文件并新建脚本，在 R 编辑器中编写 R 语句，然后选择执行，就可以得到相应的绘图结果。

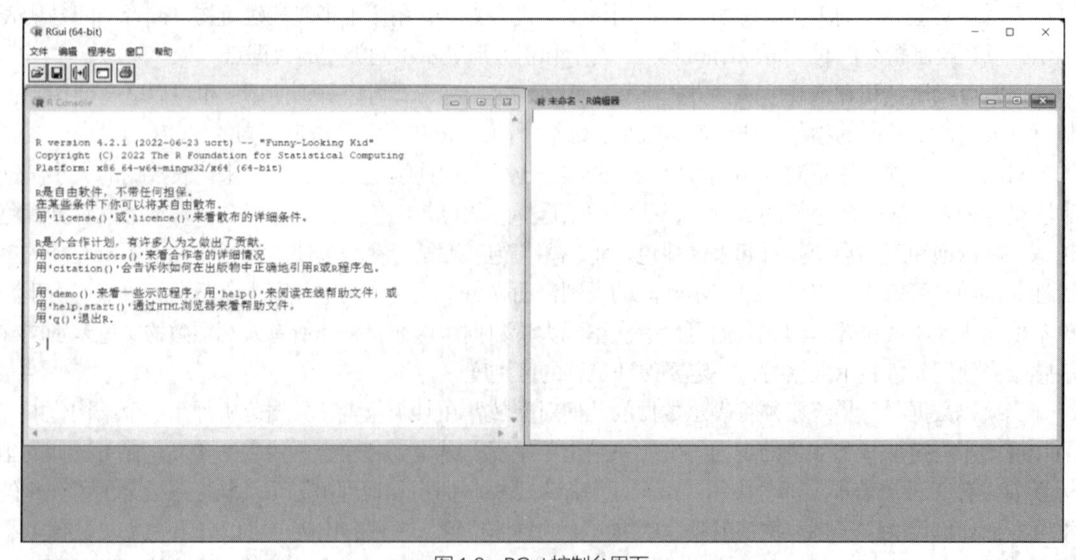

图 1-9　RGui 控制台界面

1.4.2 R 系统基础

R 系统包含 stats 包，支持主要的统计计算和分析功能。示例 1-1 展示了 R 语言中的一些统计函数的使用方式（本书中带有 R 系统提示符 “>” 的示例表示的是控制台中的交互结果）。

示例 1-1 一些统计函数的使用方式。

```
> set.seed(1)                                              #设置随机种子
> x <- rnorm(100)                                          #生成 100 个标准正态分布随机数
> mean(x)                                                  #计算 x 的均值
[1] 0.1088874
> sd(x)                                                    #计算 x 的标准差
[1] 0.8981994
> median(x)                                                #计算 x 的中位数
[1] 0.1139092
> pnorm(1)                                                 #计算数值 1 在标准正态分布中的概率密度
[1] 0.8413447
> y <- 1 + 2*x + rnorm(100)                                #生成带噪声的数据
> #随机抽取 50 个 1～100 的索引
> index <- sample(c(TRUE, FALSE), 100, prob = c(0.5, 0.5), replace = TRUE)
> df <- data.frame(x = x[index], y = y[index])             #组合抽样结果为一个数据框
> result <- lm(y ~ x, df)                                  #对样本数据执行线性回归
> result                                                   #显示线性回归结果

Call:
lm(formula = y ~ x, data = df)

Coefficients:
(Intercept)            x
     0.9425       2.0539

> anova(result)                                            #对线性回归模型做方差分析
Analysis of Variance Table

Response: y
          Df  Sum Sq Mean Sq F value    Pr(>F)
x          1 188.904 188.904  217.64 < 2.2e-16 ***
Residuals 45  39.059   0.868

Signif. codes:  0 "***" 0.001 "**" 0.01 "*" 0.05 "." 0.1 " " 1
```

R 系统中还提供了基础绘图工具包 graphics，其中包括泛型函数 plot()和一些专用的绘图函数。数据分析师使用这些函数就可以实现不同类型的基本的可视化目标。在示例 1-2 中，我们先以某城市连续 30 天的气象数据为例（见表 1-1）来说明 R 语言基础绘图系统的使用情况。

表 1-1 某城市 2020 年连续 30 天的气象数据

气象变量	数值
最高气温（℃）	31,31,33,35,30,31,30,31,32,30,33,30,33,33,31,26,28,29,26,27, 28,28,28,31,33,29,32,30,30,30
最低气温（℃）	25,24,22,24,25,24,24,23,21,23,23,22,24,23,24,22,21,22,21,19,17,17,19,22,29,22,22,19,22,23
天气状况	"C","S","S","C","C","C","S","C","S","S","C","R","S","C","C","C","C","C","C","S","S","C","R","S","S","C", "S","S","C","C"

在示例 1-2 的代码中，首先需要创建包含气象数据的数据框 df。

示例 1-2 某城市连续 30 天的气象数据。

```
day <- 1:30                                          #设置日期范围
high <- c(31,31,33,35,30,31,30,31,32,30,33,30,33,33,31,26,28,29,26,27,28,28,
28,31,33,29,32,30,30,30);                            #给高温向量赋值
low <- c(25,24,22,24,25,24,24,23,21,23,23,22,24,23,24,22,21,22,21,19,17,17,19,
22,29,22,22,19,22,23);                               #给低温向量赋值
weather <- factor(c("C","S","S","C","C","C","S","C","S","S","C","R","S",
"C","C","C","C","C","C","S","S","C","R","S","S","C",
"S","S","C","C"));                                   #给天气向量赋值
df <- data.frame(high, low, weather);                #生成数据框
summary(df)                                          #查看 df 的摘要
plot(low, high, xlab = "最低气温", ylab = "最高气温", pch = 21, cex = 1.2,
xlim = c(15,35), ylim  = c(20,40))                   #使用 plot()函数绘图
```

代码中执行 summary(df)函数的目的是查看 df 对象的摘要。

```
> summary(df);
      high             low             weather
 Min.    :26.00   Min.    :17.00     C:16
 1st Qu. :29.00   1st Qu. :21.25     R: 2
 Median  :30.00   Median  :22.00     S:12
 Mean    :30.30   Mean    :22.27
 3rd Qu. :31.75   3rd Qu. :24.00
 Max.    :35.00   Max.    :29.00
```

在摘要中可以找到数据框 df 中各列数值型数据的统计特征，包括最小值（Min）、第一（下）四分位值（1st Quartile）、中位值（Median）、均值（Mean）、第三（上）四分位值（3rd Quartile）和最大值（Max）。因为变量 weather 是因子型数据，所以只列出了各个因子水平的计数。这些统计数据可以协助使用者更精准地设置可视化方法的参数。执行 plot( )函数后就在一个新窗口中得到了图 1-10 所示的绘图。

```
plot(low, high, xlab = "最低气温", ylab = "最高气温", pch = 21, cex = 1.2, xlim = c(15,35),
ylim  = c(20,40))                 #使用 plot( )函数绘图
```

在 plot( )函数中，我们使用 low 和 high 两个向量作为横坐标和纵坐标来绘制高、低气温分布的散点图，两个数轴的标签分别被置为字符串"最低气温"和"最高气温"，它们的取值范围分别设置为 15～35 及 20～40。参数 pch = 21 表示使用圆点表示数据，cex = 1.2 表示指定圆点的大小为默认值的 1.2 倍。在图 1-10 中，可以看到图形带有一个实线边框，这是调用 plot( )函数的默认效果。

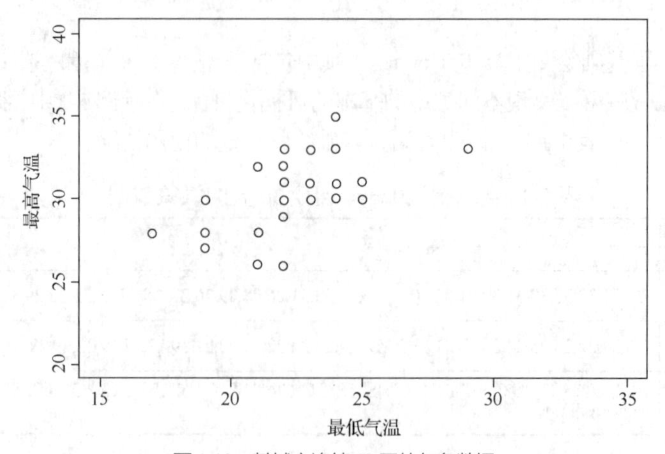

图 1-10 某城市连续 30 天的气象数据

从图 1-10 中可以看出高、低气温的分布接近多元高斯分布，两者之间存在线性相关关系。但是无法从散点图得知变量随时间变化的趋势。在处理时间序列时，可以使用折线图来表示。示例 1-3 实现使用示例 1-2 中的数据框 df，画出代表气温随时间变化的折线图，代码的执行结果如图 1-11 所示。

示例 1-3 表示气温随时间变化的折线图。

```
#绘制圆点并连线
plot(day, high, type = "o", pch = 16, cex = 1.5, main = "气温变化", bty = "n",
     xlab = "日期", ylab = "气温（℃）", col = "red", lwd = 2, ylim = c(15,40));
#添加折线
lines(day, low, type = "o", pch = 16, cex = 1.5, col = "steelblue",
lwd = 2, lty = 2);
#添加图例，图例放置在左上角
legend("topleft", inset = c(0.01, 0.05), c("最高气温","最低气温"), pch = c(16,16),
lty = c(1, 2), col = c("red", "steelblue"))
```

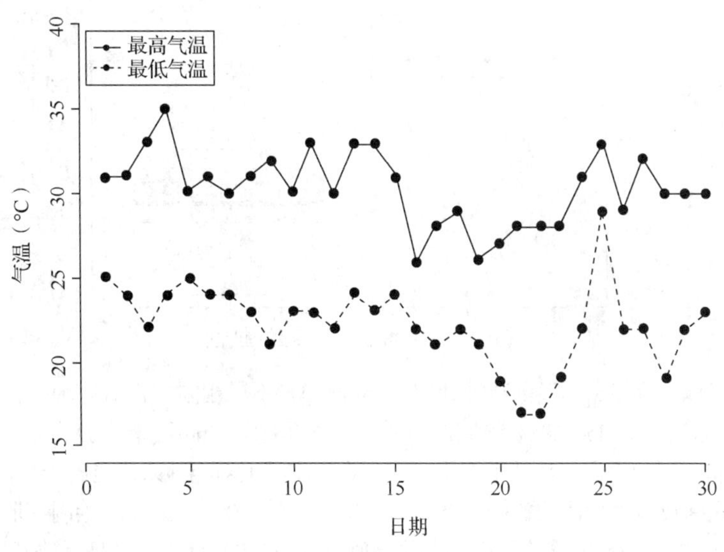

图 1-11 气温随时间变化的折线图

图 1-11 中显示了最高、最低气温在一个月内随时间变化的过程，两条不同颜色的折线可以用于比较两者之间的差异。当阅读黑白图形时，读者也许不足以仅凭借颜色分辨出差异。为了增加冗余，图 1-11 用到了两种线型。图例内嵌在图的左上角，可以说明颜色、线型与变量的对应关系。

除了使用前面提到的 summary ()函数来显示数据的统计特征外，还可以使用箱形图进行刻画。箱形图也叫箱线图或盒须图。箱形图中的 5 条横线从下到上分别用下须线表示的最小值、下盒线表示的第一四分位值、中线表示的中位值、上盒线表示的第三四分位值和上须线表示的最大值，其中第一四分位值、第三四分位值形成了一个箱盒（见图 1-12）。

R 语言提供了函数 boxplot( )用于生成箱形图。读者在控制台中执行下面的函数调用就可以绘制图 1-13 所示的箱形图。

```
#绘制 high 和 low 数据的箱形图，设置填充颜色。操作符$用于访问对象的成员
boxplot(df$high, df$low, lwd = 1.8, col = c("slategray2", "wheat2"))
```

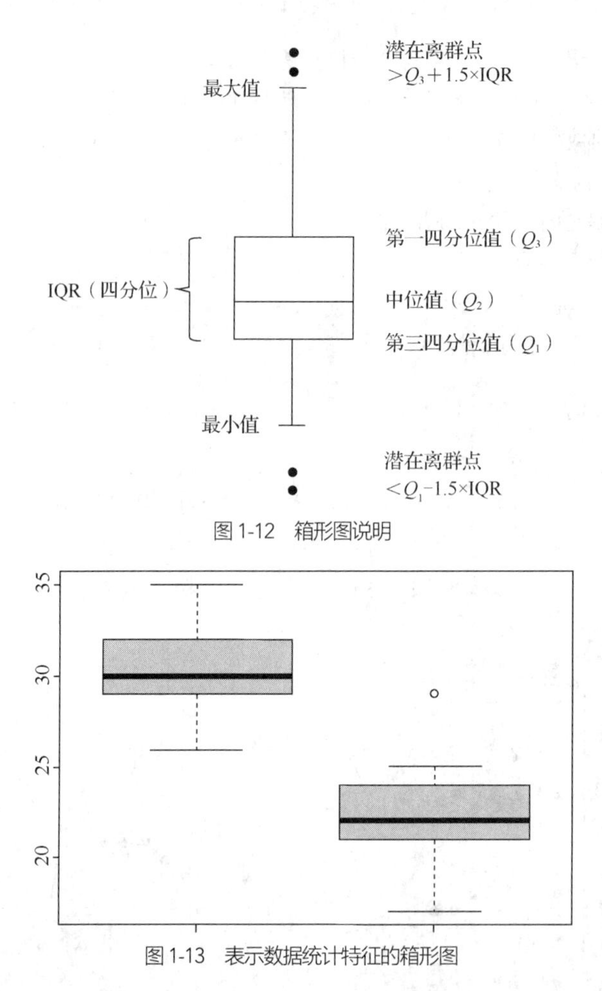

图 1-12　箱形图说明

图 1-13　表示数据统计特征的箱形图

从图 1-13 中可以看到 boxplot( )函数的处理与 summary( )不尽相同。在右侧 low 的箱形图上方有一个表示离群点的空心圆点，而 low 的最大值和 summary( )给出的 29 也不一样。从图 1-11 中也可以发现，29℃的低温与时间序列的变化趋势并不能很好地吻合，实际上对当地来说也属于非常特殊的情况。很多 R 语言的可视化函数包含默认的数据分析和处理功能，例如在用 boxplot( )绘制箱形图时，把偏离上、下四分位 1.5 倍 IQR 以上的数据默认为离群点并单独处理。如果这些默认处理无法满足要求，用户可以通过调整参数值的方式进行修正。R 语言中的可视化函数不仅可以用于数值型的变量，还可以用来表示类别型数据。示例 1-4 用柱状图来直观地展示了 weather 中 3 种天气的天数，代码的执行结果如图 1-14 所示。

示例 1-4　用柱状图展示 weather 中 3 种天气的天数。

```
#统计 weather 中各因子水平的计数
t <- table(df$weather)
#绘制柱状图，见图 1-14
barplot(t, main = "该月天气情况", ylab = "天数",
        names.arg = c("多云", "有雨", "晴"),
        border = "tomato", col = "slategrey", density = 8)
```

在调用 barplot( )时，我们设置输入参数 main 给图形添加了标题，以提供可视化结果的上下文信息。在填充条柱时，还设置了参数 density 来选择阴影线合适的填充密度。

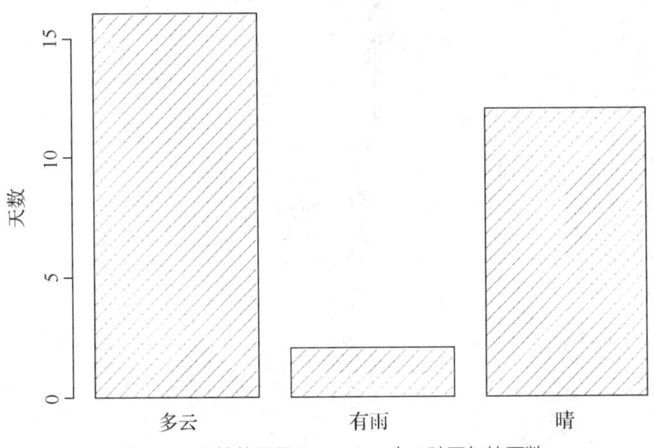

图 1-14 用柱状图显示 weather 中 3 种天气的天数

前面介绍过，使用 R 语言绘制数据可视化图形的主要目的是辅助我们进行数据探索与分析，以及用于结果的交流与信息传递。数据探索任务往往不是一蹴而就的，而是需要循序渐进和迭代反复，因此所使用到的图形数量庞大，简单的函数调用能起到简化任务和提高效率的作用。但是对传递信息这一目标来说，绘制图形时需要充分考虑受众接收信息的能力，而这又包含更复杂的分析和处理过程，甚至需要不同的形式来强化结论。在示例 1-5 中，我们以某城市按月统计的降雨量与长期均值比较的图形为例来说明使用 R 语言绘图时可能用到的一些处理方式。示例 1-5 的执行结果如图 1-15 所示，其中圆点代表实际测量值，条柱代表长期均值。

示例 1-5 某城市按月统计的降雨量与长期均值比较。

```
#保存原参数
op <- par()
#设置参数，边距单位：英寸(in),1in=2.54cm
par(omi = c(0.65,0.55,0.65,0.35), mai = c(0.05,0,0.08,0.0),
    bg = "azure1", las = 1);
#初始化数据
precip <- c(2.6,5.9,9.0,26.4,28.7,70.7,175.6,182.2,48.7,18.8,6.0,2.3);
average <- c(3.3,5.7,9.1,22.5,24.8,63.3,156.7,167.2,58.5,23.6,7.2,2.7);
#绘制一个空图，指定数据，仅设置数轴范围
plot(precip, axes = FALSE, ylim = c(0,200), xlab="", ylab="");
#绘制均值对应的矩形
sapply(1:length(average), function(i) rect(i-0.25, 0, i+0.25, average[i],
       col = rgb(25,80,0,80,40,maxColorValue=255),
       border = "slategrey", lwd = 1));
#绘制垂直线，划分季度
abline(v = c(3.5,6.5,9.5), col = "white", lwd = 2);
#将数据连线绘出
lines (precip, lwd = 5, type = "l", col = rgb(24, 24, 139, 80,
maxColorValue = 255));
#绘出数据点
points(precip, pch = 19, cex = 2, col = rgb(139, 24, 24, 200,
maxColorValue = 255));
#添加数值文字说明
for (i in 1:length(precip))
{
   shift <- if (i < length(precip) & precip[i] < precip[i+1]) -0.25 else 0.25;
   text(i+shift, precip[i]+10, as.character(precip[i]), cex = 0.9,
```

```
        col = "black");
}
#数轴位于下方，刻度为1～12，无刻度线
axis(at = c(1:length(precip)), tck = FALSE, 1);
#数轴位于左侧，指定刻度线颜色
axis(2, col = NA, col.ticks = rgb(128, 24, 24, maxColorValue=255))
mtext("按月统计的降雨量(mm)", 3, line = 2, adj = 0.5, cex = 1.25, outer = TRUE,
      col = rgb(128, 24, 24, maxColorValue=255))
mtext("均值数据来源：统计年鉴", 1, line = 2, adj = 1.0, cex = 1.1,
      font = 3, outer = TRUE, col = "grey50")
#恢复参数
par(op)
```

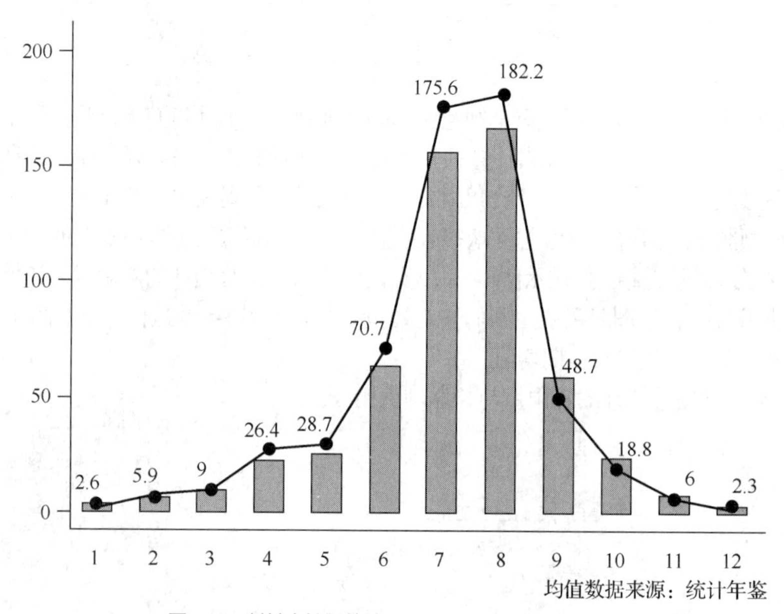

图 1-15　某城市按月统计的降雨量与长期均值的比较

除了使用名称来指定绘图时用到的颜色，R 语言允许用户按照需要来自定义所需的颜色。示例 1-5 中使用了 rgb ()函数来实现自定义颜色的功能。在调用 rgb ()函数指定颜色规格时，函数的调用形式和默认参数如下：

```
rgb(red, green, blue, alpha, names = NULL, maxColorValue = 1)
```

该函数用给定的红色、绿色和蓝色三原色强度值（在 0 和 max 之间）创建相对应的颜色。颜色规范参照 sRGB 颜色空间标准（IEC 61966），我们可以指定 alpha（透明度）值（实际含义为不透明度，因此 0 表示完全透明，max 表示不透明）。如果没有指定 alpha 值，则会默认生成不透明的颜色。names 参数可用于为颜色提供名称。这一函数的返回值可以在图形函数或 par( )中与 col 参数一起使用。

图 1-15 中展示的是一个较为复杂的折线图示例。在这个图形中包括下列元素：标题、副标题、带有标签和刻度的数轴、背景和数据标注。图中用到了多种视觉元素，包括折线、条柱、实心圆点和数据标注，其目的就是强调可视化最重要的组成部分——数据。

1.4.3　R 语言中的扩展包

R 语言中的扩展包（简称包）tidyverse 是一个开源数据分析包的集合。tidyverse 中包含 tidyr、dplyr、 ggplot2、readr 等扩展包：它们共享基本的设计哲学、语法和数据结构，使数据处理和可视化的工作更加清晰、整洁。通过运行下列语句就可以安装 tidyverse 中的所有包。

```
install.packages("tidyverse")
```

执行下列语句加载 tidyverse 的核心工具后，用户就可以在当前的 R 会话中使用有关函数。

```
library(tidyverse)
```

后文将陆续介绍 tidyverse 中的若干函数，本节暂不赘述。

可视化在数据科学中扮演着极为重要的角色，R 社区的开发者持续贡献出越来越多优秀的数据可视化工具，这些开源的软件包构成了生机勃勃的 R 生态系统。R 中提供的各种可视化扩展包让用户得以从电子表格和文件中堆积的枯燥数字中解脱出来，直接借助视觉探寻数据中的价值，从而推动数据科学的进步。除了 R 语言中自带的基础绘图系统，下面这些主流的可视化包中还提供了一系列可视化的工具，它们可以以不同方式来实现更好的可视化效果。

1．ggplot2

ggplot2 是 tidyverse 集合中的一部分，ggplot2 的基础是图形语法。图形语法定义了一种分层的规则，将图形划分为不同的单元，各自负责可视化过程中的一部分功能。这些组成部分既具有一定的独立性，又能够充分组合以构建复杂的视觉效果。作为最重要的 R 可视化包之一，它可以实现用不同图层构成的定制化视觉效果。有别于 R 基础绘图系统使用单独的语句控制可视化的不同部分（因此生成较为复杂的图形时可能会非常烦琐），ggplot2 只需要很少的用户输入，而能自主地管理大部分可视化内容。ggplot2 依靠图形语法，允许用户实现细粒度的控制来决定可视化的结果。因为 ggplot2 提供了较为智能的可视化环境，用户只要提供数据，按照需要调整少量绘制选项，ggplot2 就会完成剩余的工作。因此，用户可以更加专注于解释可视化的结果。

安装命令：

```
install.packages("ggplot2")
```

2．dygraphs

R 语言的 dygraphs 扩展包提供了与同样命名为 dygraphs 的 JavaScript 图表函数库的接口，可以创建高度交互的图表。dygraphs 能够创建功能丰富的交互式图表，支持缩放、平移、鼠标指针悬停与注释等操作。dygraphs 提供了高度的可定制性，用户可以使用选项和自定义回调来轻松处理大型数据集。dygraphs 也可以使用 R Markdown 文件和 shiny 的应用程序。本书主要介绍 dygraphs 对于时间序列的处理。在 dygraphs 生成绘图对象后，使用 print ()函数或输入对象名就能在本地浏览器中查看图形，并执行交互任务。如果需要将图形保存为静态文件，则要依赖其他包的帮助。

安装命令：

```
install.packages("dygraphs")
```

3．plotly

除提供静态图外，plotly 可以用于创建高质量的交互式可视化效果。它提供了大量的图形类型，如柱状图、散点图、折线图、直方图、等高线图、热图、桑基图、三维视图和时间序列图等。因为 plotly 基于名为 plotly.js 的开源 JavaScript 引擎，所以用户能够通过 Dash、Jupyter Notes 在 Web 应用程序中展示和分享可视化效果，或者保存为 HTML 文件。plotly 有两种应用模式，既可以使用类似于图形语法的框架逐步添加轨迹和设置布局创建交互图，也可以将 ggplot2 生成的对象转换为交互图。因此，plotly 和 ggplot2 可以互为补充。此外，plotly 还提供了对定制交互方式的支持。本书仅介绍用本地浏览器渲染图形的查看方式，以及使用静态文件保存绘图。

安装命令：

```
install.packages("plotly")
```

除这些包之外，还有大量的绘图扩展包。有些包提供了自成体系的绘图功能，有些针对特殊的应用场景（如地理信息系统和财务、金融），有些仅提供个别专用的绘图函数。本书限于篇幅，无法对这些包逐一介绍。通过对 ggplot2、dygraphs 和 plotly 的学习，读者可以掌握可视化工具包的一般应用规则和学习过程。

1.5 本章小结

本章介绍了数据分析的意义与可视化的作用、数据分析基本流程以及数据可视化的主要选项，并用一些示例说明了 R 语言数据可视化的特点。作为一门重要的开源统计编程语言，R 语言提供了对高质量数据分析与可视化的有力支持。R 语言社区也在不断丰富数据可视化工具，大量的可视化扩展包让 R 语言用户得以灵活运用数据分析的新技术，扩充可视化选项，便可高效地完成可视化任务。

同时，由于 R 社区的生态多样性，不同开发者提供的扩展包可能会用到不同的术语和风格，这样就给初学者造成了一定的困扰。特别是对于没有面向对象编程技术和函数式编程等领域知识的读者，也可能会对 R 语言函数中数量繁多而命名各异的参数感到难以理解。不过，这些函数通常为参数设置了适用于多数场合的默认值，因此用户只需要提供基本的数据就能完成主要的任务。

后文会尽可能以统一的形式介绍知识点，更多地依靠示例代码和图形帮助读者循序渐进地了解 R 语言数据分析与可视化的技术特点和应用方法。

习题 1

1-1　下载并安装 R 的最新版本。观察在控制台中执行下列语句会得到什么结果？

```
getwd()
?setwd()
```

阅读 setwd()函数的帮助文档，将当前工作目录设置为指定的路径。

1-2　执行下列语句的效果是什么（在控制台输入语句并按 Enter 键后需在图形窗口单击）？思考并说明不同图形的用途分别是什么？

```
demo(graphics)
```

1-3　用户可以使用关键词 function 来自定义函数。执行下列语句，绘制相应的图形。请尝试修改函数 lines()和 text()中数字表示的参数，检验执行效果会发生什么变化。

```
plot_heart = function(name)
{
  z <- seq(0, 60, length.out = 120);
  plot(c(-8,8), c(0,20), type = "n",
       axes = FALSE, xlab = "", ylab = "");
  x <- -.01*(-z^2+40*z+1200)*sin(pi*z/180);
  y <- .01*(-z^2+40*z+1200)*cos(pi*z/180);

  lines(x, y, lwd = 4, col = "red");
```

```
  lines(-x, y, lwd = 4, col = "red");
  text(0, 7,"祝你生日快乐!", col="red", cex = 2.5);
  text(0, 9.5, name, col = "red", cex = 2.5);
}
plot_heart("小明")
```

1-4 在 Notepad++中编辑一段文字，将文件以 ANSI 编码保存到当前工作目录下。把保存的文件命名为 temp.txt，执行下列语句。其中的文件 stop_words.txt 为停用词表。请学习 wordcloud2 ()函数的参数使用方法，尝试用不同参数来改变图形的显示效果。

```
install.packages("jiebaR")
library(jiebaR)

install.packages("wordcloud2")
library(wordcloud2)

words <- readLines("temp.txt", encoding = "ANSI")
wk <- worker(stop_word = "stop_words.txt")
seg <- segment(words, wk)
table(seg)
seg50 <- sort(table(seg), decreasing = TRUE)[1:50]

wordcloud2(seg50)
```

1-5 在控制台中执行语句 colors( )所得到所有的颜色名称共有多少？执行下列语句，解释函数的功能。

```
col.wheel <- function(str, cex = 1.25)
{
   cols <- colors()[grep(str, colors())]
   pie(rep(1, length(cols)), labels = cols, col = cols, cex = cex)
   cols
}
col.wheel("light")
```

1-6 执行下列代码，并分别尝试改变数据、条柱的颜色、标题、数轴的标签。

```
t <- c(1,1,2,3,5,6,8,7,9,5,3,2)
barplot(t, main = "Sample Plot", xlab = "index", ylab = "count",
        col = "tomato")
```

1-7 使用 rnorm( )函数（可以使用帮助系统查阅函数的用法，?rnorm( )）生成一组 20 个正态分布的随机数，绘制折线图。

1-8 使用 rgb( )函数将习题 1-7 中的折线设置为不同颜色。

第 2 章 R 语言数据操作

在使用程序设计语言编程时，用户通常需要声明一些变量来存储信息以完成运算。在声明一个新变量时，系统仅在内存中指定了用来存储数据的空间，而变量名则起到对保留的内存空间的标识作用。R 语言是一种面向对象的程序设计语言，把所有的数据都视为对象。R 语言不支持对内存的直接访问，用户需要用表示对象的符号（变量名）来操作数据。

除了面向对象这一显著特征，R 语言的另一个特点就是向量化操作。R 语言中不存在标量数据。换句话说，R 语言中基本的数据结构就是向量。向量是一个由若干数据项组成的序列，其中的每一项也被视为一个具有单位长度的向量。最简单的向量对象在 R 语言中被称为原子向量，其包括 6 种基本数据类型。向量可以进一步构成更复杂的数据结构，如矩阵、数组、数据框和列表等。在 R 语言所支持的数据结构中，列表具有良好的通用性。R 语言中较为常用的一种数据结构是数据框，它相当于一个数据表格，方便数据的导入与导出。R 语言提供了很多便捷、高效的数据处理函数，一些绘图函数（如 ggplot( ) 函数）也要求输入参数以数据框的形式出现。

在大多数场景下，数据保存在计算机磁盘系统、数据库或网络中不同格式的文件里。此外，数据挖掘与探索的中间结果及最终形式也必须得到持久化的存储。为此，R 语言提供了灵活的手段来支持主要格式数据文件的读写。

本章将逐一介绍 R 语言的基本数据类型和数据结构（包括向量、矩阵、数组、数据框、列表和因子）。针对 R 语言向量化的特点，本章还将介绍一些向量化的处理方式，并且会讨论如何进行概率计算、随机数生成和抽样，最后将简要介绍一些数据文件的导入与导出方法。

2.1 数据类型

数据类型是对变量值的类型和所允许的操作类别的一种划分方式。本节将介绍 R 语言的基本数据类型及有关的数据类型转换方法。

2.1.1 基本数据类型

程序设计语言中的数据类型定义了不同数据分别具有的基本操作与存储方式，如逻辑型数据可以进行与、或、非运算。将在 2.2 节中介绍的数据结构是指不同数据的组织形式，而数据类型则是实现数据结构的基础。R 语言中的数据结构一般可以按照其维度分类，如一维、二维、多维等。数据的类型也可以用于划分数据结构，即根据同一数据结构内的元素的类型是否一致来划分，如由同一类型元素组成的向量或元素类型相异的列表。

无论数据结构的形式多么复杂，每一个数据结构的成员都必须属于一些基本的数据类型。这些基本的一维数据类型叫作原子类型（不可继续细分），又称为基本数据类型。R语言中的基本数据类型包括以下6种：数值型、整数型、字符型、逻辑型、复数型和原始型。

R语言中的几个泛型函数可用于查询对象的一些性质。这些函数是程序员了解变量相关信息的重要“帮手”。下面简单介绍几个这样的泛型函数。

class( )用于返回变量对象所属的类。R语言是一门面向对象的编程语言，很多对象都具有叫作class的属性（一个表示对象所继承的类名的字符向量）。但是也有一些对象没有这个属性，返回的则是隐含的类名，如matrix（矩阵类）、array（数组类）、function（函数类）或numeric（数值类）。

typeof( )用于返回对象的数据类型（或内部存储模式）。调用该函数时会返回一个字符串，其可能为"logical"（逻辑型）、"integer"（整数型）、"double"（双精度浮点数——数值型）、"complex"（复数型）、"character"（字符型）、"raw"（原始型）等。

length( )用于获取向量、因子，以及其他R语言对象的长度。对于向量和因子，返回的长度值是元素的个数。

下面将举例来帮助读者理解R语言中的基本数据类型和相应的操作（包括创建、访问、修改等）。

1．数值型

R语言的数值型数据用于表示十进制数，也是一种默认的数据类型。对变量使用赋值运算来赋予一个十进制数，所得到的变量就属于数值型。示例2-1展示了关于数值型变量的基本操作。

示例2-1 创建数值型变量。

```
> pai <- 3.14159                          #给变量pai赋一个十进制数值
> pai                                     #显示变量pai的值
[1] 3.14159
> class(pai)                              #显示对象pai的类
[1] "numeric"
> length(pai)                             #显示对象pai的长度
[1] 1
```

在示例代码2-1中，我们将十进制数3.14159赋给变量pai。注意这里的pai是一个新创建的变量，因此它的类型由数字3.14159决定。输出pai的值，在数字3.14159的前面出现了一个“[1]”。这是因为在R语言中并没有标量的概念，pai实际上被解释为一个长度为1的一维向量。调用函数class( )输出变量的类，返回值“numeric”表明该对象属于数值类。请勿把class( )与函数typeof( )混淆起来，前者表示的是对象的类，后者显示的才是变量的存储模式，即数据类型。示例2-2显示了变量的类型。

示例2-2 显示变量的类型。

```
> typeof(pai)                             #显示变量pai的类型
[1] "double"
```

示例2-2中的返回值是“double”，表示双精度浮点数，即数值型。在默认情况下，R语言中所有的数值都采用双精度浮点数的形式。注意，即使改变pai的值，如将它赋值为一个新的整数，也不会改变其类型。示例2-3表明数值型变量采用的是双精度浮点数的形式。

示例2-3 数值型变量采用双精度浮点数的形式。

```
> pai <- 3                                #给变量pai赋一个十进制整数
> class(pai)
[1] "numeric"
> typeof(pai)
[1] "double"
```

2. 整数型

创建R语言的整数型变量的方法与创建数值型变量的方法类似，但是需要在整数后加上后缀“L”。示例2-4展示了直接对整数型变量赋值的运行结果。

示例2-4 直接对整数型变量赋值。

```
> x <- 3L                              #给变量x赋一个带后缀“L”的十进制整数
> class(x)
[1] "integer"
> typeof(x)
[1] "integer"
```

示例2-5显示了另一种创建整数型变量的方式，即调用函数as.integer( )。

示例2-5 调用函数as.integer( )创建整数型变量。

```
> y <- as.integer(3.14159)             #将3.14159转换为整数并赋给变量y
> y                                    #输出y的值，注意y已被赋值为整数
[1] 3
> class(y)                             #显示对象y所属的类
[1] "integer"
> typeof(y)                            #显示y的数据类型
[1] "integer"
```

用户在处理数据时经常会遇到对象之间的类型转换问题。R语言中提供了as函数族来实现类型的强制转换。上面例子中的as.integer(3.14159)将浮点数3.14159转换为整数3。

3. 字符型

字符型变量可以用来表示R语言中的字符串值。与其他编程语言相似，R语言也使用单引号''或双引号""表示字符串常数（注意这些引号一定要成对出现且匹配）。因此，用户可以使用赋值语句创建一个初始值为字符串常数的字符型变量。示例2-6展示了直接用字符串常数创建字符型变量的结果。

示例2-6 创建字符型变量。

```
> z <- "3.14159"                       #创建初值为3.14159的字符型变量z
> z
[1] "3.14159"
> class(z)                             #显示对象z所属的类
[1] "character"
> typeof(z)                            #显示z的类型
[1] "character"
> length(z)                            #显示z的长度
[1] 1
```

另外，还可以在代码中使用as.character( )函数将对象转换为字符型数据。示例2-7展示了调用as.character( )函数的方法。

示例2-7 使用as.character( )函数将对象转换为字符型数据。

```
> z <- as.character(3.14)              #将3.14转换为字符串并赋给z
> z
[1] "3.14"
> z <- as.character(1/7)               #将1/7转换为字符串并赋给z
> z
[1] "0.142857142857143"
> z <- as.character('1/7')             #将'1/7'转换为字符串并赋给z，注意与上面结果的区别
> z
[1] "1/7"
```

4．逻辑型

逻辑型变量用于表示逻辑值。用户可以使用 R 语言中的逻辑常数 TRUE 或 FALSE（NA 也是一个逻辑常数，意思是“Not Available”，表示缺失值）来创建一个逻辑型变量。常数值 TRUE 和 FALSE 可以用 R 语言中初始化好的全局变量 T 和 F 替代，注意需要使用大写字母。示例 2-8 展示了用逻辑常数赋值创建逻辑型变量的方法。

示例 2-8 使用逻辑常数赋值创建逻辑型变量。

```
> a <- TRUE                              #创建值为 TRUE 的逻辑型变量 a
> a
[1] TRUE
> b <- F                                 #创建值为 FALSE 的逻辑型变量 b。F 表示 FALSE
> b
[1] FALSE
> class(a)                               #显示对象 a 所属的类
[1] "logical"
> typeof(b)                              #显示 b 的类型
[1] "logical"
> length(a)
[1] 1
```

同样，as.logical( )函数也可以用来生成逻辑型数值。示例 2-9 是一个使用 as.logical( )函数创建逻辑型变量的代码片段。

示例 2-9 使用 as.logical( )函数创建逻辑型变量。

```
> z <- as.logical(5.1)                   #非 0 的数值等价于 TRUE
> z
[1] TRUE
> z <- as.logical(0)
> z
[1] FALSE
```

此外，逻辑表达式也会返回逻辑值。例如，示例 2-10 通过在变量之间进行比较而产生逻辑值。

示例 2-10 使用逻辑表达式返回逻辑值。

```
> a <- 1024; b <- 1000
> c <- a > b                             #将逻辑表达式的返回值赋给变量 c
> c
[1] TRUE
> typeof(c)                              #显示变量 c 的类型
[1] "logical"
```

5．复数型

R 语言支持复数及其运算。复数中的虚部使用纯虚数 i 来指定，如 1 + 2i 代表实部和虚部分别为 1 和 2 的复数。使用复数为初始值对变量赋值，就可以创建一个复数型的变量。示例 2-11 是一个用赋初值方式创建复数型变量的例子。

示例 2-11 创建复数型变量。

```
> x <- 1 + 2i                            #把复数值赋给 x
> x
[1] 1+2i
> typeof(x)
[1] "complex"
> class(x)
[1] "complex"
```

```
> length(x)                          #显示 x 的长度
[1] 1
```

调用函数 vector( )可以创建初值为 0 的复数型变量。示例 2-12 展示了调用函数 vector( )创建复数型变量的结果。

示例 2-12 调用函数 vector( )创建复数型变量。

```
> z <- vector("complex", 2)          #指定变量的类型和长度，将结果赋给 z
> z                                  #查看 z 的初始值
[1] 0+0i 0+0i
> typeof(z)
[1] "complex"
> length(z)
[1] 2
```

6．原始型

原始型数据用于以二进制数据的形式保存对象。虽然它不是一种常见的数据类型，但是有些用户在特殊情况下仍需要直接处理原始型数据。除使用 as.raw( )把数据转换成原始型数据之外，用户还可以分别使用 charToRaw( )和 intToBits( )函数将字符对象或整数转换为原始型数据。示例 2-13 中举例展示了与原始型数据相关的基本操作。

示例 2-13 创建原始型变量。

```
> x <- as.raw(2)                     #将数据转换为原始型数据并赋值给 x
> x
[1] 02
> is.raw(x)                          #判断变量 x 是否为原始型数据
[1] TRUE
> as.raw(10)                         #将整数 10 转换为 1 字节大小的原始型数据
[1] 0a
> as.raw(16)                         #将整数 16 转换为 1 字节大小的原始型数据
[1] 10
> as.raw(256)                        #因为整数 256 的二进制表示超过 1 字节，所以系统报错
[1] 00
Warning message:
#在强制改变成原始型数据时，任何溢位值都被当作 0 来处理
> a <- intToBits(16)                 #将整数 16 转换为原始型数据并赋值给变量 a
> a                                  #注意 16=10000B，低位字节优先且 1 字节代表 1 位
 [1] 00 00 00 00 01 00 00 00 00 00 00 00 00 00 00 00 00 00 00 00 00 00 00 00
[25] 00 00 00 00 00 00 00 00
> a <- intToBits(4096)               #注意，4096=1000000000000B
> a
 [1] 00 00 00 00 00 00 00 00 00 00 00 00 01 00 00 00 00 00 00 00 00 00 00 00
[25] 00 00 00 00 00 00 00 00
> typeof(a)
[1] "raw"
> class(a)
[1] "raw"
> length(a)
[1] 32
```

函数 intToBits( )返回的是一个由 32 个 0 或 1 组成的整数向量，而且采用的是低位字节优先的方式，即最先显示的是最不重要的位（小端字节）。

charToRaw( )函数把字符串转换为对应的 ASCII 值，得到的原始型数据的长度等于字符串的长度。

示例2-14展示了将字符串转换为原始型数据的过程。

示例2-14 将字符串转换为原始型数据。

```
> b <- charToRaw("012 345")                #将字符串转换为原始型数据
> b                                        #注意空格的ASCII值为0x20
[1] 30 31 32 20 33 34 35
> typeof(b)
[1] "raw"
> length(b)
[1] 7
```

如果希望从ASCII值中恢复出字符串，用户可以调用charToRaw()的反函数——rawToChar()。例如，针对上面得到的原始型数据b，示例2-15采用函数rawToChar()将其转换成了字符串。

示例2-15 原始型数据转换为字符串。

```
> rawToChar(b)
[1] "012 345"
```

用户若想从字节向量中得到整数型或数值型数据，则可以借助函数packBits()，并且在参数中指定需要转换的类型名称。示例2-16列出了一个使用函数packBits()的例子。

示例2-16 使用函数packBits()转换字节向量。

```
> d <- numToBits(5.2)                      #该函数与packBits(,type="double")互为反函数
> d
 [1] 01 00 01 01 00 00 01 01 00 00 01 01 00 00 01 01 00 00 01 01 00 00 01 01
[25] 00 00 01 01 00 00 01 01 00 00 01 01 00 00 01 01 00 00 01 01 00 00 01 01
[49] 00 00 01 00 01 00 00 00 00 00 00 00 00 00 01 00
> packBits(d, "double")                    #将字节向量d转换为双精度浮点数
[1] 5.2
```

2.1.2 数据类型转换

R语言中存在两种形式的数据类型转换：隐式转换（即系统内置的强制类型转换）和显式转换（即调用函数实现的类型转换）。前者是自动进行的，当用户使用错误类型的参数调用函数时，R语言会尝试把数据强制转换为恰当的类型，以便函数能正常工作。

1. 隐式转换

由于R语言中有大量的泛型函数，系统首先将寻找适合输入参数类型的方法。如果无法精确匹配，系统就会使用强制转换的方法，试图将对象转换为合适的类型。在R语言中，不同类型的数据在通用程度上有着确定的顺序，例如数值型比整数型更为一般化。R语言采用这种顺序关系自动在内置对象类型之间实现转换，把更具体的类型转换为更为一般化的类型。示例2-17使用组合函数c()定义一个向量时输入了不同类型的数据，系统会对其进行隐式转换。

示例2-17 隐式数据类型转换。

```
> x <- c(FALSE, T)                         #元素均为逻辑型
> x
[1] FALSE  TRUE
> typeof(x)
[1] "logical"
> x <- c(TRUE, 1L)                         #元素包含逻辑型和整数型
> x
[1] 1 1
> typeof(x)
```

```
[1] "integer"
> x <- c(1L, 2.3, 4L, 5L, 6L)          #元素包含整数型和数值型
> x
[1] 1.0 2.3 4.0 5.0 6.0
> typeof(x)
[1] "double"
> class(x)
[1] "numeric"
> x <- c(1, 2, 3.3, 4 + 5i)            #引入复数型元素
> x
[1] 1.0+0i 2.0+0i 3.3+0i 4.0+5i
> typeof(x)
[1] "complex"
> x <- c(1, 2, 3.3, 4 + 5i, "6")       #引入字符型元素
> x
[1] "1"    "2"    "3.3"  "4+5i" "6"
> typeof(x)
[1] "character"
```

从示例 2-17 代码的执行结果中，我们可以看出，按照逻辑型→整数型→数值型→复数型→字符型这种顺序，数据的类型从具体变得更为一般化。

2．显式转换

在 2.1.1 小节中，我们已经使用 as.interger( )等函数把对象从一种数据类型转换到另一种类型。表 2-1 中列出了 R 语言提供的类型判断函数与转换函数，其中参数 x 是一个变量名。由于 R 语言没有单精度数据类型，因此所有实数都以双精度形式存储。

表 2-1　类型判断函数与转换函数

转换类型	判断函数（x 为变量）	转换函数（x 为变量）
逻辑型	is.logical (x)	as.logical (x)
整数型	is.integer (x)	as.integer (x)
数值型	is.double (x)	as.double (x)
复数型	is.complex (x)	as.complex (x)
字符型	is.character (x)	as.character (x)
原始型	is.raw (x)	as.raw (x)

并非所有的输入参数都能转换为有意义的数据。例如，执行示例 2-18 的代码就会得到一个 NA 的结果，因为'abc'并没有对应的逻辑值定义。

示例 2-18　无意义的操作将产生 NA。

```
> as.logical('abc')
[1] NA
```

R 语言中表示缺失值的保留字 NA 是一个长度为 1 的逻辑常数。NA 可以被强制转换为除原始型之外的任何其他向量类型。其他支持缺失值的原子向量类型使用的保留字包括 NA_integer、NA_real、NA_complex_和 NA_character 等。函数 is.na(x)返回变量 x 是否为 NA 的逻辑值。

2.2 数据结构

孤立的数据一般不会产生重要的价值，数据与数据之间的关系才是数据真正的价值所在。计算机

通常以一种有组织的方式来存储数据，以体现一组数据的相互关系，从而形成了数据结构。不同的数据结构可以面向独特的算法，并且保证相应的算法完成对数据的处理时获得更好的性能。

在R语言中，从向量出发可以组成更为复杂的数据结构。作为R语言中基本的数据结构，向量要求所有成员必须是同质的，也就是说一个向量只能包含相同数据类型的元素。向量的数据类型可以是逻辑型、整数型、数值型、复数型、字符型或原始型中的任何一种。在使用c()函数创建向量时，如果输入的元素分别属于不同的基本数据类型，系统则会强制按照2.1.2小节中描述的一般性从低到高进行类型转换。

2.2.1 向量、矩阵和数组

按照维度不同，向量可以派生出二维的矩阵（matrix）和高维的数组（array）。与向量一样，矩阵和数组也必须满足元素同质的条件（图2-1中每个单元格同质）。

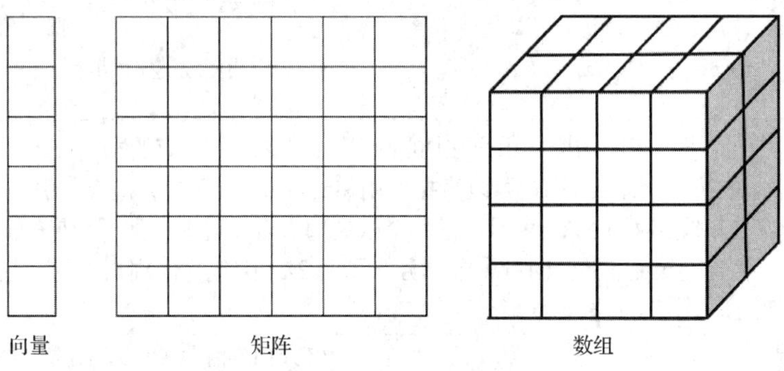

图2-1 同质的数据结构

1. 向量

R语言提供了多种创建向量的方法以方便用户使用。如果需要创建一个新的空向量，直接调用函数vector()就可以得到一个指定类型（mode）和长度（length）的向量，其初始值由系统根据mode的值设定：逻辑型向量元素初始化为FALSE，整数型和数值型向量元素均初始化为0，字符型向量元素初始化为""（空字符），原始型向量元素初始化为NULL字节。示例2-19列出了一些使用vector()函数创建不同类型向量的例子。

示例2-19 使用函数vector()创建向量。

```
> vector(mode = "logical", length = 3)          #创建类型为逻辑型、长度为 3 的向量
[1] FALSE FALSE FALSE
> x <- vector(mode = "integer", length = 4)     #x 赋值成类型为整数型、长度为 4 的向量
> x
[1] 0 0 0 0
> x <- vector(mode = "numeric", length = 5)     # "numeric" 和 "double" 作用相同
> x
[1] 0 0 0 0 0
> numeric(5)                                    #等价于 vector("numeric",5)
[1] 0 0 0 0 0
> vector(mode = "complex", length = 2)          #创建类型为复数型、长度为 2 的向量
[1] 0+0i 0+0i
> vector(mode = "character", length = 3)        #创建类型为字符型、长度为 3 的向量
[1] "" "" ""
> vector(mode = "raw", length = 5)              #创建类型为原始型、长度为 5 的向量
[1] 00 00 00 00 00
```

如果希望在创建向量的同时赋给它用户指定的初始值，则可以使用 R 语言中的其他方法，如函数 c()。示例 2-20 中展示了指定初始值来创建向量的方法。

示例 2-20 指定初始值来创建向量的方法。

```
> x <- 1:12                                  #创建整数型向量x，赋值为1～12
> x
[1]  1  2  3  4  5  6  7  8  9 10 11 12
> y <- rep(1, 6)                             #创建整数型向量y，赋值为6个1
> y
[1] 1 1 1 1 1 1
> z <- c(TRUE, FALSE, TRUE)                  #创建逻辑型向量z，使用c()赋值
> z
[1] TRUE FALSE  TRUE
> is.vector(z)                               #判断z是否为向量
[1] TRUE
> is.logical(z)                              #判断z是否为逻辑型
[1] TRUE
> is.vector(mode = "logical", z)             #判断z是否为逻辑型向量
[1] TRUE
```

向量是同一类型元素的有序结构，用户在访问元素时需要使用相应的索引。R 语言的索引从 1 开始，如要访问向量 x 的第 5 个元素，用户可以直接使用 x[5]的形式。系统会检查索引是否属于有效范围，如果发生越界的情况，则会返回 NA，表示这是一个缺失值。当代码中用到了越界的索引给不存在的向量元素赋值时，系统会用 NA 来补全向量剩余部分。示例 2-21 中包含使用索引的一些例子。

示例 2-21 使用索引访问向量元素。

```
> x <- 0:9                                   #初始化向量为0～9，向量的索引范围为1～10
> x[1]                                       #输出第1个元素
[1] 0
> x[5]                                       #输出第5个元素
[1] 4
> x[10]                                      #输出第10个元素
[1] 9
> x[11]                                      #输出第11个元素，索引越界，显示NA
[1] NA
> x[11] <- 12                                #给第11个元素赋值
> x                                          #输出向量x，第11个元素已被添加
[1]  0  1  2  3  4  5  6  7  8  9 12
> x[15] <- 15                                #给第15个元素赋值
> x                                          #输出向量x，索引11～15之间的元素被置为NA
[1]  0  1  2  3  4  5  6  7  8  9 12 NA NA NA 15
```

为了让用户能更有效地实现数据操作，R 语言支持数据切片的方式，可以方便用户访问向量元素的一个子集。只需要在[]中指定索引的范围，用户就可以达到数据切片的目的。示例 2-22 展示了指定索引范围的几种方式。

示例 2-22 指定索引范围。

```
> x <- 1:10                                  #将向量x赋值为1～10的整数
> x[2:5]                                     #选择索引为2～5的元素
[1] 2 3 4 5
> x[-7]                                      #选择索引不为7的元素
[1]  1  2  3  4  5  6  8  9 10
> x[c(2,4,8)]                                #选择索引为2、4、8的元素
[1] 2 4 8
```

进行向量之间的运算时，可能会出现一些不一致的情况，如向量长度不同或者向量的类型不一样。针对这些冲突，R 语言会区别处理：如果两个向量的长度呈现整数倍的关系，则可以复制较短的向量使其与较长的向量对齐；如果没有整数倍的关系，无法实现完整的复制，系统就会发出告警；数据类型不一致时，系统会使用前面介绍过的类型转换，统一为更一般化的数据类型。示例 2-23 中列出了相应的例子。

示例 2-23 当向量长度不一致时运算的处理方式。

```
> x <- 1:10                          #向量 x 的长度为 10
> y <- c(1,2,3)                      #向量 y 的长度为 3
> x + y                              #计算 x+y 时因为 10 不是 3 的整数倍，系统发出告警
[1]  2  4  6  5  7  9  8 10 12 11
Warning message:
In x + y : 长的对象长度不是短的对象长度的整倍数
> y <- c(2,5)                        #把 y 设置成长度为 2 的整数型向量
> x + y                              #计算时对 y 进行了 5 次复制
[1]  3  7  5  9  7 11  9 13 11 15
> z <- c(FALSE, TRUE)                #把向量 z 设置成长度为 2 的逻辑型向量
> y + z                              #计算时转换为更一般化的整数型
[1] 2 6
```

2．矩阵

矩阵是一个二维矩形形状的对象，包含具有相同基本数据类型的元素。创建矩阵可以调用 matrix( ) 函数，其基本形式如下：

```
matrix(data, nrow, ncol, byrow, dimnames)
```

表 2-2 列出了 matrix( )函数的参数及其默认值。

表 2-2　matrix ( )函数的参数及其默认值

参数名	默认值	说明
data	NA	可选的数据向量（包括列表或表达式向量）。非原子类 R 对象被 as.vector( )强制转换为向量，其属性则会被丢弃
nrow	1	所需的行数
ncol	1	所需的列数
byrow	FALSE	逻辑型参数，如果值为 FALSE，则矩阵按列填充，否则矩阵将按行填充
dimnames	NULL	矩阵具有的 dimnames 属性：输入值为 NULL 或分别给出行名和列名的长度为 2 的列表。空列表被视为 NULL，长度为 1 的列表被视为行名。用户可以对列表进行命名，列表名将用作维度的名称

我们用示例 2-24 来展示函数 matrix( )的使用。

示例 2-24 函数 matrix( )的使用。

```
> r <- c("R1", "R2", "R3")           #行名称向量
> col <- c("c1", "c2")               #列名称向量
> m <- matrix(1:6, nrow = length(r), ncol = length(col), byrow = TRUE, dimnames
= list(r, col))
> m                                  #输出矩阵，byrow=TRUE，数据按行赋值
   c1 c2
R1  1  2
R2  3  4
R3  5  6
> typeof(m)
```

```
[1] "integer"
> class(m)
[1] "matrix" "array"
> is.matrix(m)
[1] TRUE
```

当 byrow 的值不是 TRUE 时，矩阵元素则按列填充，这也是默认参数的填充方式。示例 2-25 展示了矩阵的默认填充方式。

示例 2-25 矩阵的默认填充方式。

```
> m <- matrix(1:6, nrow = length(r), ncol = length(col))
> m                                         #输出矩阵，默认 byrow=FALSE
     [,1] [,2]
[1,]    1    4
[2,]    2    5
[3,]    3    6
```

注意要维护参数之间的一致性，数据的长度与指定的行、列数量不符时，R 语言会根据情况分别处理：如果数据长度不能被行或列整除，系统会发出警告；如果数据多于矩阵所需，则会丢弃多余部分，否则，则会复制原有的数据。示例 2-26 给出了参数不一致时的执行结果。

示例 2-26 矩阵参数不一致时的处理。

```
> m <- matrix(1:9, nrow = 4, ncol = 2)
Warning message:
In matrix(1:9, nrow = 4, ncol = 2) : 数据长度[9]不是矩阵行数[4]的整倍
> m <- matrix(1:12, nrow = 4, ncol = 2)
> m
     [,1] [,2]
[1,]    1    5
[2,]    2    6
[3,]    3    7
[4,]    4    8
> m <- matrix(1:4, nrow = 4, ncol = 2)
> m
     [,1] [,2]
[1,]    1    1
[2,]    2    2
[3,]    3    3
[4,]    4    4
```

因为矩阵是一个二维结构，访问矩阵的元素需要同时用到行和列作为索引。如示例 2-27 所示，在示例 2-26 创建的矩阵 m 中，m[2,1]就代表第 2 行第 1 列的元素 2。

示例 2-27 矩阵元素的访问方式。

```
> m[2,1]                                    #使用索引访问一个矩阵元素
[1] 2
> m[2,1] <- 15
> m
   c1 c2
R1  1  2
R2 15  4
R3  5  6
> #为了方便选择所需的数据，R 语言提供了灵活的切片方式来筛选行列
> m[1:2,1]                                  #指定第 1 行到第 2 行的第 1 列元素
R1 R2
 1 15
> m[-3,1]                                   #第 1 列中除了第 3 行的元素
R1 R2
```

```
 1 15
> m[,2]                                    #第 2 列中所有的元素
R1 R2 R3
 2  4  6
```

3．数组

R 语言中的数组是一种特殊的数据对象，它的维度可以是一维、二维以及更多的维度。有别于维度固定的向量和矩阵，数组可以用于存储高维（超过两个维度的）数据，且数组只能存储数据类型。实质上，数组只是一个带有用于表示维度的额外属性的向量。例如，我们创建一个维度属性为(2,3,4)的三维数组时，实际上是创建 4 个 2 行和 3 列矩阵。R 语言中创建数组的函数是 array ( )，其调用形式如下：

```
array(data, dim, dimnames)
```

表 2-3 中列出了 array( )函数的参数及其默认值。

表 2-3　array( )函数的参数及其默认值

参数名	默认值	说明
data	NA	一个用于填充数组的数据向量（包括列表或表达式向量）。非原子类对象会被 as.vector( )强制转换为向量
dim	length (data)	所要创建数组的 dim 属性可以是一个长度为 1 或大于 1 的整数型向量，给出了每个维度中的最大索引
dimnames	NULL	该参数值可以是 NULL 或包含各维度名称的列表。其中每个维度既可以是 NULL，也可以是字符型向量。此外，还可以对列表进行命名，列表名将用作维度的名称。如果列表小于维数，则使用 NULL 扩展到所需的长度

示例 2-28　创建数组。

```
> A <- array(1:24, c(2,3,4), dimnames = list(r = NULL, c("C1","C2","C3"), d =
c("d1","d2","d3","d4")))                   #创建维度为(2, 3, 4)的数组，并给出维度名
> A                                        #输出数组 A 的值
, , d = d1


r      C1 C2 C3
  [1,]  1  3  5
  [2,]  2  4  6

, , d = d2


r      C1 C2 C3
  [1,] 7  9  11
  [2,] 8 10  12

, , d = d3


r      C1 C2 C3
  [1,] 13 15 17
  [2,] 14 16 18

, , d = d4


r      C1 C2 C3
```

```
  [1,] 19 21 23
  [2,] 20 22 24
```

数组元素的访问需要使用的索引个数与其维度数相同。例如，上面创建的数组 A 中第 3 个矩阵第 1 行第 2 列的元素即 A[1,2,3]=15。与矩阵类似，切片方式适用于数组的每一个维度。示例 2-29 展示了如何使用切片访问示例 2-28 中所创建的数组元素。

示例 2-29 使用切片访问数组元素。

```
> A[,,4]

r       C1 C2 C3
  [1,] 19 21 23
  [2,] 20 22 24
> A[1, 2:3, 2]
C2 C3
 9 11
> A[1, c = "C1", 2]
[1] 7
> A[,  c = "C1", 2:3]
     d
r       d2 d3
  [1,]  7 13
  [2,]  8 14
```

调用 array( )函数创建数组时，如果接收的数据向量长度与 dim 参数中的值不匹配，将采用与处理矩阵类似的方法丢弃多余数据或循环填充。示例 2-30 给出了一个数据向量长度不足时循环填充的例子。

示例 2-30 数组的循环填充方式。

```
> array(as.character(1:16), c(2,3,4))
, , 1

     [,1] [,2] [,3]
[1,] "1"  "3"  "5"
[2,] "2"  "4"  "6"

, , 2

     [,1] [,2] [,3]
[1,] "7"  "9"  "11"
[2,] "8"  "10" "12"

, , 3

     [,1] [,2] [,3]
[1,] "13" "15" "1"
[2,] "14" "16" "2"

, , 4

     [,1] [,2] [,3]
[1,] "3"  "5"  "7"
[2,] "4"  "6"  "8"
```

2.2.2 数据框

数据框可以表示一个实际应用中的数据表。在向量、矩阵和数组中，每一个元素都必须从属于相同的数据类型。但是，很多情况下，程序员需要处理具有异质结构的数据。例如，要记录一名大学生某一学期所选课程的成绩，程序需要用到字符型的姓名和学号、数值型的考试成绩，以及表示考核课程等级的因子。数据框是一个二维数据结构，其中每一列包含一个变量的值，每一行包含各列对应的一组值。有别于矩阵，在数据框中，不同列可以是不同数据类型的向量，但是这些向量的长度必须一致。因此，数据框具有保存相异数据类型记录的条件，而矩阵则是数据框的一种特例，可看作每一列数据类型都相同的数据框。与Excel数据表相似，数据框的每一列代表相应的属性域，而每一行保存了一个个体的记录。R语言中创建数据框的函数是data.frame( )，其调用形式如下：

```
data.frame(...,row.names,check.rows,check.names,fix.empty.names,stringsAsFacto
rs = FALSE)
```

data.frame( )函数的参数及其默认值如表2-4所示。

表2-4　data.frame( )函数的参数及其默认值

参数名	默认值	说明
…	无	这些参数的形式为value或tag=value。标签名是基于标签或被分离的参数本身创建的
row.names	NULL	该参数值为NULL或指定用作行名的列向量（由单个整数或字符串组成），抑或给出数据框行名的字符型/整数型向量
check.rows	FALSE	如果为TRUE，则检查行长度和名称的一致性
check.names	TRUE	逻辑型。如果为TRUE，则检查数据框中的变量名，以确保它们是语法上有效的变量名，并且没有重复。如有必要，可以通过make.names进行调整
fix.empty.names	TRUE	逻辑型。规定未命名的参数（即没有正式调用someName=arg来命名）是否要得到一个自动构造的名称，或者使用空名称""。如果""名称要保留，即使check.names为FALSE，也需要将本参数置为FALSE
stringsAsFactors	FALSE	逻辑型。表示字符向量是否应该转换成因子。出厂的默认值以前设置为TRUE，但在R 4.0.0中已更改为FALSE

data.frame( )会根据参数的设置来调整行为。例如，参数stringsAsFactors为TRUE时，输入的字符型变量就被替换为因子。一般情况下，传递给data.frame( )的数据对象应具有相同的行数，但是在需要时，某些向量可被循环复制填充以满足要求。当调用data.frame( )而未提供行名时，系统自动将具有合适名称的第一个成员当作行名（包括已命名的向量、矩阵或数据框）。假如参数row.names设置为NULL，或者没有找到合适的命名成员，行名则取自从1开始的整数序列。再来看一看列的命名，如果输入的数据参数是具有多个命名列的命名矩阵、列表或数据框，参数的名称就被用作列名前缀，后面跟着一个点和参数中的列名；如果输入的数据参数未命名，则使用参数的形式自动生成一个具有唯一性的有效列名。除非设置check.names=FALSE，否则系统都将调整行列名为唯一且在语法上有效。示例2-31是一个创建数据框的示例。

示例2-31　创建数据框。

```
> L5 <- LETTERS[1:5]                         #L5是头5个大写字母组成的向量，即A~E
> Value <- sample(L5, 10, replace = TRUE) #对L5进行10次带放回的采样
> df <- data.frame(Name = c("张三","李四"), 1:10, Value)          #生成数据框
> df                                         #Name是命名参数，自动生成行名及其余列名
  Name X1.10 Value
1 张三     1     B
2 李四     2     A
3 张三     3     B
4 李四     4     D
5 张三     5     A
6 李四     6     C
```

```
7  张三    7    C
8  李四    8    D
9  张三    9    E
10 李四    10   E
> str(df)                                   #显示数据框的结构
'data.frame':  10 obs. of  3 variables:
 $ Name : chr  "张三" "李四" "张三" "李四" ...
 $ X1.10: int  1 2 3 4 5 6 7 8 9 10
 $ Value: chr  "B" "A" "B" "D" ...
```

如果希望访问数据框中的元素，用户可以使用行名及列名，或者采用前面介绍的切片方式来访问筛选元素中的子集。示例 2-32 展示了使用切片访问数据框中元素的几种方法。

示例 2-32 使用切片访问数据框中的元素。

```
> df[1,]                                    #数据框中的第 1 行
  Name X1.10 Value
1 张三    1     B
> df[2:5, "Value"]                          #数据框中第 2～5 行的 Value 列中的元素
[1] "A" "B" "D" "A"
> df[2:5, c("Name","Value")]                #数据框第 2～5 行，Name 列和 Value 列中的元素
  Name Value
2 李四    A
3 张三    B
4 李四    D
5 张三    A
> df[-2]                                    #数据框内除第 2 列外的数据
   Name Value
1  张三     B
2  李四     A
3  张三     B
4  李四     D
5  张三     A
6  李四     C
7  张三     C
8  李四     D
9  张三     E
10 李四     E
> subset(df, Value == "A")                  #抽取满足条件的子集
  Name X1.10 Value
2 李四     2     A
5 张三     5     A
```

由于名称具有唯一性，我们还可以使用操作符$来抽取数据框中的列。示例 2-33 中的 df$X1.10 就表示在示例 2-31 中创建的数据框 df 中的 X1.10 列。

示例 2-33 使用操作符$访问数据框的列。

```
> df$X1.10                                  #等价于 df[,"X1.10"]
[1]  1  2  3  4  5  6  7  8  9 10
> df$X1.10[6]                               #等价于 df[6,"X1.10"]
[1] 6
```

如果需要修改数据框中的列名，则可以使用 names( )函数重新为列名赋值。示例 2-34 是一个使用

函数names( )重新命名数据框的列的例子。

示例2-34 使用函数names( )重新命名数据框的列。

```
> df1 <- df                                    #使用示例2-31创建的df为df1赋值
> names(df1) <- c("Name", "ID", "Value")       #把列X1.10的名称改为ID
> str(df1)
'data.frame':   10 obs. of  3 variables:
 $ Name : chr  "张三" "李四" "张三" "李四" ...
 $ ID   : int  1 2 3 4 5 6 7 8 9 10
 $ Value: chr  "B" "A" "B" "D" ...
```

作为R语言中重要的数据结构，数据框要满足动态性的需求。当出现新的观察数据，或者要添加新的属性变量时，用户往往要在原有的数据基础之上进行扩展。R语言支持对数据框加行、加列、合并等操作。在示例2-35中，我们采用直接添加数据框的列的方式为原有的数据框添加新的列。

示例2-35 添加数据框的列。

```
> df$Score <- rep(85, 10)
> df
   Name X1.10 Value Score
1  张三     1     B    85
2  李四     2     A    85
3  张三     3     B    85
4  李四     4     D    85
5  张三     5     A    85
6  李四     6     C    85
7  张三     7     C    85
8  李四     8     D    85
9  张三     9     E    85
10 李四    10     E    85
> str(df)
'data.frame':   10 obs. of  4 variables:
 $ Name : chr  "张三" "李四" "张三" "李四" ...
 $ X1.10: int  1 2 3 4 5 6 7 8 9 10
 $ Value: chr  "B" "A" "B" "D" ...
 $ Score: num  85 85 85 85 85 85 85 85 85 85
```

此外，还可以使用函数cbind( )来添加数据框的列，代码如下：

```
> df <- cbind(df, Score = rep(85, 10))      #与执行df$Score <- rep(85, 10)效果相同
```

在示例2-36中，我们对新的一行进行直接赋值。

示例2-36 添加数据框的行。

```
> df[11,] <- c("王五", 11, "C", 90)          #注意字符型和数值型的差异
> df
   Name X1.10 Value Score
1  张三     1     B    85
2  李四     2     A    85
3  张三     3     B    85
4  李四     4     D    85
5  张三     5     A    85
6  李四     6     C    85
7  张三     7     C    85
```

```
8  李四     8     D    85
9  张三     9     E    85
10 李四     10    E    85
11 王五     11    C    90
> str(df)
'data.frame':   11 obs. of  4 variables:
 $ Name : chr  "张三" "李四" "张三" "李四" ...
 $ X1.10: chr  "1" "2" "3" "4" ...
 $ Value: chr  "B" "A" "B" "D" ...
 $ Score: chr  "85" "85" "85" "85" ...
```

显然，示例 2-36 中使用函数 c( )的操作改变了数据框中列的数据类型，因为在向量中实现了强制数据类型转换继而影响到整个数据框，其中 X1.10 和 Score 两列从整数型和数值型经一般化变成了字符型。为了避免这种情况，R 语言提供了 rbind( )函数来执行一次行绑定的操作。示例 2-37 显示了函数 rbind( )的执行效果。

示例 2-37 使用 rbind( )添加数据框的行。

```
> dd <- data.frame(Name = "王五", X1.10 = 11, Value = "C", Score = 90)
> df <- rbind(df, dd)
> str(df)
'data.frame':   11 obs. of  4 variables:
 $ Name : chr  "张三" "李四" "张三" "李四" ...
 $ X1.10: num  1 2 3 4 5 6 7 8 9 10 ...
 $ Value: chr  "B" "A" "B" "D" ...
 $ Score: num  85 85 85 85 85 85 85 85 85 85 ...
```

2.2.3 列表

列表是 R 语言中的一种通用性较强的对象，可以同时包含不同数据类型或数据形式的元素，如数值型元素、字符型元素、向量、矩阵、函数，甚至包含另一个列表。我们可以把列表视为一个灵活的容器，它能允许不同数据类型对象的混合。因其从根本上不同于原子向量，列表也被称为泛型向量。例如，数据框就可以被当作一种特殊的列表，即每一个成员的长度都相等的“矩形”列表。

使用 list( )函数可以创建一个新的列表，函数的调用形式如下：

```
list(...)
```

其中的省略号代表了用于构成列表的对象，这些对象可以带有名称。示例 2-38 是一个创建列表变量的例子。

示例 2-38 创建列表变量。

```
> a <- list("Einstein", "E = mc^2", l = LETTERS[1:3], 12.3, TRUE, 21L) #创建列表
> a                                                        #输出列表内容
[[1]]
[1] "Einstein"

[[2]]
[1] "E = mc^2"

$l
[1] "A" "B" "C"

[[4]]
[1] 12.3
```

```
[[5]]
[1] TRUE

[[6]]
[1] 21
```

可以看出，列表的每一个成员都是换行后从左侧开始输出的；除命名对象外，两对方括号内是该成员在列表中的索引，而每一个成员则以嵌套方式分别输出。示例 2-39 中我们使用不同方式访问了列表成员。注意，可以使用操作符$来访问命名的成员。

示例 2-39 访问列表的成员。

```
> a$1
[1] "A" "B" "C"
> a[[1]]
[1] "Einstein"
> a[1][1]
[[1]]
[1] "Einstein"
> a[6]
[[1]]
[1] 21
```

2.2.4 因子

因子是一个可同时存储字符串和整数的向量，用整数表示有限集合的唯一值，但是在显示时可以对应地用字符串表示。由于分类变量和连续变量有本质上的差别，用因子保存分类数据可以确保统计模型正确处理这些数据，因而在统计建模的数据分析中很有价值。R 语言中的因子用于表示类别或级别等枚举型数据。因子的级别表示向量中不重复的元素，以字符串的形式出现。如果参数 ordered 设置为 TRUE，则因子的级别是有序的。若希望改变级别显示的顺序，用户可以按照想要的顺序将 levels 参数设置为一个包含所有变量可能值的向量。用户可以通过调用 factor( )函数来创建因子，把一个输入向量转换为因子。

```
factor(x, levels, labels, exclude, ordered, nmax)
```

关于 factor( )函数的参数及其默认值请参见表 2-5。有关未加说明的函数，读者可自行使用 R 语言帮助系统了解。

表 2-5 factor( )函数的参数及其默认值

参数名	默认值	说明
x	character( )	数据向量，通常取少量不同的值
levels	默认值是 as.character(x)的唯一值的集合，按 x 的增序排列	可选参数，表示 x 可能取的唯一值的向量。注意，这个集合可以规定为比 sort (unique(x))还小
labels	levels	可选参数，表示级别标签的字符型向量，或者长度为 1 的字符串。标签中的重复值可用来将 x 的不同值映射到相同的因子级别
exclude	NA	形成级别集合时要排除的值向量。其要么是与 x 具有相同级别集合的一个因子，要么是一个字符
ordered	is.ordered (x)	逻辑型，用于确定级别是否应被视为有序（按照给定的顺序）的标志
nmax	NA	级别的上界

示例 2-40 展示了如何使用 factor( )创建因子变量。

示例 2-40 创建因子变量。

```
> a <- LETTERS[1:5]                              #取前 5 个大写字母
> b <- sample(a, 10, replace = TRUE)             #以带放回方式生成 10 个样本
> c <- factor(b)                                 #将样本向量转换为因子
> c                                              #输出因子，注意 is.ordered(b)为 FALSE
[1] B E E C A C E E B E
Levels: A B C E
> table(c)                                       #统计 c 中各项出现的频数
c
A B C E
1 2 2 5
> d <- factor(c, labels=c("I","II","III","IV"))   #设置级别标签
> d                                                #因子已被新的级别标签替换
[1] II  IV  IV  III I   III IV  IV  II  IV
Levels: I II III IV
> d <- factor(c, labels=c("I","II","III","IV"))   #重复的标签值让级别减少了
> d                                                #前面的 III 已被 II 代替
[1] II IV IV II I  II IV IV II IV
Levels: I II IV
> d <- factor(c, exclude = "C")                  #级别中排除 C
> d                                              #C 被表示为 NA
[1] B    E    E    <NA> A    <NA> E    E    B    E
Levels: A B E
```

采用因子来保存字符型数据可以提高存储效率。在保存时，每个唯一的字符串只需要存储一次，而所有数据则以整数型向量存储。用户可以使用 unclass( )函数来返回删除 class 属性后因子的一个参数副本，来确定其内部存储的形式。示例 2-41 展示了使用函数 unclass( )删除 class 属性的结果。

示例 2-41 使用函数 unclass( )删除 class 属性。

```
> a <- LETTERS[1:5]
> b <- sample(a, 10, replace = TRUE)
> b                                              #b 是一个字符型向量
[1] "B" "B" "E" "B" "D" "C" "D" "E" "E" "D"
> c <- factor(b)                                 #创建因子
> unclass(c)                                     #去除 class 属性，显示整数值
[1] 1 1 4 1 3 2 3 4 4 3
>attr(,"levels")
[1] "B" "C" "D" "E"
```

2.3 向量化运算

向量化运算

本节将介绍 R 语言向量化运算的基本概念及实现方法。向量化运算具有形式简单、运算效率高的特点。除了基本的向量化运算，用户可以根据需要自定义向量化函数，或者使用 apply 函数族来加快数据处理速度。

2.3.1 向量化运算的基本概念及实现方法

R 语言是一种解释型语言，用户在控制台输入语句与系统进行交互，或者运行一段 R 语言脚本，解释器需要不断地理解并执行用户输入的指令。由于增加了解释器的中间环节，因此用 R 语言进行数

据分析在性能上通常都不如直接使用编译型语言开发数据处理软件那样出色。向量是 R 语言中构成其他复杂数据结构的基础，因此高效率的向量化运算是实现大规模数据处理的保障。R 语言使用“向量化”这一方式来提高数据处理的效率。

在进行向量操作时，一般需要重复地对向量的每一个成员执行同样的处理步骤。循环可以用于简化具有重复逻辑的代码。示例 2-42 中定义了一个使用循环实现数值型向量加法的函数。

示例 2-42 实现向量加法的自定义函数。

```
vec_add <- function(v1, v2)                  #定义函数 vec_add，输入参数为 v1、v2
{
   z <- numeric(length(v1));                 #创建一个空数值型向量 z，与 v1 等长
   for (i in seq_along(v1))                  #循环取 v1 的索引
   {
      z[i] <- v1[i] + v2[i];                 #向量元素相加并赋值给 z
   }
   z
}
```

接下来示例 2-43 展示了调用自定义函数 vec_add( )完成两个向量相加的运算。

示例 2-43 调用自定义的向量加法函数。

```
> x <- 1:5;
> y <- 11:15;
> vec_add(x, y)                              #调用函数 vec_add()
[1] 12 14 16 18 20
```

虽然 R 语言允许用户自定义函数来简化复杂的处理过程所需的代码，但问题在于 R 的代码运行在一个解释环境中。即使是上面所示的看起来非常简单的迭代，也需要解释器与计算机系统间复杂的交互过程，因此降低了执行的效率。为了加速向量化运算，同时提供简单的用户接口，R 语言可以让用户直接通过操作符“+”完成向量的加法。

```
> x + y                                      #向量元素逐项相加
[1] 12 14 16 18 20
```

这就是 R 语言中所谓的向量化处理。由于应用了函数式编程的原则，R 中的向量化避免了像其他编程语言中那样广泛地使用循环。向量化给用户带来了两个显著的收益：首先，代码变得更加简单、清晰，从而节省了程序员进行大量的代码录入时间；其次，R 语言所支持的向量化运算是用 C/C++代码实现的，只需要一次调用，而其内部循环的执行速度要比用户脚本中编写的循环快得多。总之，若是需要考虑计算速度这一因素，用户在能使用向量化操作时，应尽量避免用循环实现相同的功能。

R 语言对向量化的支持较为广泛，很多低级运算在 R 语言中都可以用向量化方式完成。示例 2-44 中的代码展示了一些低级向量化运算，其中初始变量值与示例 2-43 中的相同。

示例 2-44 低级向量化运算。

```
> x*y                                        #向量元素逐项相乘
[1] 11 24 39 56 75
> x %*% y                                    #向量的点乘
     [,1]
[1,]  205
> x^2                                        #向量元素逐项平方
[1]  1  4  9 16 25
> x*2                                        #向量元素逐项与常数相乘
[1]  2  4  6  8 10
> x + 2i                                     #向量元素逐项与常数相加
```

```
[1] 1+2i 2+2i 3+2i 4+2i 5+2i
> x/3                                   #向量元素逐项除以常数
[1] 0.3333333 0.6666667 1.0000000 1.3333333 1.6666667
> sqrt(x)                               #向量元素逐项开方
[1] 1.000000 1.414214 1.732051 2.000000 2.236068
> x > 3                                 #向量元素逐项执行逻辑运算
[1] FALSE FALSE FALSE  TRUE  TRUE
> z <- ifelse(x > 3, x - 1, x + 1)      #向量元素逐项执行条件分支
> z
[1] 2 3 4 3 4
```

向量化还可以与切片操作结合使用，给数据处理应用提供了更高的灵活性。示例 2-45 展示了向量化运算与切片操作的结合。

示例 2-45 向量化运算与切片操作的结合。

```
> x[-c(2,4)] < 3
[1]  TRUE FALSE FALSE
> x[2:4] + y[1:3]
[1] 13 15 17
```

此外，我们还可以把向量化运算推广到矩阵。为了简化问题，数据科学应用中存在大量的线性化处理和线性模型，它们对线性代数有关的计算提出了很高的性能要求。因此，在矩阵中实现便捷的向量化运算使 R 语言成为数据科学应用领域的重要支撑工具。矩阵运算的向量化可以让用户以紧凑的符号在矩阵上对逐个元素进行操作，节省了遍历每个元素所需的开销。示例 2-46 是一个矩阵的向量化运算的例子。

示例 2-46 矩阵的向量化运算。

```
> x <- matrix(1:4, 2, 2)                #矩阵按列序填充
> x
     [,1] [,2]
[1,]    1    3
[2,]    2    4
> y <- matrix(5:8, 2, 2)                #矩阵按列序填充
> y
     [,1] [,2]
[1,]    5    7
[2,]    6    8
> x + y                                 #矩阵逐项相加
     [,1] [,2]
[1,]    6   10
[2,]    8   12
> x * y                                 #矩阵逐项相乘
     [,1] [,2]
[1,]    5   21
[2,]   12   32
> x / y                                 #矩阵逐项相除
          [,1]      [,2]
[1,] 0.2000000 0.4285714
[2,] 0.3333333 0.5000000
```

并非所有的矩阵处理只要求逐项操作，因此还需要对严格意义上的矩阵乘法进行向量化。矩阵乘法采用操作符%*%以区别于逐项相乘：

```
> x %*% y
     [,1] [,2]
[1,]   23   31
[2,]   34   46
```

2.3.2 自定义函数的向量化

基础 R 语言中的 Vectorize( )可用于将用户自定义的标量函数封装起来，实现向量化操作。R 语言区分大小写字母，Vectorize( )的首字母必须大写。调用 Vectorize( )函数的形式如下：

```
Vectorize(FUN, vectorize.args, SIMPLIFY, USE.NAMES)
```

函数 Vectorize( )的参数及其默认值可参见表 2-6。

表 2-6 Vectorize( )函数的参数及其默认值

参数名	默认值	说明
FUN	—	应用到的函数
vectorize.args	arg.names	需要被向量化的参数组成的字符型向量
SIMPLIFY	TRUE	逻辑值或字符串，用于尝试将结果简化为向量、矩阵或更高维数组
USE.NAMES	TRUE	逻辑值。如果第一个参数有名称，则使用名称；如果是一个字符型向量，则使用该字符向量作为名称

下面我们来看示例 2-47 实现的简单标量函数的向量化。

示例 2-47 标量函数的向量化。

```
> f <- function(a, b) {a + b}              #定义标量函数，只接收标量参数
> f(2,5)
[1] 7
> vf <- Vectorize(f, SIMPLIFY = TRUE)      #函数向量化封装
> vf(x, y)                                 #SIMPLIFY=TRUE，计算结果简化为向量
[1] 12 14 16 18 20
> vf <- Vectorize(f, SIMPLIFY = FALSE)     #SIMPLIFY=FALSE，计算结果不简化
> vf (x, y)
[[1]]
[1] 12

[[2]]
[1] 14

[[3]]
[1] 16

[[4]]
[1] 18

[[5]]
[1] 20
```

事实上，R 语言提供的向量化只是用其他形式替代了一个使用常规 for 循环的函数，而真正的循环部分已在编译型语言如 C 或 C++中实现，在 R 语言中可以直接调用该实现的一个接口，从而避免解释器繁复的额外工作。通过向量化，我们可以利用编译型语言加快处理循环的速度，从而获得更好的性能。但是，Vectorize( )只起到了对标量函数形式上封装的作用，并没有充分利用编译环境来重新加工，因此所得到的性能提升有限。

2.3.3 apply 函数族

R 语言中提供了一种替代 for 循环的便捷操作方式，即使用 apply 函数族来实现向量化运算。这些

函数包括 apply()、lapply()、sapply()和 tapply()等，允许用户直接在向量、矩阵、数组、数据框和列表中执行复杂的工作。除了少数参数，这些函数的调用方式非常接近，例如：

```
apply  (x, MARG IN, FUN, ..., simplify)
lapply (x, FUN, ...)
sapply (x, FUN, ..., simplify, USE.NAMES)
tapply (x, INDEX, FUN, ..., default, simplify)
```

表 2-7 中列出了部分 apply 函数族成员的比较和说明。

表 2-7　部分 apply 函数族成员的比较和说明

函数名	输入数据 x	说明
apply	数组、矩阵	MARG IN：给出函数要应用的索引的向量。若 x 是矩阵，则 1 表示行，2 表示列，c(1,2)表示行和列。当 x 带有命名 dimnames 时，可以是选择维度名称的字符向量。 FUN：要应用的函数。 simplify：逻辑值，默认值为 TRUE，表示在有可能时应该简化结果
lapply	向量、表达式对象	返回一个与 x 长度相同的列表，其中的每个元素都是对 x 的对应元素执行 FUN 的结果
sapply	与 lapply()相同	是一个用户友好的 lapply()封装版，默认返回一个向量、矩阵，或者（当 simplify = "array" 时）返回一个数组。sapply (x, FUN, simplify = FALSE,USE.NAMES = FALSE)与 lapply(x, FUN)相同
tapply	存在 split()作为参数的 R 对象，允许用索引	将一个函数应用到不规则数组的每个非空的因子分组中。 INDEX：由一个或多个因子组成的列表，每个因子的长度都与 x 相同。 default：用于初始化数组的值，默认值为 NA，仅适用于化简数组

先看示例 2-48 中的几个使用 apply 函数族的简单例子。

示例 2-48　使用 apply 函数族。

```
> x <- list(a = 1:10, beta = exp(-3:3), logic = c(TRUE,FALSE,FALSE,TRUE))
> lapply(x, mean)                               #计算列表成员的均值
$a
[1] 5.5

$beta
[1] 4.535125

$logic
[1] 0.5

> lapply(x, quantile, probs = 1:3/4)          #计算列表成员的中位值和四分位值
$a
 25%  50%  75%
3.25 5.50 7.75

$beta
      25%       50%       75%
0.2516074 1.0000000 5.0536690

$logic
25% 50% 75%
0.0 0.5 1.0

> sapply(x, quantile)                           #使用简化版的 sapply()
         a        beta   logic
0%    1.00  0.04978707   0.0
```

```
25%    3.25  0.25160736  0.0
50%    5.50  1.00000000  0.5
75%    7.75  5.05366896  1.0
100% 10.00 20.08553692  1.0
```

示例 2-49 展示了对矩阵实现向量化操作的方式。

示例 2-49 使用 apply()对矩阵实现向量化操作。

```
> m <- matrix(1:6, nrow = 2, byrow = TRUE) #创建一个矩阵
> apply(m, 2, sum)                         #对矩阵每一列求和
[1] 5 7 9
> apply(t(m), 1, sum)                      #等价于对它的转置矩阵的行求和
[1] 5 7 9
```

接下来的示例 2-50 展示了因子在 tapply()中的作用。

示例 2-50 因子在 tapply()中的作用。

```
> fac <- factor(rep(1:3, 5), levels = 1:5) #创建一个因子向量
> fac                                      #输出 fac 的值，没有 levels 为 4 和 5 的值
[1] 1 2 3 1 2 3 1 2 3 1 2 3 1 2 3
Levels: 1 2 3 4 5
> tapply(1:15, fac, mean)                  #对每一个因子水平相同的向量元素求均值
 1  2  3  4  5
 7  8  9 NA NA
```

此外，用户还可以把 apply 函数族应用到自定义的函数。因此，在 R 语言的实际应用中，可以通过向量化处理来节省大量不必要的 for 循环。

2.4 随机数与抽样

随机数与抽样

R 语言提供了简单、有效的方法来计算多种类型随机变量的概率或生成服从特定概率分布的数据。通常，用户将机器学习算法应用于数据集时，需要先将数据集划分为训练集和测试集。R 语言及扩展包提供了不同的抽样方式来实现这一目标。本节将介绍 R 语言支持的主要概率分布形式以及生成随机数的函数，还会介绍抽样函数与数据集划分方法。

2.4.1 概率分布与随机数生成

概率刻画了变量的随机分布规律，是数据分析工作的重要理论基础。R 语言内置的统计工具包 stats 中包含大量函数，用来支持实现与统计计算和随机分布相关的数据分析任务。

用户在控制台中执行下列代码，就可以在弹窗中看到 stats 中所有的函数。

```
> library(help = "stats")
```

这些函数的基础功能主要可以分为两类：概率计算和随机数生成。常用的随机分布形式都能得到工具包的支持，包括（括号中为 R 语言所使用的分布名称）：Beta 分布（beta）、二项分布（binom）、柯西分布（cauchy）、卡方分布（chisq）、指数分布（esp）、伽玛分布（gamma）、几何分布（geom）、正态分布（norm）、泊松分布（pois）、学生 t 分布（t）、均匀分布（unif）和威布尔分布（weibull）等。下面以正态分布为例对如何计算概率和生成随机数加以说明。

对于正态分布，我们可以调用下列函数来分别计算概率密度、累积分布、分位数和生成均值为 mean 且标准差等于 sd 的正态分布的随机数。

```
dnorm(x, mean = 0, sd = 1, log = FALSE)
pnorm(q, mean = 0, sd = 1, lower.tail = TRUE, log.p = FALSE)
qnorm(p, mean = 0, sd = 1, lower.tail = TRUE, log.p = FALSE)
rnorm(n, mean = 0, sd = 1)
```

表 2-8 列出了上述函数的参数及其默认值。

表 2-8　正态分布函数的参数及其默认值

参数名	默认值	说明
x、q	—	数据向量或分位数向量
p	—	概率向量
n	—	样本的数量
mean	0	均值向量
sd	1	标准差向量
log、log.p	FALSE	逻辑值。若为 TRUE，则概率 p 以 log(p)形式表示
lower.tail	TRUE	逻辑值。若为 TRUE，则累积概率为 $P[X\leq x]$，否则累积概率为 $P[X>x]$

示例 2-51 展示了正态分布函数的一些用法。

示例 2-51　正态分布函数的用法。

```
> dnorm(0)                              #计算数值 0 在标准正态分布中出现的概率密度
[1] 0.3989423
> dnorm(0, sd = 2)                      #计算数值 0 在标准差为 2 的正态分布中出现的概率密度
[1] 0.1994711
> #计算数值 0 在均值为 1、标准差为 2 的正态分布中出现的概率密度
> dnorm(0, mean = 1, sd = 2)
[1] 0.1760327
> pnorm(0)                              #计算数值 0 在标准正态分布中的累积概率
[1] 0.5
> pnorm(1, mean = 1)                    #计算数值 1 在均值 1 的正态分布中的累积概率
[1] 0.5
> pnorm(1, sd = 2, lower.tail = FALSE) #计算在标准差为 2 的正态分布中大于 1 的累积概率
[1] 0.3085375
> qnorm(0.5)                            #计算在标准正态分布中的 0.5 分位值
[1] 0
> qnorm(0.75)                           #计算在标准正态分布中的 0.75 分位值
[1] 0.6744898
> qnorm(0.75, mean = 0.5, sd = 0.5) #计算在均值为 0.5、标准差为 0.5 的正态分布中的 0.75 分位值
[1] 0.8372449
> set.seed(1)                           #设置随机种子
> rnorm(5)                              #生成 5 个标准正态分布随机数
[1] -0.6264538  0.1836433 -0.8356286  1.5952808  0.3295078
> rnorm(5)                              #再生成 5 个标准正态分布随机数
[1] -0.8204684  0.4874291  0.7383247  0.5757814 -0.3053884
> set.seed(1)                           #重置随机种子
> rnorm(5)                              #生成 5 个标准正态分布随机数
[1] -0.6264538  0.1836433 -0.8356286  1.5952808  0.3295078
```

需要注意的是，用软件生成随机数实际上使用的是伪随机数发生算法。因此，一旦给定了相同的随机种子，调用相同分布的生成函数总是输出相同的结果。

如果需要使用其他分布形式，用户只需将函数中指代概率分布的关键词从 norm 替换为所需的名

称。例如，punif ()函数将返回某个数值在[0, 1]区间均匀分布中的累积概率。图 2-2 中展示了使用 R 语言基础绘图函数绘制的不同自由度下的学生 t 分布的概率密度曲线。示例 2-52 给出了绘制学生 t 分布的概率密度曲线的代码。

示例 2-52 绘制学生 t 分布的概率密度曲线。

```
#绘制自由度为 2、非中心参数为 3 的学生 t 分布概率密度曲线
plot(function(x) dt(x, df = 2, ncp = 3), -3, 11,
    xlim = c(-3, 10), ylim = c(0, 0.3), main = "学生 t 分布概率密度曲线",
    ylab = "概率密度", lwd = 2, col = 2)
#添加不同自由度的概率密度函数的曲线
curve(dt(x, df = 3, ncp = 3), add = TRUE, lty = 2, lwd = 2, col = 3)
curve(dt(x, df = 4, ncp = 3), add = TRUE, lty = 3, lwd = 2, col = 4)
curve(dt(x, df = 5, ncp = 3), add = TRUE, lty = 4, lwd = 2, col = 5)
curve(dt(x, df = 6, ncp = 3), add = TRUE, lty = 5, lwd = 2, col = 6)
#添加图例
legend("topleft", c("df = 2", "df = 3", "df = 4", "df = 5", "df = 6"),
      col = 2:6, lty = 1:5, cex = 1.5, lwd = 2)cex = 1.5, lwd = 2)
```

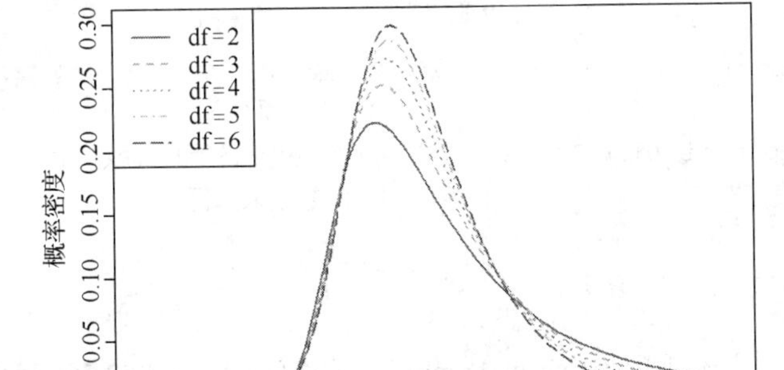

图 2-2 学生 t 分布概率密度曲线

2.4.2 抽样

从数据集中取出部分样本是数据分析（特别是数据建模）工作中必不可少的操作。基础 R 语言中的 sample()函数可以从数据集中抽取指定数量的样本。在抽样后，用户可以选择放回样本，也可以不放回样本。因此，sample()函数提供了灵活的样本抽取方式，可以为许多复杂任务服务。函数 sample()的调用形式如下：

```
sample(x, size, replace = FALSE, prob = NULL)
```

表 2-9 中列出了 sample()函数的参数及其默认值。

表 2-9 sample()函数的参数及其默认值

参数名	默认值	说明
x	—	由一个（或多个）元素组成的向量或一个正整数
size	—	一个非负整数，给出要选择的样本数
replace	FALSE	逻辑值，指定抽样是否需要放回
prob	NULL	用于抽取被采样向量的概率权重向量

示例 2-53 是使用 sample( )进行抽样的一些简单例子。

示例 2-53 使用 sample( )生成随机样本。

```
> x <- 1:6                           #生成 1～6 的数值，赋给向量 x
> sample(x)                          #对 x 抽样，注意 replace 默认为 FALSE，样本不重复
[1] 6 2 5 4 1 3
> sample(x, replace = TRUE)          #带放回的抽样可能产生重复的抽样结果
[1] 4 4 2 4 1 6
> sample(x, 3, replace = TRUE)       #即使抽取一半的数据仍有可能出现重复
[1] 1 4 1
> sample(10)                         #等价于生成 10 个随机的索引
[1]  7  8  6  2  3 10  5  4  9  1
> sample(10, 3, replace = TRUE)      #抽取 3 个 1～10 的值，带放回的抽样
[1] 2 6 6
```

很多情况下，用户需要对数据集进行抽样。使用 sample( )函数可以抽取数据集中有效的索引，从而帮助用户获得所需的样本。示例 2-54 中，我们使用 sample( )在用户创建的数据框中进行抽样。

示例 2-54 使用 sample( )对数据框抽样。

```
> #生成一个数据框
> df <- data.frame(x = 1:5, y = rep(1:2, length.out = 5))
> set.seed(123)                         #设置随机种子
> index <- sample(dim(df)[1], 2)        #按照数据框的行数抽取索引
> df[index,]                            #显示被抽取的行
  x y
3 3 1
2 2 2
```

加载 tidyverse 后，用户还可以使用 slice_sample( )函数进行抽样。示例 2-55 展示了使用 slice_sample( )函数抽样的效果。

示例 2-55 使用 slice_sample ( )进行抽样。

```
> library(tidyverse)         #加载 tidyverse
> set.seed(123)              #设置随机种子
> slice_sample(df, n = 2)    #抽取数据框中两个样本，注意：给样本重新设置了索引号
  x y
1 3 1
2 2 2
```

在数据建模时，用户通常需要将数据集划分为训练集和测试集，前者用于模型的拟合过程，而后者则用于模型的性能测试。示例 2-56 使用 sample( )将 R 系统内置的鸢尾花数据集一分为二，其中 70%的样本作为训练集，剩下的 30%作为测试集。示例 2-56 展示了按照 7∶3 划分鸢尾花数据集的过程。

示例 2-56 使用 sample( )划分数据集。

```
set.seed(123)                                   #设置随机种子
#随机抽取数据集行数，其中 70%置为 TRUE，30%置为 FALSE
index <- sample(c(TRUE, FALSE), nrow(iris), replace = TRUE, prob = c(0.7,0.3))
train <- iris[index, ]                          #将 index 为 TRUE 的样本赋给训练集
test <- iris[!index, ]                          #将 index 不为 TRUE 的样本赋给测试集
```

由于鸢尾花数据集总共有150条样本，按照70%的比例无法得到值为整数的样本数。因此，执行示例2-56中代码的实际抽样结果是该比例的近似值。

```
> nrow(test)/nrow(iris)                 #计算测试集样本占比
[1] 0.2933333
> nrow(train)/nrow(iris)                #计算训练集样本占比
[1] 0.7066667
```

2.5 数据导入与导出

文件是数据持久化保存的主要方式，而R语言提供了方便的接口函数来简化将文件读入内存和将数据写入文件的操作。本节将介绍R系统的工作空间和数据导入与导出的一些方法。

2.5.1 工作空间

工作空间指的是R系统用户当前的工作环境，包括用户定义的所有对象，如向量、矩阵、数据框、列表、函数等，以及用户输入的历史指令。当用户要结束一个R会话时，系统会提示用户是否需要保存工作空间映像。如果选择了“是（Y）”，在下一次启动R系统时该映像会被自动重新载入。这样，用户计算的结果就不会因为退出R系统而丢失。工作空间加载成功后，用户可以显示保存下来的对象内容，并接着执行上一次未完成的任务，也可以通过按键盘上的上下方向键来浏览输入命令的历史记录。

用户可以在控制台中输入ls()或objects()命令查看当前工作环境中的对象。函数ls()和objects()返回的是一个字符型向量，列出了环境中用户定义的数据和函数。例如，在2.3.2小节中，我们讨论了自定义函数的向量化，在此可以输入ls ()和objects ()来显示所创建的对象。

```
> ls()
[1] "f"  "vf" "x"  "y"
> objects()
[1] "f"  "vf" "x"  "y"
```

保存工作空间映像并退出R，再次启动R时会在控制台显示[原来保存的工作空间已还原]。用户可以通过命令getwd()来了解当前的工作目录，工作空间映像就保存在这里。例如：

```
> getwd()
[1] "D:/Users/gang_shen/Documents"
```

在工作目录中可以发现两个文件，文件名分别是.RData和.Rhistory，工作空间里的数据和历史命令就保存在这两个文件中。用户如果希望将不同的项目数据保存在不同的物理目录中，可以使用R语言中管理工作区的系列命令。示例2-57展示了执行管理工作区指令的方式。

示例2-57 管理工作区。

```
> save.image()                          #保存当前工作空间映像
> setwd("D:/Docs/MyWorkingDir")         #设置工作目录，注意Windows中的\需要用/替代
> history()                             #显示前25条命令
> save(MyObject,file= "MyFile.RData")   #保存指定对象到指定文件
> #从指定文件载入对象，未指定目录时使用当前工作目录
> load("MyFile.RData")
```

2.5.2 数据导入

除非像保存 R 系统的工作空间映像那样进行特殊处理，否则计算机内存中的数据只是临时性的，在关机或掉电后就会消失，并不能永久保存。持久化存储将临时性的数据转换为持久化数据，存放到文件系统或数据库中，以实现长久保存，在需要使用时可再次读入内存供后续处理。在 R 语言的实际应用中，需要处理的数据也并非总是靠代码生成的，而是来源于传感器的测量值与通过其他手段采集的样本。这些真实数据可以有不同的持久化存储形式，如二进制文件或文本文件。使用 R 语言进行数据分析之前，应该首先用 R 语言导入数据。R 语言提供了不同的函数，可以方便地导入不同格式的数据文件，包括 TXT、CSV 等使用分隔符来分隔字段的文件，以及 XLSX、RDS、SAS、SPSS、STATA 等专业软件生成的文件。导入数据后，用户就可以对数据进行操作、分析和生成可视化图形。

基础 R 语言中的 read.table( )函数以表格形式读取文本文件，并使用文件中的行和变量字段相应地创建一个数据框。read.table( )是一个基础性的数据导入函数，用户在调用时可以通过参数设置适配不同格式的文本文件，把数据读入数据框。其完整的参数列表如下：

```
    read.table(file, header, sep, quote, dec, numerals, row.names, col.names, as.is,
na.strings,colClasses,nrows,skip=0,check.names,fill,strip.white, blank.lines.skip,
comment.char, allowEscapes, flush, stringsAsFactors, fileEncoding, encoding, text,
skipNul)
```

表 2-10 列出了 read.table( )函数的参数及其默认值。

表 2-10　read.table( )函数的参数及其默认值

参数名	默认值	说明
file	—	待读取数据的文件名。文件名不包含绝对路径时，则文件名相对于当前工作目录。此外，还可以是一个完整的 URL
header	FALSE	逻辑型，指明文件第 1 行是否包含变量名。缺失时，变量名由文件格式确定。当且仅当第 1 行包含的字段数比列数少 1 时，header 被设置为 TRUE
sep	""	字段分隔符，文件中每行按照该字符分隔。默认情况下的分隔符是空白，即一个（或多个）空格、制表符、换行符或回车符
quote	"\"'"	引号字符集。若禁用引用，则可使用 quote = ""。只有在列读为字符型时，引号才被考虑。除非指定 colClasses，否则所有列都是字符型
dec	"."	文件中用来表示小数点的字符
numerals	c("allow.loss", "warn.loss", "no.loss")	把数字转换为双精度数值导致失去精度时，指示如何处理的字符串
row.names	—	一个由行名组成的向量。其可以是给出实际行名的向量，也可以是给出包含行名的列的一个数字，还可以是包含行名的列的名称的字符串。如果 header= TRUE，并且第 1 行包含的字段数比列数少 1，则输入中的第 1 列用于行名。如果 row.names 缺失或 row.names = NULL，则对行进行编号
col.names	—	一个由变量名组成的可选向量。默认情况下用 V，后面跟着列号表示
as.is	!stringsAsFactors	没有指定 colClasses，则用来控制字符型变量到因子的转换。其可以取值为一个逻辑向量，或是一个由数字或字符索引组成的向量，指定哪些列不应转换为因子
na.strings	"NA"	一个字符串向量，用作 NA 值。空白字段也被认为是逻辑、整数、数字和复杂字段中的缺失值

续表

参数名	默认值	说明
colClasses	NA	字符型，表示列应归属的类的向量
nrows	-1	整数型，可读入的最大行数。负值和其他无效值将被忽略
skip	0	整数型，在开始读取数据之前要跳过的行数
check.names	TRUE	逻辑型。如果为 TRUE，则会检查数据框中的变量名，以确保它们在语法上有效。必要时可通过 make.names 进行调整，以确保没有重复
fill	!blank.lines.skip	逻辑型。如果为 TRUE，则在行长度不相等的情况下添加空白字段让每一行长度相等
strip.white	FALSE	逻辑型。已指定 sep 时使用，允许从未加引号的字符字段中剥离前导和随后的空格
blank.lines.skip	TRUE	逻辑型。为 TRUE 时忽略输入中的空行
comment.char	"#"	字符型。长度为 1 的字符向量、单个字符或空字符，后者用来完全关闭对注释的处理
allowEscapes	FALSE	逻辑型。决定 C 风格的转义应该是被处理还是逐字读取
flush	FALSE	逻辑型。若为 TRUE，扫描将在读取请求的最后一个字段后刷新到行尾，即允许在最后一个字段后添加注释
stringsAsFactors	FALSE	逻辑型。决定字符向量是否转换成因子
fileEncoding	""	字符型。如果非空，则声明在文件中使用的编码，使字符数据可以重新编码
encoding	"unknown"	输入字符串采取的编码，用于标记已知的 Latin-1 或 UTF-8 字符串
text	—	字符型。没有提供文件但是有 text 时，从 text 读取数据。其可以用于在 R 代码中包含的小数据集
skipNul	FALSE	逻辑型，指定是否应该跳过 Null

虽然表 2-10 看起来非常复杂，但是参数的默认值可以适用于多数情况，用户实际上只需要选择对少数必要的参数赋值即可。例如，如果文件不含有表头，用户也不需要指定专门的列名，就可以让系统自动给变量命名，得到 V1、V2、V3 这样的默认名称；如果把 fill 参数设置为 TRUE，当文件中每一行长度不相等时，则会隐式地添加空白字段使得行的长度一致。示例 2-58 显示了一个从 text 字符串导入数据的简单例子。

示例 2-58 从 text 字符串导入数据。

```
> df <- read.table(header = TRUE, text = "
+  a b
+  1 3
+  2 4 ")                                       #导入数据
> df                                            #输出 df 内容
  a b
1 1 3
2 2 4
> str(df)                                       #显示 df 结构
'data.frame':   2 obs. of  2 variables:
 $ a: int  1 2
 $ b: int  3 4
```

在线从 text 字符串导入数据毕竟只适合特殊情况，再来看一个从 TXT 文件导入数据的示例。我们可以打开任意的文本编辑器来创建数据表，如使用 Windows 记事本，手动输入一些数据，如图 2-3

所示。把文件保存在当前工作目录下，并命名为data.txt。示例2-59列出了从data.txt文件导入数据的结果。

```
data - 记事本
文件(F) 编辑(E) 格式(O) 查看(V) 帮助(H)
month, high,    low
 Jan,   3,      -5
 Feb,   11,     4
 Mar,   18,     8
 Apr,   25,     16
 May,   31,     20
 Jun,   33,     22
 Jul,   33,     25
 Aug,   30,     23
 Sep,   26,     17
 Oct,   20,     13
 Nov,   18,     9
 Dec,   7,      2
```

图2-3　使用文本编辑器录入数据

示例2-59　从data.tex文件中导入数据。

```
> df <- read.table("data.txt", header = TRUE, sep = ",") #主要参数：file、header、sep
> df                                                   #输出导入的数据
    month high low
1     Jan    3  -5
2     Feb   11   4
3     Mar   18   8
4     Apr   25  16
5     May   31  20
6     Jun   33  22
7     Jul   33  25
8     Aug   30  23
9     Sep   26  17
10    Oct   20  13
11    Nov   18   9
12    Dec    7   2
> str(df)                                              #显示数据框的结构
'data.frame':  12 obs. of  3 variables:
 $ month : chr "   Jan" "    Feb" "    Mar" "    Apr" ...
 $ high  : int  3 11 18 25 31 33 33 30 26 20 ...
 $ low   : int  -5 4 8 16 20 22 25 23 17 13 ...
```

实际工作中有很多数据要经过Excel加工、整理并保存为CSV或XLSX格式的表格文件。read.csv()函数就是read.table()的一个特例，它允许用户读取CSV格式的文件。实际上CSV文件就是用逗号分隔字段的文本文件。打开Excel，在A列中填写行名（编号），再将data.txt中的数据复制进去，注意删除用于分隔的逗号（CSV文件会自动添加逗号用于分隔字段），并保存为CSV格式。调用read.csv()，我们可以得到同样的导入结果。专用的文件格式则需要使用到一些R包。导入XLS或XLSX格式的工作表则需要借助于其他包，如readxl，但是导入数据函数的调用形式与前面讨论过的read.table ()的调用形式相近。

2.5.3　数据导出

在2.5.1小节中我们已经讨论过，可以把当前工作空间中的数据对象保存到指定的文件中，并且在需要时重新加载回系统。但是，数据文件也是一种交流的媒介，有些场合用户需要在R软件与其他应用程序之间分享数据，因此将数据导出为特定的文件格式也是数据分析师需要完成的一项重要任务。基础R语言支持将矩阵和数据框保存到TXT和CSV等文本文件中，使用R语言的扩展包也可以让用户方便地把数据对象导出为一些主流的专用文件格式，如 XLSX、SAS、SPSS、STATA 等。

基础 R 语言中的 write.table( )和 write.csv( )函数的使用方法与 read.table( )和 read.csv( )的使用方法相近，只是所需参数较少。write.table( )完整的参数形式如下：

```
write.table(x, file, append, quote, sep, eol, na, dec, row.names, col.names, qmethod,
fileEncoding)
```

表 2-11 中列出了该函数相应的参数及其默认值。

表 2-11 write.table( )函数的参数及其默认值

参数名	默认值	说明
x	—	待写入的对象，最好是矩阵或数据框，否则将尝试把 x 强制转换为数据帧
file	""	表示文件名的字符串或用于写入的链接。""表示输出到控制台
append	FALSE	逻辑型。file 为文件名字符串时才起作用。如果为 TRUE，则输出被添加到文件原有数据后。如果为 FALSE，则丢弃原有文件数据
quote	TRUE	逻辑值或数值型向量。如果为 TRUE，任何字符或因子列都将被双引号包围。如果是数字向量，则将其元素作为要加引号的列的索引。在这两种情况下，如果要写入行名和列名，它们都会加引号。如果为 FALSE，则不对任何内容加引号
sep	" "	表示字段分隔符的字符串。x 的每一行中的字段均由该字符串分隔
eol	"\n"	标识行末的字符
na	"NA"	用于表示数据中缺失值的字符串
dec	"."	用于表示数字或复数中小数点的字符
row.names	TRUE	指示 x 的行名是否要与 x 一起写入的逻辑值，或者要写入行名的字符型向量
col.names	TRUE	指示 x 的列名是否要与 x 一起写入的逻辑值，或者要写入列名的字符型向量
qmethod	c ("escape", "double")	规定在引用字符串时如何处理嵌入的双引号字符的字符串，与引号的转义方式有关
fileEncoding	""	字符串。如果非空则声明在文件中使用的编码，以便字符数据在写入时可以重新编码

实际工作中用户需要输入的参数通常远远少于表 2-11 中所列的数量，因为默认值适用于大多数场合。以 2.5.2 小节中从 data.txt 文件中导入的数据框 df 为基础，示例 2-60 列出了导出数据到文件的过程。

示例 2-60 导出数据到文件。

```
> #从文件中导入数据，写入数据框 df
> df <- read.table("data.txt", header = TRUE, sep = ",")
> df[12,2] <- 7.3                                    #在数据框中修改数据
> df[12,3] <- 2.1                                    #赋值会将类型改为数值型
> write.csv(df, "Data.csv")                          #导出为 CSV 文件
```

在工作目录下打开 Data.csv 文件，可以看到行名、列名以及数据字段都被写入了工作表。把数据导出为其他格式的文件则需要下载、安装 R 语言的一些扩展包（见表 2-12）。

表 2-12 导出文件格式与扩展包

文件格式	扩展包名	导出函数
XLSX	xlsx	write.xlsx( )
SPSS	haven	write_sav( )
SAS	haven	write_sas( )
STATA	haven	write_dta( )

这里只介绍导出为 XLS 格式的情况，导出为其他文件格式所需操作与此相近。将数据从 R 导出到 Excel 对 Windows 用户来说比较简单，但对 macOS 用户来说就存在一定困难。这两种操作系统的差别在于库的安装，因为实际上 xlsx 库使用 Java 来创建文件。如果计算机上没有 Java，则需要安装 Java 以便将数据从 R 导出到 Excel。要从 R 中把数据导出为 Excel 的 XLS 或 XLSX 格式的文件，用户可以选择安

装扩展包 xlsx。首先在 Windows 命令指示符窗口上执行以下命令：

```
conda install -c r r-xlsx
```

来安装 xlsx 包，然后在 R 中执行下列语句：

```
library(xlsx)                         #加载 xlsx 包
write.xlsx(df, "Data.xlsx")           #把数据框 df 导出到文件
```

这样就完成了把数据框 df 中的数据写入了文件 Data.xlsx 的任务。打开 Excel，就能浏览该文件中的数据内容。

2.6 本章小结

在本章中我们介绍了 R 语言中有关数据处理的一些相关知识。数据分析建立在对数据的深入理解基础之上，而 R 语言包含一整套对数据操作的支持工具。本章所讲述的只是关于数据类型、数据结构、向量化运算、随机数与抽样，以及数据导入与导出的基础。R 语言中的数据以向量为原子单位，向量的数据类型可以划分为逻辑型、整数型、数值型、复数型、字符型和原始型几类。通过对向量的组织，可以得到数据类型保持一致的矩阵和数组，也支持数据类型相异的数据框和列表。R 语言提供的向量化运算可以提升运算的效率，因为有关的优化工作是使用编译语言实现的。数据框是 R 语言中重要的数据结构，相当于记录观察结果的数据表，而很多处理需要以数据框为输入对象。完成概率计算、生成随机和抽取数据集中的样本是数据分析的基础性工作，R 语言可以为此提供简便易行的操作方法。通过基础 R 系统和 R 社区提供的扩展包，数据导入与导出任务可以调用形式简单的接口函数完成。

初学者可能会对函数式编程风格所使用的参数形式感到陌生，这些参数提供了解决特殊问题时所需的灵活性。但是，用户一般只需要给有限的几个主要参数赋值，使用其余参数的默认值就能够解决大多数场景中的实际问题。

习题 2

2-1　分别执行下列语句，x 的类是什么？

```
x <- c(1.2, T)
x <- c("great", T)
```

使用 class ()验证你的判断。

2-2　创建一个 5 行 10 列的矩阵，如何取第 5 列的值？如何得到中间 3 行 6 列的子矩阵？将矩阵按行序转换为一维数组。

2-3　分别创建一个字符型、数值型和逻辑型数组，将其组合成一个数据框。如果数组长度不一致，能否填充 NA 来生成数据框？

2-4　在习题 2-3 所得到的数据框中分别添加新的行和列。

2-5　创建一个带有负数的数值型数组，使用向量化方式计算元素的正平方根（如果数值小于或等于 0，用 0 代替平方根）。

2-6　如何使用向量化的方式创建长度为 20 的 Fibonacci（斐波那契）数组。

2-7　使用蒙特卡洛方法估计圆周率的值，可以使用 for 循环的方式来统计圆内点的个数。

```
get_pi <- function(n)
{
    inside = 0;
    for (i in 1:n)
    {
        x = runif(1, min = 0, max = 1);
        y = runif(1, min = 0, max = 1);
        r = x*x + y*y;
        if (r < 1)
        {
            inside = inside + 1;
        }
    }
    pai = 4*inside / n;
    return (pai);
}
set.seed(1001)
get_pi(10000)
```

如果使用 1000 000 个随机点来计算，所需的时间是多少？请使用向量化操作加速这一过程。

2-8 随机生成 500 个标准正态分布的数据，然后抽取其中的 100 个样本，计算它们的均值。设置不同的随机种子，检验种子是否对抽样结果产生影响。

2-9 在进行数据建模时，为了公平地检验模型的质量，用户通常需要进行 *n* 折交叉验证，即把数据集分为 *n* 份：其中 *n*-1 份用作训练，剩余的 1 份用来测试。轮流使用每一份作为测试机，其余的 *n*-1 份用于训练，然后将平均值作为整体评价的性能指标。请对 R 内置鸢尾花数据集（iris）做 4 折划分。

2-10 使用 Notepad++编辑器创建一个类型为 TXT 的数据文件，写入多条带不同属性的数据并保存。将该文件读入 R 系统并赋给一个数据框，最后将数据框保存为带表头的 XLS 格式。

第3章 R语言数据分析

数据分析是从数据中提取有价值的信息、发现内在模式及获得见解的过程。数据分析可以应用于不同的领域，包括制造业、商业、自然科学和社会科学等领域。越来越多的企业已意识到数据分析的价值，开始运用数据分析来定义和发现隐藏的模式，寻找新的机会，为改善业务提供帮助。一般来说，数据分析的工作内容包括数据清洗、数据转换、数据建模等。R语言对数据分析提供了丰富的支撑工具，支持探索性数据分析和验证性数据分析。

数据分析中用定量方法来收集数据、组织数据，并使用统计度量来预测结果和趋势。探索性数据分析通常使用统计图和其他数据可视化方法来分析数据集，以概括其主要特征并寻找其中的模式。探索性数据分析的主要目的是在做出任何假设之前帮助数据分析师查看数据，在正式建模之前掌握数据的潜在含义，从而形成假设，按需采集新的数据并设计实验。在这一阶段，数据分析师可以识别明显的错误，理解数据中的模式，检测异常值，发现变量之间的关系。区别于探索性数据分析，验证性数据分析旨在采用统计分析技术解决一个或多个特定的研究问题，其目的通常是证实或拒绝已有的假设。

R语言所提供的数据分析工具支持大量数据处理功能和统计分析功能，还支持通过可视化方式提高数据分析的工作效率。本章将介绍用于基础的数据预处理、数据统计描述、数据降维、聚类分析、回归分析等的R语言工具。

3.1 数据预处理

数据预处理

本节将介绍数据分析任务中常用的一些数据预处理技术，包括如何通过不同方法查看数据以了解数据的概况，通过数据清洗得到具有一致性的数据集，通过数据变换更好地服务后续任务（如数据建模等目标）。

3.1.1 数据查看

R系统中已带有若干内置数据集。data()函数可以用于加载指定的数据集，其调用形式如下。

```
data(..., list = character(), package = NULL, lib.loc = NULL, verbose = 
getOption("verbose"), envir = .GlobalEnv, overwrite = TRUE)
```

表3-1中列出了data()函数的部分参数及其默认值。

表 3-1 data()函数的参数及其默认值

参数名	默认值	说明
list	—	字符向量
package	NULL	字符向量，指定要在其中查找数据集的包
lib.loc	NULL	指定数据集所在 R 语言库的目录名的字符向量
verbose	—	逻辑型。如果为 TRUE，则输出额外的诊断信息
envir	.GlobalEnv	应该加载数据的环境
overwrite	TRUE	逻辑型。指定是否替换环境中已有的同名对象

直接调用 data()而不带参数，R 系统则会在一个新的弹窗中显示当前系统中所有可用数据集及其简要说明。下面仅展示了部分数据集。

```
Data sets in package 'datasets':

AirPassengers          Monthly Airline Passenger Numbers 1949-1960
BJsales                Sales Data with Leading Indicator
BJsales.lead (BJsales)
                       Sales Data with Leading Indicator
BOD                    Biochemical Oxygen Demand
CO2                    Carbon Dioxide Uptake in Grass Plants
ChickWeight            Weight versus age of chicks on different diets
DNase                  Elisa assay of DNase
EuStockMarkets         Daily Closing Prices of Major European Stock
                     Indices, 1991-1998
Formaldehyde           Determination of Formaldehyde
HairEyeColor           Hair and Eye Color of Statistics Students
Harman23.cor           Harman Example 2.3
Harman74.cor           Harman Example 7.4
Indometh               Pharmacokinetics of Indomethacin
InsectSprays           Effectiveness of Insect Sprays
JohnsonJohnson         Quarterly Earnings per Johnson & Johnson Share
LakeHuron              Level of Lake Huron 1875-1972
LifeCycleSavings       Intercountry Life-Cycle Savings Data
Loblolly               Growth of Loblolly pine trees
Nile                   Flow of the River Nile
```

Nile 是一个关于尼罗河流量的时间序列数据集。读者可以在控制台中输入并执行示例 3-1 中的代码来加载与查看 Nile 中的数据。

示例 3-1 加载与查看 Nile 数据。

```
> data(Nile)                                  #加载数据集 Nile
> head(Nile)                                  #显示向量、矩阵、表、数据框或函数的第一部分
[1] 1120 1160  963 1210 1160 1160
> tail(Nile)                                  #显示向量、矩阵、表、数据框或函数的最后一部分
[1] 912 746 919 718 714 740
> str(Nile)                                   #简要地显示一个 R 对象的内部结构
 Time-Series [1:100] from 1871 to 1970: 1120 1160 963 1210 1160 1160 813 1230 1370
1140 ...
```

从 Nile 的数据结构可以看出，该数据集是一个时间序列。执行下面的语句绘制时间序列的折线图，可以直观地了解尼罗河流量随时间变化的历史。执行结果如图 3-1 所示。

```
> plot(Nile, col = "tomato2", lwd = 2)        #使用颜色 tomato2 和线宽 2 绘制折线图
```

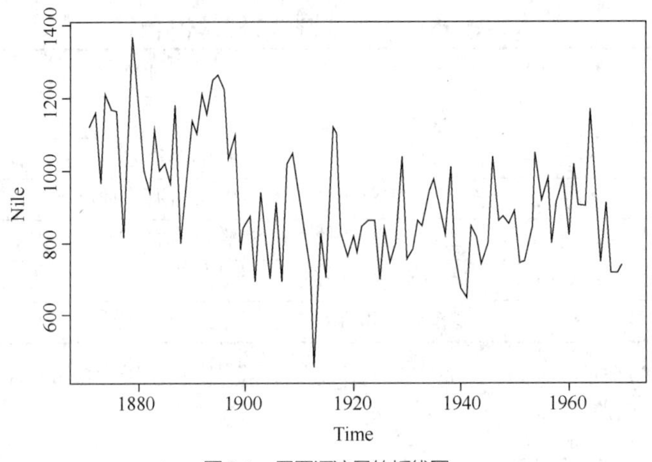

图 3-1　尼罗河流量的折线图

如果需要查看数据的分布情况，用户可以使用相关的 R 语言函数直接操作，例如，用 mean()和 max()函数就能得到数据的均值及最大值。

```
> mean(Nile)                    #显示均值
[1] 919.35
> max(Nile)                     #显示最大值
[1] 1370
```

而泛型函数 summary()则可以用于一次性获取数据集的统计摘要。

```
> summary(Nile)
   Min. 1st Qu.  Median    Mean 3rd Qu.    Max.
  456.0   798.5   893.5   919.4  1032.5  1370.0
```

针对不同的对象，函数 summary()有不同的具体实现。对于时间序列 Nile，执行 summary()可在控制台依次显示出它的最小值、第一四分位值、中位值、均值、第三四分位值和最大值。如果希望进一步了解 Nile 的数值分布情况，读者可以用函数 hist()绘制一个频度直方图，执行结果如图 3-2 所示。

```
hist(Nile, breaks = 20, col = "lightblue")          #使用颜色 lightblue 绘制直方图
```

图 3-2 按照指定的分段数（breaks = 20）绘制了频度条柱，其中条柱的高度代表了落在均匀划分的区间内的流量值计数情况。

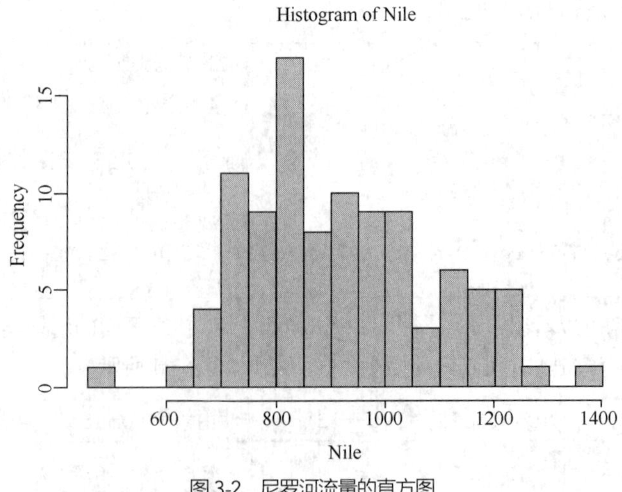

图 3-2　尼罗河流量的直方图

有关绘图函数的使用方法将在后文进一步介绍。如果用户希望查看数据集中部分特定的数据，则可以使用 subset( )筛选或使用 dplyr 包中所提供的几个函数查看，如 filter( )和 select( )。示例 3-2 中使用 R 系统自带的鸢尾花数据集 iris 来说明数据筛选的作用。

示例 3-2 筛选鸢尾花数据集 iris 的数据。

```
> str(iris)                                    #显示 iris 的结构
'data.frame':   150 obs. of  5 variables:
 $ Sepal.Length: num  5.1 4.9 4.7 4.6 5 5.4 4.6 5 4.4 4.9 ...
 $ Sepal.Width : num  3.5 3 3.2 3.1 3.6 3.9 3.4 3.4 2.9 3.1 ...
 $ Petal.Length: num  1.4 1.4 1.3 1.5 1.4 1.7 1.4 1.5 1.4 1.5 ...
 $ Petal.Width : num  0.2 0.2 0.2 0.2 0.2 0.4 0.3 0.2 0.2 0.1 ...
 $ Species     : Factor w/ 3 levels "setosa","versicolor",..: 1 1 1 1 1 1 1 1 1 1 ...
> view(iris)                                   #在弹窗中以表格形式显示 iris 的数据
> dim(iris)                                    #显示 iris 的维度
[1] 150   5
> #筛选 iris 中类别为 virginica 且花瓣宽度大于均值两倍的行，赋值给 df
> df <- filter (iris, Species == "virginica" & Petal.Width > 2*mean(Petal.Width))
> df                                           #显示 df 的内容
  Sepal.Length Sepal.Width Petal.Length Petal.Width   Species
1          6.3         3.3          6.0         2.5   virginica
2          7.2         3.6          6.1         2.5   virginica
3          5.8         2.8          5.1         2.4   virginica
4          6.3         3.4          5.6         2.4   virginica
5          6.7         3.1          5.6         2.4   virginica
6          6.7         3.3          5.7         2.5   virginica
> df %>% select(starts_with("Petal") & ends_with("Length"))         #按条件选择列
  Petal.Length
1          6.0
2          6.1
3          5.1
4          5.6
5          5.6
6          5.7
```

查看数据时，函数 arrange ( )允许按照指定的列对所有行重新排序。

```
> arrange(df, Petal.Length)                    #按照 Petal.Length 的数值对 df 的行排序
  Sepal.Length Sepal.Width Petal.Length Petal.Width   Species
1          5.8         2.8          5.1         2.4   virginica
2          6.3         3.4          5.6         2.4   virginica
3          6.7         3.1          5.6         2.4   virginica
4          6.7         3.3          5.7         2.5   virginica
5          6.3         3.3          6.0         2.5   virginica
6          7.2         3.6          6.1         2.5   virginica
```

3.1.2 数据清洗

原始的记录中可能包含错误和噪声、重复项以及缺失值，因此破坏了数据的一致性，造成数据不完整和不准确的情况。数据清洗就是将原始数据转换为具有一致性的数据，以便于进一步分析的过程。保证数据的一致性有助于提高数据分析结果的可靠性。R 语言有一套专用于有效和全面地执行数据清洗的工具。

1．缺失值

用户可以使用基础 R 系统中的函数来消除数据中的缺失值并修正一些类型的错误。示例 3-3 以 R

系统自带的数据集 airquality 为例来说明有关查看缺失值的操作。

示例 3-3 查看数据集 airquality 中的缺失值。

```
> str(airquality)                              #显示 airquality 的结构
'data.frame' : 153 obs. of  6 variables:
 $ Ozone     : int  41 36 12 18 NA 28 23 19 8 NA ...
 $ Solar.R   : int  190 118 149 313 NA NA 299 99 19 194 ...
 $ Wind      : num  7.4 8 12.6 11.5 14.3 14.9 8.6 13.8 20.1 8.6 ...
 $ Temp      : int  67 72 74 62 56 66 65 59 61 69 ...
 $ Month     : int  5 5 5 5 5 5 5 5 5 5 ...
 $ Day       : int  1 2 3 4 5 6 7 8 9 10 ...
> head (airquality)                            #显示 airquality 的头几行
  Ozone Solar.R Wind  Temp Month Day
1    41     190   7.4   67     5   1
2    36     118   8.0   72     5   2
3    12     149  12.6   74     5   3
4    18     313  11.5   62     5   4
5    NA      NA  14.3   56     5   5
6    28      NA  14.9   66     5   6
```

函数 head ()显示出的 airquality 头几行中存在以 NA 表示的缺失值（第 5 行中的 Ozone 和 Solar.R 及第 6 行的 Solar.R）。数据采集或存储有时会存在遗漏、损坏和丢失的现象，造成了数据框中的记录项（行）带有缺失值的问题。如果不加以处理，后续的计算就无法得到正常的结果，例如使用 median( )函数计算 Ozone 的中位值：

```
> median(airquality$Ozone)                     #显示 Ozone 列的中位值
[1] NA
```

针对这一情况，读者可以在调用函数 median( )时设置选项 na.rm 为 TRUE，排除带有缺失值的记录：

```
> median(airquality$Ozone, na.rm = TRUE)  #将 na.rm 置为 TRUE，计算时排除缺失值
[1] 31.5
```

函数 summary ()可以一次性地列出数据中存在的缺失值数量：

```
> summary(airquality)
     Ozone           Solar.R           Wind             Temp
 Min.    :  1.00  Min.    :  7.0   Min.    : 1.700   Min.    :56.00
 1st Qu. : 18.00  1st Qu.:115.8   1st Qu. : 7.400   1st Qu.:72.00
 Median  : 31.50  Median :205.0   Median  : 9.700   Median :79.00
 Mean    : 42.13  Mean   :185.9   Mean    : 9.958   Mean   :77.88
 3rd Qu. : 63.25  3rd Qu.:258.8   3rd Qu. :11.500   3rd Qu.:85.00
 Max.    :168.00  Max.   :334.0   Max.    :20.700   Max.   :97.00
 NA's    :37      NA's   :7
     Month            Day
 Min.    :5.000  Min.    : 1.0
 1st Qu. :6.000  1st Qu. : 8.0
 Median  :7.000  Median  :16.0
 Mean    :6.993  Mean    :15.8
 3rd Qu. :8.000  3rd Qu. :23.0
 Max.    :9.000  Max.    :31.0
```

R 语言中的函数 is.na( )可以用来判断输入是否为缺失值 NA。对于存在缺失值的记录，用户的处理方式包括删除和补全两种操作。示例 3-4 使用 na.omit ()函数删除存在缺失值的记录。执行 na.omit ()函数后，数据框 df1 中的记录只有 111 条，少于 airquality 原有的 153 条。

示例 3-4 使用 na.omit ()函数删除存在缺失值的记录。

```
> dim(airquality)                              #显示 airquality 的维度
```

```
[1] 153   6
> df1 <- na.omit(airquality)                   #忽略所有的缺失值
> dim(df1)                                     #显示df1的维度
[1] 111   6
> head(df1)
  Ozone Solar.R Wind Temp Month Day
1    41     190  7.4   67     5   1
2    36     118  8.0   72     5   2
3    12     149 12.6   74     5   3
4    18     313 11.5   62     5   4
7    23     299  8.6   65     5   7
8    19      99 13.8   59     5   8
```

数据补全则是利用设定规则或统计结果将缺失值替换为其他数据的方式。在示例3-5中，我们分别使用均值和中位值来填充airquality中的缺失值。

示例3-5 使用均值和中位值填充缺失值。

```
> df2 <- airquality                            #创建新的数据框df2并赋值为airquality
> #用均值补全Ozone，用中位值补全Solar.R
> df2$Ozone[is.na(df2$Ozone)] <- mean(df2$Ozone, na.rm = TRUE)
> df2$Solar.R[is.na(df2$Solar.R)] <- median(df2$Solar.R, na.rm = TRUE)
> head(df2)                                    #显示补全后的数据框的头几行
     Ozone Solar.R Wind Temp Month Day
1 41.00000     190  7.4   67     5   1
2 36.00000     118  8.0   72     5   2
3 12.00000     149 12.6   74     5   3
4 18.00000     313 11.5   62     5   4
5 42.12931     205 14.3   56     5   5
6 28.00000     205 14.9   66     5   6
```

2．重复值

数据中可能由于一些原因而存在重复项，这些重复项会干扰后续的任务完成，如统计指标的计算。排序操作可以帮助用户快速检查相邻记录中是否存在重复项。R语言内置函数order()可对向量排序，我们可以通过设置参数decreasing=TRUE（默认值为FALSE）将排序方式设置为降序排列。示例3-6创建了一个带重复项的数据框，再使用排序方式处理数据框中的记录，便于发现是否存在重复项。

示例3-6 对数据框中的记录排序。

```
> df3 <- data.frame(ID = c(1,2,3,4,5,6,2),
+ Name = c("ABC", "BCD", "CDE", "EFG", "FGH", "GHI", "BCD"),
+ Score = c(88, 90, 95, 67, 82, 75, 90),
+ stringsAsFactors = FALSE)                    #创建有重复项的数据框
> df3                                          #显示数据框内容
  ID Name Score
1  1  ABC    88
2  2  BCD    90
3  3  CDE    95
4  4  EFG    67
5  5  FGH    82
6  6  GHI    75
7  2  BCD    90
> df3[order(df3$Name),]                        #按默认的升序对Name列进行排序
  ID Name Score
1  1  ABC    88
2  2  BCD    90
7  2  BCD    90
3  3  CDE    95
```

```
4  4  EFG    67
5  5  FGH    82
6  6  GHI    75
```

R 语言内置函数 duplicated()可在向量或数据框中检查哪些元素与其他元素重复，并返回一个逻辑向量，指示哪些元素是前面元素的复制项。

```
> duplicated(df3)                          #检查是否有复制项
[1] FALSE FALSE FALSE FALSE FALSE FALSE  TRUE
```

R 语言的另一个内置函数 unique ()可以从向量或数据框中提取具有唯一值的元素，dplyr 包中的函数 distinct ()具有同样的作用。在示例 3-7 中，我们先后使用 unique()和 distinct()提取示例 3-6 所创建的数据框中无重复项的记录。

示例 3-7 提取数据框中无重复项的记录。

```
> unique(df3)                              #unique()返回数据框中具有唯一元素的记录
  ID Name  Score
1  1  ABC    88
2  2  BCD    90
3  3  CDE    95
4  4  EFG    67
5  5  FGH    82
6  6  GHI    75
> df4 <- distinct(df3)                     #distinct()的功能类似
> df4
  ID Name  Score
1  1  ABC    88
2  2  BCD    90
3  3  CDE    95
4  4  EFG    67
5  5  FGH    82
6  6  GHI    75
```

但是，有些记录并不是对其他记录的简单复制，而是存在损坏或错误的记录。在处理这一类问题时，可以根据指定的列（域）来清除重复项。在示例 3-8 中，我们继续使用示例 3-6 所创建的数据框来展示按列清除重复项的过程。

示例 3-8 按列清除重复项。

```
> df3[7,3] <- 9                            #修改部分列，避免完全重复
> df3 <- rbind(df3, c(3, "BCD", 90))       #增加部分重复的行
> df3                        #第 7 行与第 2 行部分重复，第 8 行与第 2 行、第 3 行部分重复
  ID Name  Score
1  1  ABC    88
2  2  BCD    90
3  3  CDE    95
4  4  EFG    67
5  5  FGH    82
6  6  GHI    75
7  2  BCD     9
8  3  BCD    90
> duplicated(df3)                          #显示是否有复制项
[1] FALSE FALSE FALSE FALSE FALSE FALSE FALSE FALSE
> distinct(df3, ID, .keep_all = TRUE) #按 ID 列保持唯一性
  ID Name  Score
1  1  ABC    88
2  2  BCD    90
3  3  CDE    95
```

```
4  4  EFG    67
5  5  FGH    82
6  6  GHI    75
> distinct(df3, Name, .keep_all = TRUE)    #按 Name 列保持唯一性
  ID Name Score
1  1  ABC    88
2  2  BCD    90
3  3  CDE    95
4  4  EFG    67
5  5  FGH    82
6  6  GHI    75
```

3．离群值

离群值是指与数据集的整体相差甚大的观察样本。离群值的出现是小概率事件，在有些情况下可能代表新的模式而具有特殊的意义和价值。但是，在多数应用中，异常数据对数据分析的目标会造成负面影响，可能会导致分析结果偏离事实。1.4 节介绍的 boxplot( )函数在使用默认参数绘制箱形图时特别标出了离群点。我们首先生成两组正态分布的随机数值，分别带有数量不等的离群值。

```
set.seed(123456)                         #设置随机种子
x <- rnorm(500)                          #生成 500 个标准正态分布数据
y <- rnorm(100)                          #再生成 100 个标准正态分布数据
```

调用 boxplot( )函数后，返回值中的属性 out 保存了超出上下须线范围的离群点。箱形图把大于第三四分位值（Q_3）的 1.5 倍的四分位（IQR）范围或小于第一四分位值（Q_1）的 1.5 倍的四分位范围的观测值都定义为离群值。

```
> z <- boxplot(x, y, col = c("lightblue", "lightgreen"))
> z$out                                   #查看离群值
[1] -3.765842  2.678893  2.990290 -2.817889 -3.200926  2.395253
```

R 系统内置包 stats 的 quantile( )函数返回对应于参数中指定概率的样本分位值。如果需要从原始数据中清除离群值，读者可以参考示例 3-9 中的代码来定义离群值的范围。

示例 3-9 自定义离群值的范围。

```
> q1 <- quantile(x, .25)                  #返回第一四分位值
> q3 <- quantile(x, .75)                  #返回第三四分位值
> iqr <- IQR(x)                           #返回四分位范围
> #只在子集中保留原数据中满足条件的数据
> xx <- subset(x, x > (q1 - 1.5*iqr) & x < (q3 + 1.5*iqr))
> #比较原始数据与子集的长度得到离群点的数量
> length(x) - length(xx)
[1] 4
```

用户还可以根据实际问题的需要定义离群值。例如，对于服从均值为 μ、标准差为 σ 的正态分布的随机变量，距离均值 μ 超出了 $\pm 3\sigma$ 的数据一般可被视作离群值。修改 subset( )中的条件，用户可以用所定义的方式清除离群值。

3.1.3 数据转换

作为一项重要的数据预处理技术，数据转换按需把数据从一种形式转换为另一种形式。进行数据转换的原因可能多种多样，例如转换数据格式使其与其他数据兼容，合并不同来源的原始数据或者向

原始数据中添加更多信息（如时间戳）等。用户根据源数据和目标数据之间的关系进行必要的更改，可以方便地实现数据的集成、分析、存储等任务。

通常，将连续数据划为有意义的类别或组，可以让用户容易理解这些数据。R 语言扩展包 ggplot2 中的 cut 函数实现了几个基本的无监督方法，使用不同的分组策略将连续变量转换为类别变量（因子），从而实现数据的离散化，例如 cut_interval ()使用相等的范围划分数据为 *n* 个组，cut_number( )使 *n* 个组具有大致相等的样本数，而 cut_width ()使用指定的间距宽度 width 对数据分组。示例 3-10 展示了对均匀分布的一组数据进行分组实现数据离散化的结果。

示例 3-10 对均匀分布的数据进行分组。

```
> x <- runif(20)                               #生成均匀分布的 20 个 0~1 的随机数
> x                                            #显示向量 x 的内容
 [1] 0.9455301 0.9656486 0.9859245 0.9587154 0.8422073 0.9421730 0.3863764
 [8] 0.1565267 0.8014918 0.9803807 0.8403342 0.9352815 0.3171523 0.1763215
[15] 0.5360350 0.7789068 0.6156260 0.1896449 0.1380019 0.5408040
> cut_number(x, 5)                             #按样本平均分布分组实现 x 的离散化
 [1] (0.841,0.948] (0.948,0.986] (0.948,0.986] (0.948,0.986] (0.841,0.948]
 [6] (0.841,0.948] (0.292,0.586] [0.138,0.292] (0.586,0.841] (0.948,0.986]
[11] (0.586,0.841] (0.841,0.948] (0.292,0.586] [0.138,0.292] (0.292,0.586]
[16] (0.586,0.841] (0.586,0.841] [0.138,0.292] [0.138,0.292] (0.292,0.586]
5 Levels: [0.138,0.292] (0.292,0.586] (0.586,0.841] ... (0.948,0.986]
> cut_interval(x, 5)                           #按等间距原则分组实现 x 的离散化
 [1] (0.816,0.986] (0.816,0.986] (0.816,0.986] (0.816,0.986] (0.816,0.986]
 [6] (0.816,0.986] (0.308,0.477] [0.138,0.308] (0.647,0.816] (0.816,0.986]
[11] (0.816,0.986] (0.816,0.986] (0.308,0.477] [0.138,0.308] (0.477,0.647]
[16] (0.647,0.816] (0.477,0.647] [0.138,0.308] [0.138,0.308] (0.477,0.647]
5 Levels: [0.138,0.308] (0.308,0.477] (0.477,0.647] ... (0.816,0.986]
> cut_width(x, 0.2)                            #按指定的间距分组实现 x 的离散化
 [1] (0.9,1.1] (0.9,1.1] (0.9,1.1] (0.9,1.1] (0.7,0.9] (0.9,1.1] (0.3,0.5]
 [8] [0.1,0.3] (0.7,0.9] (0.9,1.1] (0.7,0.9] (0.9,1.1] (0.3,0.5] [0.1,0.3]
[15] (0.5,0.7] (0.7,0.9] (0.5,0.7] [0.1,0.3] [0.1,0.3] (0.5,0.7]
Levels: [0.1,0.3] (0.3,0.5] (0.5,0.7] (0.7,0.9] (0.9,1.1]
```

在数据科学中，表示不同属性的连续型数值可以具有不同的量纲，因此数据分布范围往往差异较大。特征缩放是建模解决预测问题之前必不可少的预处理步骤。通常，机器学习算法可以很好地处理不同特征分布范围差异较小的情况。如果数据集不同的分布范围差异过大，则需要通过缩放来处理。其中，一种简单调整数据分布范围的方法是对数值型变量直接取对数的操作。示例 3-11 展示了使用 log( )函数可以让不同属性的最大值更加接近。

示例 3-11 使用 log( )函数让不同属性的最大值更加接近。

```
> df <- data.frame(x = 1:10, y = 11:20, z = 15:6) #生成数据框
> df1 <- log(df)                               #对数据框进行对数变换
> df1                                          #显示数据框的内容
           x          y          z
1  0.0000000   2.397895   2.708050
2  0.6931472   2.484907   2.639057
3  1.0986123   2.564949   2.564949
4  1.3862944   2.639057   2.484907
5  1.6094379   2.708050   2.397895
6  1.7917595   2.772589   2.302585
7  1.9459101   2.833213   2.197225
8  2.0794415   2.890372   2.079442
9  2.1972246   2.944439   1.945910
10 2.3025851   2.995732   1.791759
```

归一化是指将数据中的每个值都按比例缩放到 0～1 范围，同时保持每个值的相对位置不变。当数据的分布范围不匹配时，用户可以用归一化进行数据转换。max-min 归一化用最大值与最小值之差作为分母（这里实际中不会分析最大值与最小值相等的情况，因此也就不会出现差为 0 的情况），用样本值减去最小值作为分子完成数据的缩放。示例 3-12 是一个使用 max-min 归一化缩放数据的例子，其代码的执行结果如图 3-3 所示。

示例 3-12 使用 max-min 归一化缩放数据。

```
> set.seed(2)                                          #设置随机种子
> df <- data.frame(x = rnorm(10, 1, 1), y = rnorm(10, 5, 3))  #生成不同随机属性
> df                                                   #显示出属性分布范围不同
            x         y
1   0.1030855  6.252952
2   1.1848492  7.945258
3   2.5878453  3.821914
4  -0.1303757  1.880993
5   0.9197482 10.346687
6   1.1324203 -1.933207
7   1.7079547  7.635814
8   0.7603020  5.107420
9   2.9844739  8.038486
10  0.8612130  6.296795
> df1 <- data.frame(x = (df$x - min(df$x))/(max(df$x) - min(df$x)),
+         y = (df$y - min(df$y))/(max(df$y) - min(df$y)))     #实现数据归一化
> mean(df1$x)                                          #查看 x 变换后的均值
[1] 0.4306877
> mean(df1$y)                                          #查看 y 变换后的均值
[1] 0.6085165
> #绘制箱形图显示数据框 df 不同属性的分布（见图 3-3）
> boxplot(f1, main = "归一化处理结果",
+         col = c(rgb(0.57, 0.82, 0.76, 0.8), rgb (0.69, 0.61, 0.52, 0.8)))
```

当存在离群点时，最大值和最小值并不能准确地描述数据的实际分布。图 3-3 说明两组正态分布的数据经过 max-min 归一化处理的数据并不一定保证中位值相近。

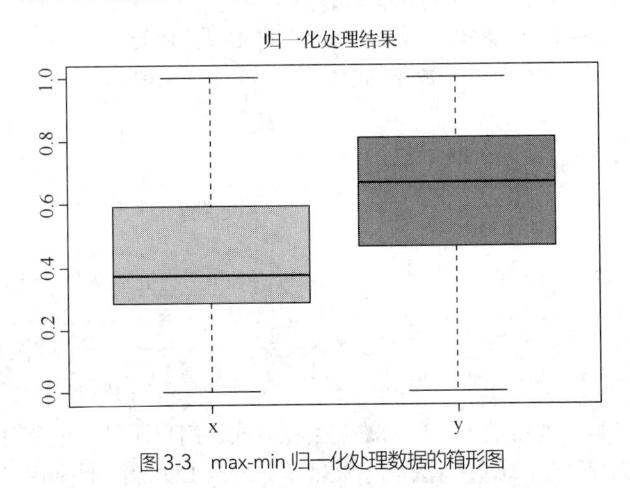

图 3-3 max-min 归一化处理数据的箱形图

为了减少离群值的影响，用户可以选择将数据标准化，调用标准缩放函数 scale( )实现缩放。标准化允许对数据的各种属性进行公平的比较，也可以确保它们对后续分析具有相同的影响。为了达到公平性的目标，用户需要从每个样本值中减去均值，再除以数据样本的标准差。示例 3-13 使用函数 scale( )

实现对示例 3-12 所生成数据的标准化处理，执行结果如图 3-4 所示。图 3-4 显示了经过 scale()处理，与 max-min 归一化相比，x 均值和 y 均值更加接近。

示例 3-13 使用函数 scale ()实现数据标准化。

```
> df2 <- data.frame(x = scale(df$x), y = scale(df$y)) #构建标准化数据组成的数据框
> #绘制箱形图
> boxplot(df2, main = "归一化处理结果",
+         col = c(rgb(0.57, 0.82, 0.76, 0.8), rgb(0.69, 0.61, 0.52, 0.8)))
> mean(df2$x)                                    #显示标准化的 x 均值
[1] -5.570089e-18
> mean(df2$y)                                    #显示标准化的 y 均值
[1] -1.262797e-16
```

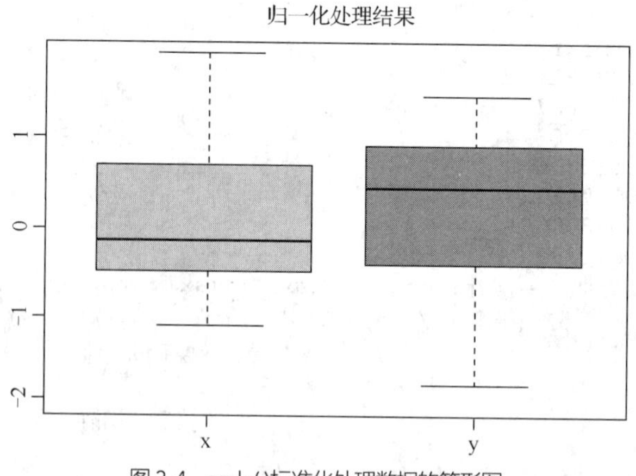

图 3-4　scale()标准化处理数据的箱形图

当数据包含噪声时，用户可以使用平滑化从有噪声的数据中发现所蕴含的趋势。中位值/均值滤波是一种简单、有效的非线性信号处理方式，通过对与当前数据在空间或时间上相邻的一组数据取中位值/平均值来代替当前数据的测量值，以消除孤立的噪声点。R 系统内置的 stats 包中的 smooth()函数使用滑动窗中位值滤波方式对向量或时间序列实现数据平滑。

示例 3-14 是一个对带噪声的序列数据调用 smooth()函数的例子，执行结果如图 3-5 所示。函数 smooth()中的参数“3”表示取相邻 3 个数值的中位值，“R”表示重复直至收敛，“S”表示滑动窗在水平方向延伸。

示例 3-14 对序列数据调用 smooth ()进行平滑化。

```
set.seed(42)                                      #设置随机种子
x <- 1:20                                         #横坐标
y <- x + rnorm(20, 0, 2)                          #生成带随机噪声的纵坐标
plot (x, y, col = "tomato2", type = 'l', lwd = 2)        #绘制折线图
lines(smooth(y, "3RSR"), col = "#211668EE", lwd = 3)  #绘制中位值平滑后的折线图
points(x, y, pch = 19, col = "tomato2")    #添加原始数据点
```

除了中位值滤波和均值滤波这类简单的滤波去噪方式，用户还可以选择使用更复杂的算法处理数据中的噪声。局部加权回归散点平滑法（简称 LOWESS 或 LOESS）是利用二维变量之间的关系实现数据平滑化的一种算法。在 R 系统内置的 stats 包中提供了函数 lowess()来实现 LOWESS 平滑功能。示例 3-15 的代码中调用 lowess()时设置了参数“f = 1/2”，表示平滑时所使用局部数据占数据总数的比例，其执行结果也添加到图 3-5 中。一般来说，越大的 f 值会取得越平滑的效果。

示例 3-15 使用 lowess( )进行序列数据平滑化。

```
#绘制平滑曲线
lines(lowess(x, y, f = 1/2), lty = 5, col = "darkgrey", lwd = 5)
#添加图例
legend("topleft", c("原始数据", "中位值滤波平滑", "LOWESS 平滑"),
     col = c("tomato2", "#211668EE ", "darkgrey"), lwd = c(2, 3, 5),
     lty = c(1, 1, 5), pch = c(16, NA, NA), cex = 1.3)
```

从图 3-5 显示的平滑效果来看，LOWESS 平滑相比中位值滤波能更好地体现出数据变化的趋势。

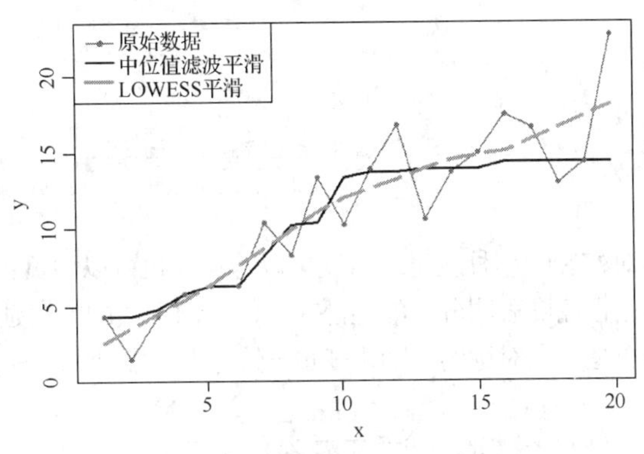

图 3-5 对带噪声数据平滑处理的效果

3.2 数据统计描述

本节将介绍对数据统计性质的描述方法，包括利用数据完成对统计矩、相关性、方差和随机分布参数的估计。

3.2.1 统计矩

矩是统计学中的基础概念，用来表示对随机变量的度量。对于一个随机分布的变量，它的一阶矩代表期望值，二阶矩代表方差，三阶矩代表偏度，四阶矩代表峰度。除了具有数学定义外，矩通常还具有物理意义。例如，如果变量表示的是质量密度，那么零阶矩是总质量，一阶矩表示质量的中心，二阶矩则是惯性矩。基础 R 语言及扩展包提供了一系列用于计算数据样本统计矩的函数。

1．均值

均值是对数据分布集中程度的度量。随机变量 x 的样本标准差计算公式如下：

$$\overline{x} = \frac{\sum_{i=1}^{n} x_i}{n} \tag{3-1}$$

其中 n 为样本总数，x_i 是第 i 个样本。R 内置 stats 包中的函数 mean( )可以返回随机向量或矩阵的均值。示例 3-16 展示了使用 mean( )函数对向量求均值的方法。

示例 3-16 使用 mean( )函数对向量求均值。

```
> set.seed(1)
> x <- rnorm(100)
> mean(x)
[1] 0.1088874
```

2．方差

方差是对随机分布分散程度的度量。随机变量 x 的样本方差的计算公式如下：

$$\mathrm{var}(x)=\frac{\sum_{i=1}^{n}\left(x_i-\overline{x}\right)^2}{n-1} \tag{3-2}$$

标准差是方差的平方根。R 内置 stats 包中的函数 var()可以返回随机向量或矩阵的方差，sd()可以返回标准差。示例 3-17 展示了使用 var()和 sd()函数分别对示例 3-16 中的数据向量求方差和标准差的方法。

示例 3-17　使用 var()和 sd()函数，分别求方差和标准差。

```
> var(x)
[1] 0.8067621
> sd(x)
[1] 0.8981994
```

3．偏度

偏度是对随机分布不对称性的一种度量。偏度可以为正，也可以为负：负偏度表明分布的尾部在左侧，更多地向负值延伸；正偏度表明分布的尾部在右侧，向正值的方向延伸。偏度值为 0 表示分布中不存在倾斜，意味着分布是完全对称的。随机变量 x 的样本偏度计算公式如下：

$$S=\frac{1}{n-1}\sum_{i=1}^{n}\left(\frac{x_i-\overline{x}}{\mathrm{sd}(x)}\right)^3 \tag{3-3}$$

R 语言扩展包 moments 中包含计算偏度的函数 skewness()。执行下列语句（选择合适的镜像）安装并加载 moments 包。

```
install.packages("moments")
library(moments)
```

示例 3-18 展示了使用函数 skewness()计算偏度的过程，执行结果如图 3-6 所示。

示例 3-18　使用函数 skewness()计算偏度。

```
> set.seed(101)
> x <- rnorm(100)
> skewness(x)
[1] -0.2768088
> hist(x, freq = FALSE, col = rgb(0.63, 0.33, 0.33, 0.5))
> curve(dnorm(x), lwd = 3, lty = 2, col = rgb(0.33, 0.33, 0.73, 0.9),
+       add = TRUE)
```

偏度值-0.27 表明变量分布向负值一侧倾斜。图 3-6 中在直方图上叠加了 x 正态分布估计的密度曲线。从图 3-6 中可以看出，实际分布的尾部确实偏向左侧。

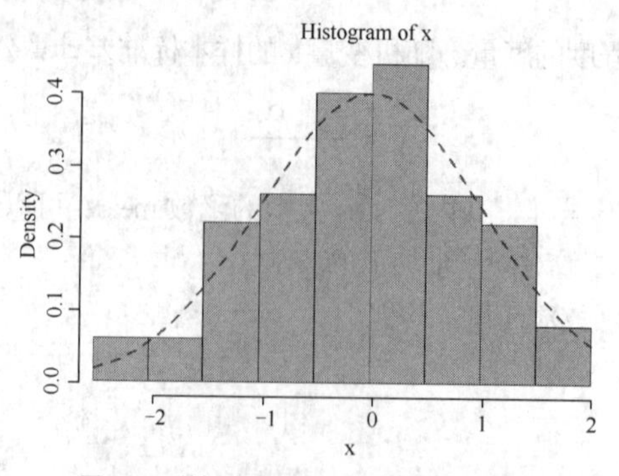

图 3-6　随机变量的偏度与实际分布情况

4．峰度

峰度是衡量一个分布相对于正态分布是重尾还是轻尾的指标。正态分布的峰度为 3。如果一个给定的分布峰度小于 3，则被称为低峰态，这意味着它倾向于产生比正态分布更少的极端的事件（分布的尾部更轻）。如果一个给定的分布峰度大于 3，则被称为高峰态分布，这意味着它倾向于产生比正态分布更多的异常值（分布的尾部更重）。

峰度的计算公式如下：

$$K = \frac{1}{n-1}\sum_{i=1}^{n}\left(\frac{x_i - \overline{x}}{\mathrm{sd}(x)}\right)^4 \tag{3-4}$$

R 语言扩展包 moments 提供了函数 kurtosis( )用于计算变量的峰度。不同随机种子产生的伪随机正态分布数据可能具有不同的峰度值。示例 3-19 使用 kurtosis( )函数计算不同随机向量的峰度并绘图比较，其代码的执行结果如图 3-7 所示。

示例 3-19 使用 kurtosis ( )函数计算随机向量的峰度。

```
#生成峰度小于 3 的数据并计算峰度值
set.seed(12)
x <- rnorm(200)
kurtosis(x)
#绘制分布密度的直方图
hist(x, breaks = 15, freq = FALSE, xlim = c(-5, 5),
     col = rgb(0.53, 0.43, 0.33, 0.5))
#添加密度曲线
curve(dnorm(x), lwd = 3, lty = 2, col = rgb(0.33, 0.33, 0.73, 0.9), add = TRUE)
#生成峰度约为 3 的数据并计算峰度值
set.seed(11)
x <- rnorm(200)
kurtosis(x)
#绘制分布密度的直方图
hist(x, breaks = 15, freq = FALSE, xlim = c(-5, 5),
     col = rgb(0.23, 0.43, 0.83, 0.5))
#添加密度曲线
curve(dnorm(x), lwd = 3, lty = 2, col = rgb(0.33, 0.33, 0.73, 0.9), add = TRUE)
#生成峰度大于 3 的数据并计算峰度值
set.seed(24)
x <- rnorm(200)
kurtosis(x)
#绘制分布密度的直方图
hist(x, breaks = 15, freq = FALSE, xlim = c(-5, 5),
     col = rgb (0.23, 0.73, 0.33, 0.5))
#添加密度曲线
curve(dnorm(x), lwd = 3, lty = 2, col = rgb(0.33, 0.33, 0.73, 0.9), add = TRUE)
```

图 3-7 中的数据随着峰度值的增加分布越分散，密度曲线的尾部越长。

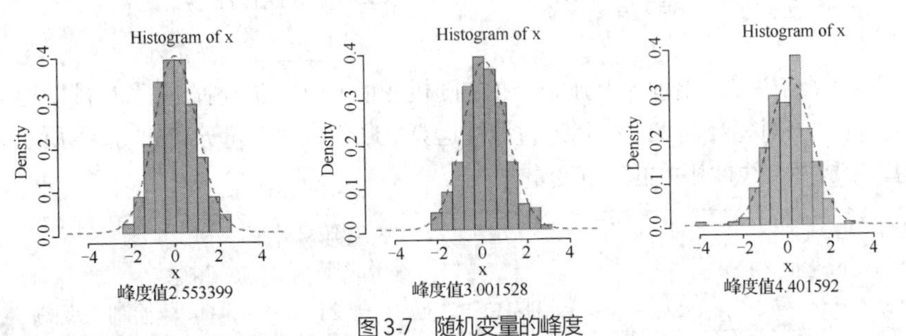

图 3-7 随机变量的峰度

3.2.2 相关性分析与方差分析

3.2.1 小节讨论的是对单一随机变量的度量，而典型的数据分析工作往往需要同时处理多个变量。有时，变量并非彼此独立，变量之间存在特殊的联系。相关性分析是对两个以上具有相关性的变量进行分析，量化变量之间的相关程度和方向。

1．相关系数

相关系数用于评价两个或两个以上随机变量之间的相关性。相关系数取值范围为-1～1。根据相关系数的符号，相关性分为正相关和负相关。相关系数为 0 则意味着两个变量不相关。

用于度量两个样本长度为 n 的随机变量之间线性相关性的皮尔逊相关系数计算公式如下：

$$r=\frac{\sum_{i=1}^{n}(x_i-\overline{x})(y_i-\overline{y})}{\sqrt{\sum_{i=1}^{n}(x_i-\overline{x})^2}\sqrt{\sum_{i=1}^{n}(y_i-\overline{y})^2}} \tag{3-5}$$

使用公式（3-5）时，假设随机变量 x 和 y 的类型必须是数值型，且都服从正态分布。

斯皮尔曼相关系数不需要对变量类型和分布做出假设，只要求变量是有序的。斯皮尔曼相关性计算的是变量 x 的排序等级和变量 y 的排序等级之间的相关性。斯皮尔曼相关系数计算公式如下：

$$\rho=1-\frac{6\sum_i d_i^2}{n(n^2-1)} \tag{3-6}$$

其中 d_i 表示样本 x_i 和 y_i 间的等级差，即 x_i 在 x 中的排序减去 y_i 在 y 中的排序。

同样利用样本数据的等级差进行计算，与斯皮尔曼相关系数不同，肯德尔相关系数衡量的是一对 x 样本和一对 y 样本排序之间的对应关系。肯德尔相关系数计算公式如下：

$$\tau=\frac{n_{\mathrm{c}}-n_{\mathrm{d}}}{\frac{1}{2}n(n-1)} \tag{3-7}$$

其中 n 为 x 和 y 样本数，x 和 y 可能的配对总数为 $n(n-1)/2$，n_{c} 和 n_{d} 分别代表一致对（Concordant Pairs）的个数和分歧对（Disconcordant Pairs）的个数。一致对指一对 x 样本等级差和一对 y 样本等级差的符号一致，否则为分歧对。

示例 3-20 使用不同的方法计算两个正态分布随机变量的相关系数。

示例 3-20　使用不同的方法计算两个正态分布随机变量的相关系数。

```
> set.seed(1)                                    #设置随机种子并生成随机数
> x <- rnorm(100)
> y <- rnorm(100)
> cor(x, y, method = "pearson")                  #计算皮尔逊相关系数
[1] -0.0009943199
> cor(x, y, method = "spearman")                 #计算斯皮尔曼相关系数
[1] 0.03871587
> cor(x, y, method = "kendall")                  #计算肯德尔相关系数
[1] 0.02707071
```

示例 3-20 的计算结果展示出理论上独立分布的随机变量 x 和 y 的 3 种相关系数都接近于 0，两者只有非常弱的相关性。示例 3-21 将两个变量通过线性运算关联起来，变量分布如图 3-8 所示。

示例 3-21　生成两个线性相关的随机变量。

```
set.seed(1000)                                   #设置随机种子
y <- -x + rnorm(100)                             #生成线性相关的随机数
plot(x, y, pch = 16, col = "steelblue", cex = 2)          #绘制散点图
```

```
lines(lowess(x, y, f = 2/3), lwd = 5, col = "coral3") #添加平滑曲线
```

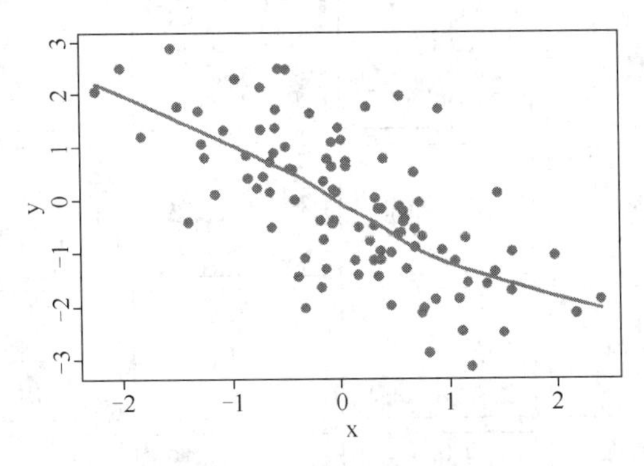

图3-8　两个线性相关的变量

图3-8中的散点图和用lowess( )函数得到的变化趋势都表明了变量x和y之间存在较强的负相关性。这一结论在相关系数的计算中也得到了验证。

```
> cor(x, y, method = "pearson")                #计算皮尔逊相关系数
[1] -0.6735153
> cor(x, y, method = "spearman")               #计算斯皮尔曼相关系数
[1] -0.6719952
> cor(x, y, method = "kendall")                #计算肯德尔相关系数
[1] -0.4844444
```

2．协方差

协方差度量两个随机变量的总体误差。方差可以视为协方差的一种特例，因为它仅表示一个变量自身的误差。协方差的计算公式如下：

$$\mathrm{Cov}(x,y)=\frac{\sum_{i=1}^{n}(x_i-\bar{x})(y_i-\bar{y})}{n-1} \tag{3-8}$$

其中，n为变量x和y的样本数。

从计算公式（3-5）和公式（3-8）中可以看出，皮尔逊相关系数是一种标准化的协方差。

当两个变量的变化趋势相同时，协方差大于0；当两个变量的变化趋势相反时，协方差小于0；如果两个随机变量完全独立，则协方差为0。

R系统内置的stats包中的cov ()函数可以用于计算两个向量之间的协方差。示例3-22展示了两个随机数向量的协方差。

示例3-22　计算两个随机数向量的协方差。

```
> set.seed(1)                 #设置随机种子
> x <- rnorm(100)             #生成100个标准正态分布样本
> y <- rnorm(100, 0, 2)       #生成100个标准差为2、均值为0的正态分布样本
> cov(x, y)                   #计算协方差
[1] -0.001710959
```

当变量个数超过2时，cov()返回一个协方差矩阵。以R系统自带的鸢尾花数据集为例，协方差矩阵是一个对称矩阵：对角线显示了每一个变量的方差，非对角线元素则是两两变量的协方差值。示例3-23首先计算鸢尾花数据集中变量的协方差，然后使用pairs()函数以散点图的形式表示花萼与花瓣尺寸变量两两之间的分布关系，其代码的执行结果如图3-9所示。图3-9显示了数据分布和协方差计算结果的一致性：花萼和花瓣长度、花瓣的长度与宽度具有明显的正相关性。

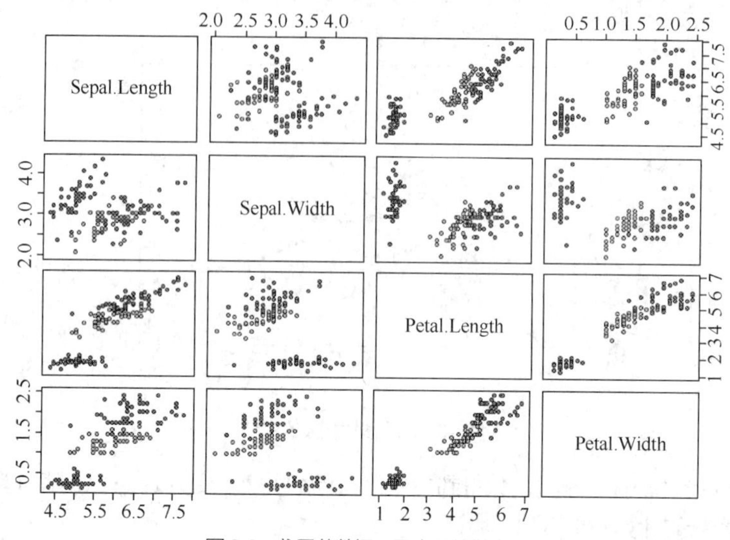

图 3-9　鸢尾花数据不同变量的散点图

示例 3-23　计算鸢尾花数据集中变量的协方差，并使用 pairs( )函数绘制鸢尾花数据集中花萼与花瓣尺寸的散点图。

```
> cov(iris[1:4])                              #计算 iris 数据前 4 个属性的协方差矩阵
             Sepal.Length Sepal.Width Petal.Length Petal.Width
Sepal.Length 0.6856935   -0.0424340   1.2743154   0.5162707
Sepal.Width -0.0424340    0.1899794  -0.3296564  -0.1216394
Petal.Length 1.2743154   -0.3296564   3.1162779   1.2956094
Petal.Width  0.5162707   -0.1216394   1.2956094   0.5810063
> #绘制成对的散点图
> pairs(iris[1:4], main = "3 种鸢尾花的数据", pch = 21,
+       bg = c("tomato", "springgreen2", "steelblue")[unclass(iris$Species)])
```

3．方差分析

方差分析又称变异性分析或 F 检验。从数据中观察到的总体变异性可分为两部分，分别由可控的系统因素和不可控的随机因素所造成。系统因素对给定的响应变量数据有统计意义上的影响，而随机因素则没有。用户使用方差分析的目的是检验不同因素对总体变异性的影响，从而确定数据中自变量对因变量的作用。

单因素方差分析用于获得有关因变量和一个自变量之间的变异性信息。如果两者之间不存在真正的依赖关系，则方差分析的 F 值应接近于 1。双因素方差分析是单因素方差分析的扩展。在单因素分析中，只有一个自变量影响因变量。在双因素方差分析中，允许存在两个独立变量。例如，用户可以利用双因素方差分析观察两个独立变量来研究它们与因变量之间的相互作用。

方差分析的 F 值由公式（3-9）计算而来。

$$F = \frac{\text{MST}}{\text{MST}} \tag{3-9}$$

其中，MST 表示因自变量引起的均方离差，MSE 表示因误差引起的均方残差。

方差分析的过程包括以下步骤。

（1）建立检验假设，如 H0 表示多组样本总体均值相等，H1 表示至少一组样本的均值与其他不同。

（2）计算检验统计量 F 值。

（3）确定*P*值（显著性水平，一般设置为0.05）并得出统计推断。

R系统内置的stats包中的aov()函数提供了方差分析的功能（默认使用线性回归模型）。示例3-24使用R系统自带的数据集PlantGrowth（选择的自变量是group，因变量是weight），绘制植物生长重量按分组分布的箱形图，执行结果如图3-10所示。

示例3-24 绘制数据集PlantGrowth中植物生长重量按分组分布的箱形图。

```
> data("PlantGrowth")                     #加载数据集 PlantGrowth
> str(PlantGrowth)                        #显示数据框 PlantGrowth 的结构
'data.frame':   30 obs. of  2 variables:
 $ weight: num  4.17 5.58 5.18 6.11 4.5 4.61 5.17 4.53 5.33 5.14 ...
 $ group : Factor w/ 3 levels "ctrl","trt1",..: 1 1 1 1 1 1 1 1 1 1 ...
> #绘制重量的分组 weight ~ group 箱形图
> boxplot(PlantGrowth$weight ~ PlantGrowth$group, lwd = 1.5,
+   col = c("lightcoral","lightblue","lightgreen"), xlab = "分组", ylab = "重量")
```

图3-10用箱形图的形式显示了各组植物生长的重量分布。方差分析的零假设（H0）是3个分组的均值无差异，备选假设（H1）为至少一个均值与其他组的不同。因此，用户在方差分析中要比较由分组造成的离差和由线性回归模型因素造成的残差之间的区别。

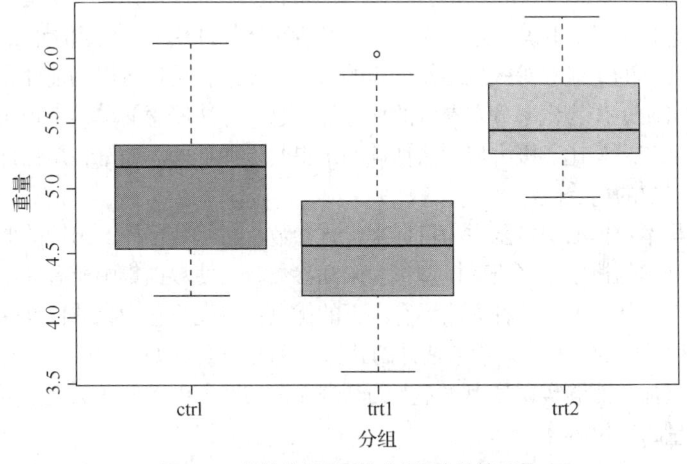

图3-10 植物生长重量按分组分布的箱形图

示例3-25中的代码调用R系统内置的stats包中的aov()函数执行以分组为自变量的方差分析。

示例3-25 使用aov()函数对数据集PlantGrowth进行单因素方差分析。

```
> result <- aov(PlantGrowth$weight ~ PlantGrowth$group, data = PlantGrowth)
> result                                   #显示方差分析结果
Call:
   aov(formula = PlantGrowth$weight ~ PlantGrowth$group, data = PlantGrowth)

Terms:
                PlantGrowth$group Residuals
Sum of Squares            3.76634  10.49209
Deg. of Freedom                 2        27

Residual standard error: 0.6233746
Estimated effects are balanced
> summary(result)                          #显示结果的统计摘要
                  Df Sum Sq Mean Sq F value Pr(>F)
PlantGrowth$group  2  3.766  1.8832   4.846 0.0159 *
```

```
Residuals         27  10.492   0.3886
---
Signif. codes:  0 '***' 0.001 '**' 0.01 '*' 0.05 '.' 0.1 ' ' 1
```

示例 3-25 的返回结果展示了 Sum of Squares（平方和）与 Deg. of Freedom（自由度）。数据集中的观测样本数为 30，group 因子水平为 3（可以取 3 个离散值），因此分组的自由度为 3−1 = 2，残差的自由度为 30−3 = 27。结果显示的 Residual standard error（残差标准误）约为 0.62。从 summary( )函数的计算结果来看，PlantGrowth$group 的 Mean Sq 列（均方离差）为 1.8832，而 Residuals 的 Mean Sq 列（均方残差）为 0.3886，对应 F value（F 值）为 4.846 > 1，显著性水平 Pr (>F) = 0.0159 < 0.05，没有显著性。因此，零假设（各组样本的均值相等）应被拒绝。

方差分析检验影响给定数据集中因变量的因素。用户可以利用方差分析的结果来实现后续的处理，如在数据建模中对自变量的筛选。

3.2.3 参数估计

数据分析中的一个常见问题是如何从观测样本出发对变量的总体分布建模。对随机分布建模涉及两个核心问题，包括如何确定与数据拟合得最好的分布形式，以及如何估计该分布的参数。在数据探索阶段，用户可以用频度直方图或其他先验知识来评估数据的概率分布形式（例如，是否服从二项分布、正态分布、均匀分布等）。这样，用户就能运用不同技术估计分布的参数，如矩估计法和极大似然法等。

矩估计法认为样本的矩能够等效地用作分布的参数。因此，用户可以用前面介绍的函数直接将从样本数据中求出的各阶矩作为概率分布参数的估计值。这一方法概念简单，实现快捷，但易受小样本中异常数据的干扰。与之相比，极大似然法估计的结果会更加准确。通常，矩估计法只用于为使用极大似然法提供估计参数的初始值。

极大似然法以样本数据的似然函数为目标来优化参数。一组数据样本出现的似然度是依据给定的概率模型得到全体样本的概率。当概率模型包含未知参数时，使数据集中所有样本出现的似然度最大的参数值称为极大似然估计值。这种方法具有以下的优点：首先，它为参数估计问题提供了统一的估计框架，可以为各种具体的分布实现参数估计的计算；其次，极大似然法在数学意义上提供了最优解，而且随着样本量的增加，能够实现最小方差上的渐进无偏估计。极大似然法也不可避免地存在缺点，其过程通常需要大量的优化运算。

极大似然法与优化算法密切相关。R 系统内置 stats 包中的 optim( )函数提供了基于 Nelder-Mead、拟牛顿法和共轭梯度算法的通用优化方法。此外，它还包含盒约束优化和模拟退火等选项。函数 optim( )的调用形式如下：

```
optim(par, fn, gr = NULL, ..., method = c("Nelder-Mead", "BFGS", "CG", "L-BFGS-B",
"SANN", "Brent"), lower = -Inf, upper = Inf, control = list(), hessian = FALSE)
```

表 3-2 列出了 optim( )函数的参数及其默认值。

表 3-2　optim( )函数的参数及其默认值

参数名	默认值	说明
par	—	待优化参数的初始值
fn	—	需要最小化或最大化的函数，其第一个参数是要进行最小化的参数向量。该函数应该返回一个标量结果。默认情况下，optim( )执行最小化运算；但当 control$fnscale 为负，则将求解最大化
gr	NULL	为 BFGS、CG 和 L-BFGS-B 方法返回梯度的函数。如果置为 NULL，将使用有限差分近似。对于 SANN 方法，它指定一个函数来生成新的候选点。如果是 NULL，则使用默认的高斯马尔可夫核

续表

参数名	默认值	说明
method	NULL	所使用的方法
Lower、upper	-Inf、Inf	L-BFGS-B 方法的变量边界，或者搜索 Brent 方法的边界
control	—	控制参数列表
hessian	—	逻辑值，用于判断是否应该返回一个数值微分的海森矩阵

示例 3-26 展示了如何用样本对指数分布做极大似然参数估计的过程，其代码的执行结果如图 3-11 所示。

示例 3-26 指数分布的极大似然参数估计。

```
#设置随机种子
set.seed(123123)
#设置指数分布的参数
rate <- 3
#生成 100 个指数分布的随机样本
S <- rexp(100, rate = rate)
#提供参数的初始估计值
rate_est <- 1 / mean(S)
#设置优化目标函数：把似然度函数转换为其对数形式
#由于对数函数的单调性，样本似然函数的对数形式通常被当作优化对象
#这样，全体样本（假设样本的独立同分布属性）的总体似然度就被转换为单个样本似然度的对数之和
obj <- function(rate, data){ -sum((dexp(data, rate = rate, log =  TRUE)))}
#调用优化方法估计参数
rate_num_est <- optimize(f = obj, data = S, interval = c(0, 20))$minimum
#比较初始估计值和极大似然法估值
abs(rate_num_est - rate_est)/rate_est
#画出样本的直方图
hist(S, breaks = 12, freq = FALSE, col = "lightblue",
    main = "样本直方图", xlab = "样本值", ylab = "分布")
#添加使用参数估计值绘制的指数分布密度曲线
curve(dexp(x, rate_num_est), add = TRUE, col = "lightcoral", lwd = 3)
```

图 3-11 展示了样本的实际分布与估计的概率密度曲线之间的一致性。

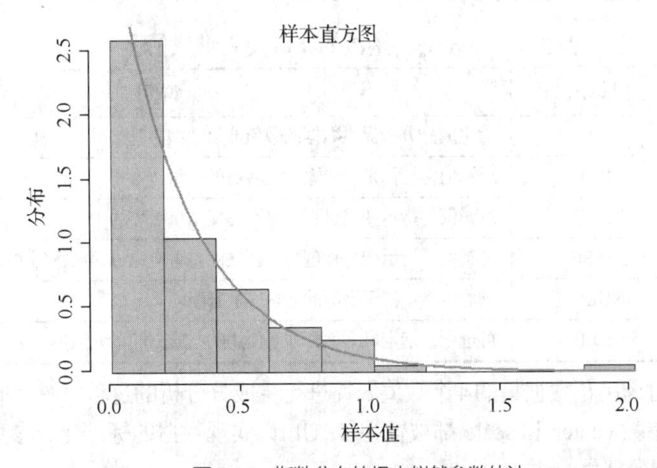

图 3-11 指数分布的极大似然参数估计

3.3 数据降维

一般情况下，用户在数据分析的初始阶段会使用较多的特征来描述研究对象。为了更准确地表达对象与属性的依赖关系，减少无关信息的干扰，用户可以使用数据降维技术来重新组织数据，从而简化数据分析过程。本节将介绍主成分分析和因子分析，这两种方法分别寻找变量线性组合所构成的主成分以及寻找通过线性组合构成原始变量的潜在因子实现数据降维。请注意区别数据结构中表示离散值的因子和表示潜在因素的因子。

3.3.1 主成分分析

主成分分析将数据集中具有相关性的变量转换为一组新的不相关的主成分加以表示。主成分是数据中的一种底层结构，代表数据分布最分散的方向，即方差最大的方向。当数据沿着主成分方向投影时，可以得到最为分散的数据分布，因而保留了数据中蕴含的主要信息。

主成分分析对给定数据集进行线性变换，将原始数据集投影到一个新的由主成分表示的正交坐标系。主成分分析算法首先对数据的协方差矩阵进行特征值分解：最大特征值对应的特征向量即第一个主成分方向，第二大特征值对应的特征向量是第二个主成分，依此类推。特征向量所代表方向的重要性随对应特征值的减小而下降。通过这种方式，将原有的相关变量表示的数据转换为一组正交主成分的线性组合。当初始变量彼此之间有很强的相关性时，只需要少量主成分就可以得到与原先数据集近似的样本。因此，主成分分析可以降低问题的复杂性，减少后续任务的计算量。

因为特征值的大小受变量量纲的影响，所以在实践中，用户使用以下步骤来完成主成分分析。

（1）数据标准化变换，将原变量置为均值为 0、标准差为 1 的新数据。

（2）协方差计算，得到缩放后变量的协方差矩阵，评估并选择主成分。

（3）特征值分解，计算协方差矩阵的特征值。

（4）旋转，将数据投影到主成分为轴的坐标系。

R 内置 stats 包中的函数 prcomp( )对给定的数据矩阵执行主成分分析，并将结果作为 prcomp 类的对象返回。prcomp( )的调用形式如下：

```
prcomp(x, retx = TRUE, center = TRUE, scale= FALSE, tol = NULL, rank= NULL, ...)
```

函数 prcomp( )的参数及其默认值见表 3-3。

表 3-3　prcomp( )函数的参数及其默认值

参数名	默认值	说明
x	—	为主成分分析提供数据的数值或复数型矩阵（或数据框）
retx	TRUE	逻辑值，指示是否应返回旋转后的变量
center	TRUE	逻辑值，指示变量是否应该平移使结果以零为中心
scale	FALSE	逻辑值，指示变量在进行分析之前是否应通过缩放得到单位方差
tol	NULL	阈值，指示低于该值的分量应被省略
rank	NULL	可选项，指定最大秩，即要使用的主成分的最大数量

示例 3-27 展示了对鸢尾花数据集的 4 个数值属性进行主成分分析的过程，执行结果如图 3-12 所示。在调用 prcomp( )时，参数 center 和 scale 都被置为 TRUE 以实现数据的标准化；参数 retx 置为 TRUE 表示需要得到旋转后的数据集。

示例 3-27 对鸢尾花数据集的 4 个数值属性进行主成分分析。

```
> #对鸢尾花数据集的前 4 个数值属性进行主成分分析
> result <- prcomp(iris[1:4], center = TRUE, scale. = TRUE, retx = TRUE)
> result                                    #显示主成分分析结果
Standard deviations(1,…, p=4):
[1] 1.7083611 0.9560494 0.3830886 0.1439265

Rotation(n x k) = (4 x 4):
                    PC1         PC2        PC3        PC4
Sepal.Length  0.5210659 -0.37741762  0.7195664  0.2612863
Sepal.Width  -0.2693474 -0.92329566 -0.2443818 -0.1235096
Petal.Length  0.5804131 -0.02449161 -0.1421264 -0.8014492
Petal.Width   0.5648565 -0.06694199 -0.6342727  0.5235971
> summary(result)
Importance of components:
                          PC1    PC2     PC3     PC4
Standard deviation     1.7084 0.9560 0.38309 0.14393
Proportion of Variance 0.7296 0.2285 0.03669 0.00518
Cumulative Proportion  0.7296 0.9581 0.99482 1.00000
> #绘制主成分空间数据的散点图，为区别不同类别，同时使用颜色和形状
> plot (result$x[,1], result$x[,2], pch = 15 + as.integer(iris$Species),
+      col = iris$Species, cex = 1.5, xlab = "主成分 1", ylab = "主成分 2")
```

返回的 prcomp 列表对象包含 Standard deviations（标准差）和 Rotation（旋转矩阵）。这里的标准差指主成分方向对应的标准差。在 iris 的主成分中，PC4（主成分 4）的标准差明显小于前 3 个。旋转矩阵的每一列对应于协方差矩阵的特征向量，可以用于实现数据到主成分方向的投影。当参数 retx 为 TRUE 时，函数返回旋转数据的值 x，即投影后数据的主成分坐标表示。

图 3-12 展示了鸢尾花数据集在由第一和第二主成分构成的坐标系中的分布情况。从原始的四维数据降维到二维平面，3 种类型的鸢尾花仍保持类别大致可分的情况。这是因为如 summary( )返回结果所示，PC1（主成分 1）和 PC2（主成分 2）已经累计解释了原始数据中 95.81%的方差。

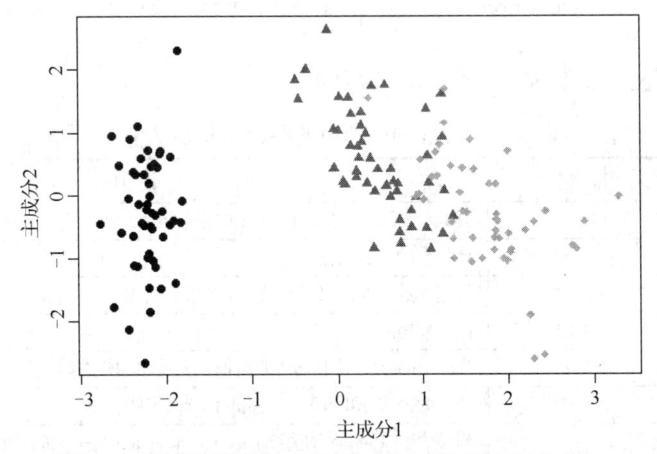

图 3-12 鸢尾花数据集在由两个主成分构成的坐标系中的分布

3.3.2 因子分析

主成分分析通过选择方差最大的方向来获得对数据集的紧凑表示，而因子分析则是一种从复杂的高维观测数据集中提取少量独立的可解释因子的分析和数据表示方法。换言之，假设有若干个潜在因子对原始变量的观测结果产生影响，因子分析的目标就是找到这些潜在因子并将数据集的原始变量表

示为潜在因子的线性组合。

因子分析所使用的模型具有如式（3-10）的形式：

$$X = \Lambda f + \varepsilon \tag{3-10}$$

其中 X 是原始的数据向量，Λ 是载荷矩阵（因子对变量的权重），f 是得分向量，ε 是误差向量。在进行因子分析时，需要对 f 和 ε 加以限制：$f \sim N(0,I)$，即期望值为 0 且具有单位方差；$\varepsilon \sim N(0, \Psi I)$即期望值为 0 且各分量独立。在式（3-11）中，求解因子分析实际使用的是 X 的相关矩阵 Σ，其中 Ψ 表示特殊值（误差的方差）。

$$\Sigma = \Lambda\Lambda^{T} + \Psi \tag{3-11}$$

因子分析的过程一般包括以下步骤。

（1）建立和评估数据的相关性，确定是否适合因子分析。

（2）选择要提取的因子数量。

（3）提取因子。

（4）评估、解释和记录结果。如果需要，则可以重复第 2 步和第 3 步。

因子分析的基本逻辑是从原始变量中可以构造出少数几个具有代表意义的因子变量，这就要求原有变量之间要具有比较强的相关性；否则，因子分析将无法提取变量间的"共性特征"。实际应用时，用户可以使用相关性矩阵进行验证：如果变量的相关系数很小，那么变量间的共性也小，这种情况就不适合因子分析。

因子分析中有多种提取因子变量的方法，如基于主成分模型的主成分分析法和基于因子分析模型的主轴因子法、极大似然法、最小二乘法等。

因子分析可用于探索性分析，即从原始数据中寻找因子简化变量；此外，因子分析还可以用于验证分析。

R 系统内置 stats 包中的函数 factanal( )对协方差矩阵或数据矩阵进行极大似然因子分析。其调用形式如下：

```
factanal(x, factors, data = NULL, covmat = NULL, n.obs = NA, subset, na.action,
start = NULL, scores = c("none", "regression", "Bartlett"), rotation = "varimax",
control = NULL, ...)
```

表 3-4 中列出了函数 factanal( )的参数及其默认值。

表 3-4　factanal( )函数的参数及其默认值

参数名	默认值	说明
x	—	公式、矩阵或对象，可以被强制转换为一个数字矩阵
factors	—	要拟合的因子数量
data	NULL	可选的数据框，仅在 x 是一个公式时使用
covmat	NULL	协方差矩阵
n.obs	NA	当 covmat 是一个协方差矩阵时，要使用的样本数
subset	—	当 x 为公式或矩阵时，使用的情况的说明
na.action	—	当 x 为公式时，将使用 na.action。na.action 是一个指示数据包含 NA 时如何处理的函数——默认情况下，忽略所有的缺失值
start	NULL	一个由初始值组成的矩阵，给出初始的独特性矩阵
scores	none	要生成的得分类型。默认为 none，regression 给出汤普森（Thompson）的分数，Bartlett 给出 Bartlett 的加权最小二乘分数
rotation	varimax	字符型。none 或用于旋转因子的函数名
control	NULL	控制值列表

示例3-28对一组手动输入的数据进行了因子分析。在进行因子分析前，用户需要确定下列参数：因子的个数、因子估算方法和旋转方式。因子分析的目标之一就是发现因子的数量，因此用户可能无法预知因子的个数。通常需要执行多次因子分析才能得到关于最佳因子个数的明确答案。估算载荷和独特性可以使用不同方法，factanal( )使用的是极大似然估计。这里的旋转指的是在坐标系中的旋转变换方式，varimax表示正交旋转，promax表示斜旋转，意味着旋转后的坐标轴不垂直。factanal( )使用varimax作为旋转参数默认值。

示例3-28 对一组手动输入的数据进行因子分析。

```
> #生成简单的数据，v2是v1加上噪声得到的
> #v4由v3加上噪声得到，v6由v5加上噪声得到
> v1 <- c(1,1,1,1,1,1,1,1,1,1,3,3,3,3,3,4,5,6)
> v2 <- c(1,2,1,1,1,1,2,1,2,1,3,4,3,3,3,4,6,5)
> v3 <- c(3,3,3,3,3,1,1,1,1,1,1,1,1,1,1,5,4,6)
> v4 <- c(3,3,4,3,3,1,1,2,1,1,1,1,2,1,1,5,6,4)
> v5 <- c(1,1,1,1,1,3,3,3,3,3,1,1,1,1,1,6,4,5)
> v6 <- c(1,1,1,2,1,3,3,3,4,3,1,1,1,2,1,6,5,4)
> mat <- cbind(v1,v2,v3,v4,v5,v6)                #合并向量为矩阵
> cor(mat)                                       #计算矩阵的相关性
          v1        v2        v3        v4        v5        v6
v1 1.0000000 0.9393083 0.5128866 0.4320310 0.4664948 0.4086076
v2 0.9393083 1.0000000 0.4124441 0.4084281 0.4363925 0.4326113
v3 0.5128866 0.4124441 1.0000000 0.8770750 0.5128866 0.4320310
v4 0.4320310 0.4084281 0.8770750 1.0000000 0.4320310 0.4323259
v5 0.4664948 0.4363925 0.5128866 0.4320310 1.0000000 0.9473451
v6 0.4086076 0.4326113 0.4320310 0.4323259 0.9473451 1.0000000
> fa <- factanal(mat, factors = 3)               #因子数为3，默认旋转方式为varimax
> fa                                             #显示因子分析对象

Call:
factanal(x = mat, factors = 3)

Uniquenesses:
   v1    v2    v3    v4    v5    v6 
0.005 0.101 0.005 0.224 0.084 0.005 

Loadings:
   Factor1 Factor2 Factor3
v1 0.944   0.182   0.267  
v2 0.905   0.235   0.159  
v3 0.236   0.210   0.946  
v4 0.180   0.242   0.828  
v5 0.242   0.881   0.286  
v6 0.193   0.959   0.196  

               Factor1 Factor2 Factor3
SS loadings      1.893   1.886   1.797
Proportion Var   0.316   0.314   0.300
Cumulative Var   0.316   0.630   0.929

The degrees of freedom for the model is 0 and the fit was 0.4755
```

返回值的第一部分是Uniquenesses（特殊值向量），即计算出来的0～1的独特性结果，对应模型中的Ψ。特殊值越大，说明因子的共同性越低，即因子无法充分提供对这些数据的解释。返回值中还包括loadings（载荷矩阵Λ），它的每一列代表一个因子的系数。这些因子按负载平方和的递减顺序排列。载荷矩阵的行表示了变量和因子的相关性。显然，v1～v6中每个变量都关联一个主要因子，而且

变量之间存在明显的分组。这一点印证了生成数据时使用的方法。

示例 3-29 使用斜旋转的坐标变换对示例 3-28 中的数据进行因子分析，并绘图比较正交旋转与斜旋转两种旋转方式的影响，其代码执行结果如图 3-13 所示。

示例 3-29 使用斜旋转的坐标变换进行因子分析。

```
> fa1 <- factanal(mat, factors = 3, rotation = "promax")  #因子分析中设置斜旋转
> fa1                                                      #显示因子分析结果

Call:
factanal(x = mat, factors = 3, rotation = "promax")

Uniquenesses:
   v1    v2    v3    v4    v5    v6
0.005 0.101 0.005 0.224 0.084 0.005

Loadings:
   Factor1 Factor2 Factor3
v1          0.985
v2          0.951
v3                  1.003
v4                  0.867
v5  0.910
v6  1.033

                Factor1  Factor2 Factor3
SS loadings       1.903    1.876   1.772
Proportion Var    0.317    0.313   0.295
Cumulative Var    0.317    0.630   0.925

Factor Correlations:
        Factor1 Factor2  Factor3
Factor1   1.000  -0.462   0.460
Factor2  -0.462   1.000  -0.501
Factor3   0.460  -0.501   1.000

The degrees of freedom for the model is 0 and the fit was 0.4755
> #使用载荷矩阵中的因子系数为坐标绘制各变量的散点图
> plot(fa$loadings[,1], fa$loadings[,2], xlim = c(-0.5, 1), ylim = c(-0.5, 1),
+      pch = 16, col = "tomato3", cex = 2,
+      xlab = "因子 1", ylab = "因子 2", main = "旋转方式比较")
> #在散点左侧使用相同颜色添加变量名
> text(fa$loadings[,1] - 0.05, fa$loadings[,2], col = "tomato3",
+      labels = c("v1","v2","v3","v4","v5","v6"), cex = 1.25)
> #在图中添加斜旋转结果中的载荷系数对应的点
> points(fa1$loadings[,1], fa1$loadings[,2], pch = 16, col = "steelblue", cex = 2)
> #在散点左侧使用相同颜色添加变量名
> text(fa1$loadings[,1] - 0.05, fa1$loadings[,2], col = "steelblue",
+      labels = c("v1","v2","v3","v4","v5","v6"), cex = 1.25)
> abline(h = 0, v = 0)                                    #添加坐标轴
> #添加图例
> legend("topright", c("正交旋转", "斜旋转"), col = c("steelblue", "tomato3"),
+       pch = 16, cex = 2)
```

斜旋转不要求坐标轴正交，计算结果只保留主要的因子载荷成分而略去了绝对值非常小的分量，因此用户能更直观地了解到变量的分组情况。图 3-13 展示了不同旋转方式下载荷值在两个因子组成的平面中的分布情况，在斜旋转时表示负载的点明显更接近坐标轴。

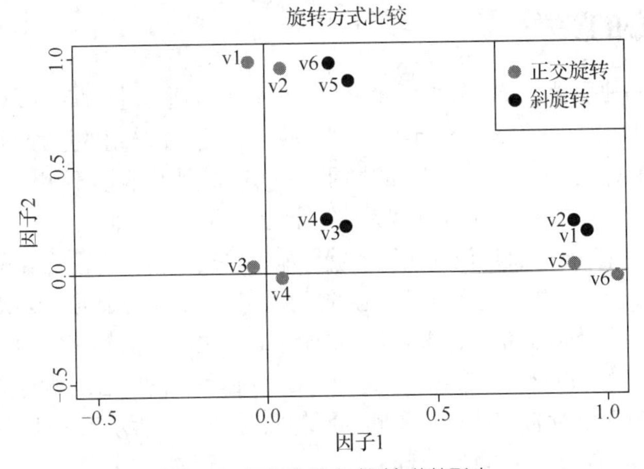

图 3-13 不同旋转方式对负载的影响

SS loadings（SS 载荷）指的是载荷值的平方和。如果该值大于 1，则说明对应的因子值得保留。Proportion Var（比例方差）指每个因子能解释的方差的占比，在上面的示例中每个因子的比例相差不大。从 Cumulative Var（累计方差）值可以发现，3 个因子解释了变量中 92.5%的变化。

为了验证因子个数的取值，用户还可以对数据进行主成分分析。

```
> prcomp(mat)                                    #使用主成分分析验证因子个数
Standard deviations(1,…, p=6):
[1] 3.0368683 1.6313757 1.5818857 0.6344131 0.3190765 0.2649086

Rotation(n x k) = (6 x 6):
        PC1         PC2         PC3        PC4         PC5          PC6
v1 0.4168038 -0.52292304  0.2354298 -0.2686501   0.5157193  -0.39907358
v2 0.3885610 -0.50887673  0.2985906  0.3060519  -0.5061522   0.38865228
v3 0.4182779  0.01521834 -0.5555132 -0.5686880  -0.4308467  -0.08474731
v4 0.3943646  0.02184360 -0.5986150  0.5922259   0.3558110   0.09124977
v5 0.4254013  0.47017231  0.2923345 -0.2789775   0.3060409   0.58397162
v6 0.4047824  0.49580764  0.3209708  0.2866938  -0.2682391  -0.57719858
```

结果中的标准偏差表明，前 3 个特征值远大于后 3 个。但是，主成分分析返回的旋转矩阵无法直观地说明变量之间的关联，而因子分析得到的载荷矩阵则展现了更明确的变量相关性。

主成分分析将相关变量转换为数量更少的不相关变量，即主成分。探索性因子分析寻找一组潜在的结构来解释已观测到的显式变量。主成分分析的基本思想是利用线性变换实现降维，每个主成分都是原始变量的线性组合。而因子分析的基本原理是从原始变量相关矩阵内部的依赖关系出发，把因子表达成能表示成少数公共因子和仅对某一个变量有作用的特殊因子的线性组合。因子分析是主成分分析的扩展；相对于主成分分析，因子分析更倾向于描述原始变量之间的相关关系。

3.4 聚类分析

聚类分析

聚类分析对数据对象进行分组，其中每一组（又称簇或类）互不重叠，但是所有组的并集覆盖了整个数据集。聚类的目标是让组内的对象在某种意义上比不同组中的对象更加相似。聚类是探索性数据分析中的一项重要任务，也是无监督学习的常用技术之一。本节介绍几种典型聚类方法在 R 语言中的实现，包括基于中心的聚类、基于密度的聚类，以及层次聚类。

3.4.1 基于中心的聚类

作为数据分析的一种手段，聚类分析可以帮助用户简化数据、进一步了解对象的性质。聚类分析的基础假设是数据描述的对象可以被分配到“相似”的组中。这个分组的过程不依赖对象的类别标签，而只取决于对象是否拥有在某种意义上相似的特征（例如，用距离表示不相似度或用余弦相似度、联合概率等来度量相似度），因此聚类也被称为无监督学习。

聚类分析有多种实现方式，被广泛应用于数据压缩、模式识别、信息检索等领域。基础 R 系统及其扩展包支持多种聚类分析算法，包括基于中心的聚类、基于密度的聚类和层次聚类等。

k-means（k 均值）聚类是最常用的基于中心的聚类算法之一。数据集中的每条记录（数据对象，在属性空间中的一点）都会被分配一个组号 C_i，$1\leqslant C_i\leqslant k$，各组的中心是所有组内对象的均值（也称为质心）。假设用户使用欧氏距离来表征对象间的不相似度，令 $\overline{x_i}$ 表示第 i 组的质心，当 k 为定值时，衡量聚类效果的损失函数如公式（3-12）所示。

$$\sum_{i=1}^{k}\sum_{C_j=i}(x_j-\overline{x}_i)^2 \tag{3-12}$$

给定了总的分组数 k，k-means 算法的目标就是实现对数据元素的分组，使公式（3-12）中的损失最小。首先，用户需要指定参数 k 并选择 k 个质心。然后，算法执行下列步骤。

（1）将每个数据点分配到距其最近的质心所代表的分组。

（2）重新计算各组内所有数据点的平均值并将均值设置为新的质心。

（3）重复步骤（1）和步骤（2），直到分组结果没有变化。

R 系统内置 stats 包中的函数 kmeans ()可用于实现 k-means 聚类功能。下面的示例就展示了用鸢尾花数据集的前 4 个属性（花萼、花瓣的长度和宽度）执行 k-means 聚类的结果。调用函数时，用户需要指定数据源和目标分组数，默认使用欧氏距离来度量样本的相似度。函数的返回值中包括对聚类结果的详细说明，其中包括各组的质心（Cluster means）、每个样本的分组索引（Clustering vector）以及其他指标。示例 3-30 展示了使用 kmeans ()函数对鸢尾花数据集聚类的结果。

示例 3-30 使用 kmeans ()函数对鸢尾花数据集聚类。

```
> result <- kmeans(iris[1:4], 3)          #使用 k = 3 对 iris 进行聚类
> result
K-means clustering with 3 clusters of sizes 62, 38, 50

Cluster means:
  Sepal.Length Sepal.Width Petal.Length Petal.Width
1     5.901613    2.748387     4.393548    1.433871
2     6.850000    3.073684     5.742105    2.071053
3     5.006000    3.428000     1.462000    0.246000

Clustering vector:
  [1] 3 3 3 3 3 3 3 3 3 3 3 3 3 3 3 3 3 3 3 3 3 3 3 3 3 3 3 3 3 3 3 3 3 3 3 3
 [37] 3 3 3 3 3 3 3 3 3 3 3 3 3 3 1 1 2 1 1 1 1 1 1 1 1 1 1 1 1 1 1 1 1 1 1 1
 [73] 1 1 1 1 1 2 1 1 1 1 1 1 1 1 1 1 1 1 1 1 1 1 1 1 1 1 1 1 1 1 2 1 2 2 2 2 1 2
[109] 2 2 2 2 2 1 1 2 2 2 2 1 2 1 2 1 2 2 1 1 2 2 2 2 2 1 2 2 2 2 1 2 2 2 1 2
[145] 2 2 1 2 2 1

Within cluster sum of squares by cluster:
[1] 39.82097 23.87947 15.15100
 (between_SS / total_SS =  88.4%)

Available components:

[1] "cluster"      "centers"      "totss"        "withinss"
```

```
[5] "tot.withinss" "betweenss"    "size"         "iter"
[9] "ifault"
> table (result$cluster, iris$Species)

   setosa versicolor virginica
  1      0          2        36
  2      0         48        14
  3     50          0         0
```

与鸢尾花数据集自带的类别标签（Species）比较，函数 table ( )的执行结果表明：第三类的聚类结果与标签 setosa 完全吻合，而第一类和第二类通过聚类却并不能做到与标签一一对应。3.2.2 小节中介绍的图 3-9 中展示了鸢尾花数据集在 4 种数值属性组合的平面中的投影。无论在哪一个平面上，分属 versicolor 和 virginica 的数据点在欧氏空间的分布上都存在重合。这也造成了使用欧氏距离的聚类结果与实际类别存在差异的现象。

参数 k 的选择对聚类结果会产生直接影响。图 3-14（也称为碎石图）使用组间距离平方和与总距离平方和的比值（betweenss/tots）作为衡量聚类效果的指标（横轴是参数 k）。注意，这里使用 tots 替代了 totss，因为这种缩写不会引起歧义。可以看到分组数从 2 变化为 3 时，该指标下降最为明显。当分组数从 7 变为 8，该指标几乎没有变化。通常，当距离平方和比值开始“弯曲”，从陡峭开始趋于平稳，这种类似“肘部”的位置就是分组数的优先选项。需要注意的是，k-means 聚类对噪声较为敏感。因为质心的计算考虑了组内所有的对象，当数据中存在离群点时，质心会受其影响而发生偏移。

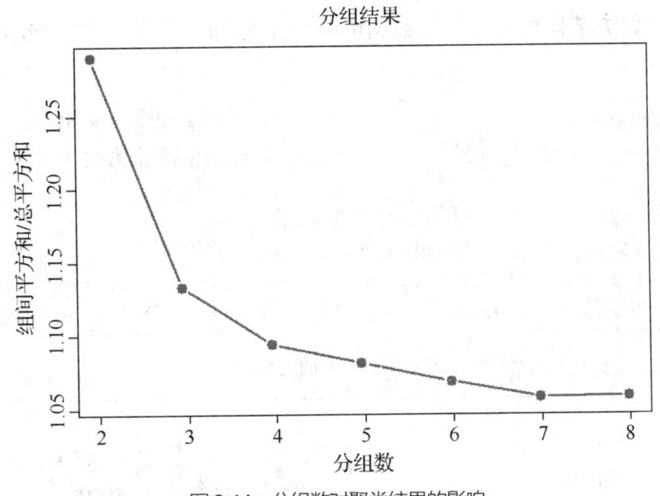

图 3-14 分组数对聚类结果的影响

R 系统内置数据集 faithful 包含描述美国老忠实间歇泉两个属性的记录：喷发时间和等待时间。通过示例 3-31，我们来看看 faithful 的聚类过程。

示例 3-31 对数据集 faithful 聚类。

```
> head(faithful)                                 #查看数据集 faithful 的前几条
  eruptions waiting
1     3.600      79
2     1.800      54
3     3.333      74
4     2.283      62
5     4.533      85
6     2.883      55
> cor(faithful$eruptions, faithful$waiting)      #计算 eruptions 和 waiting 的相关系数
```

```
[1] 0.9008112
> plot(faithful, pch = 16, cex = 2, col = "steelblue", xlab = "喷发时间", ylab =
"等待时间")                                                  #绘制散点图
```

执行示例 3-31 中的代码，绘制出来的 faithful 数据散点分布如图 3-15 所示。图 3-15 中的散点呈现出两个聚集的分组，而且数据点具有较强的线性相关性（相关系数大于 0.9）。

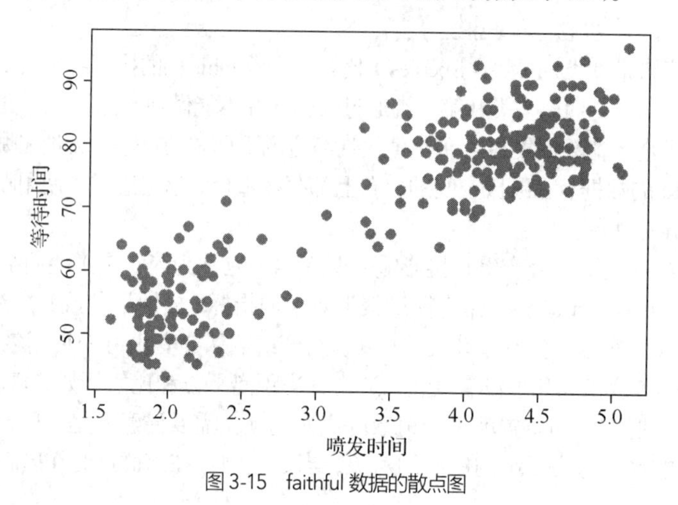

图 3-15　faithful 数据的散点图

下面再使用 kmeans( )对 faithful 数据做基于中心的聚类。聚类结果如图 3-16 所示，图 3-16 中颜色和形状表示类别。聚类结果显示，部分数据可能存在类别的混淆，因为分组边缘的点具有不同的颜色和形状。

```
> result <- kmeans(faithful, 2)                 #设置分组数为 2 来实现 k-means 聚类
> result$between/result$tots                    #计算组间距离占比
[1] 0.8235182
> #在原始数据平面上绘制散点图，使用聚类结果为颜色值
> plot(faithful$eruptions, faithful$waiting,
+       pch = 15 + result$cluster, col = result$cluster, cex = 2,
+       xlab = "喷发时间", ylab = "等待时间", main = "分组为 2 的聚类结果")
```

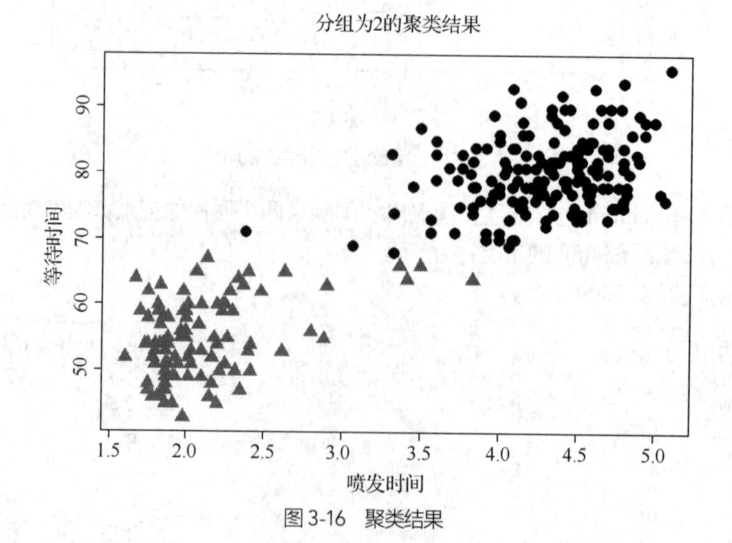

图 3-16　聚类结果

箱形图直观地展示了数据的分布，可用以比较不同属性的差异。执行下列代码画出原始数据的分

布（图 3-17 左侧），我们可以清楚地发现等待时间远大于喷发时间。由于聚类时使用了欧氏距离，因此计算距离时喷发时间的差异被等待时间所掩盖，造成了聚类结果不理想的情况。图 3-17 右侧展示了标准化后的数据分布，这时两个属性的分散程度已非常接近。

```
df <- scale (faithful)                              #对数据进行标准化
par (mfrow = c(1,2))                                #设置子图布局为 1 行 2 列
boxplot (faithful, col = c("lightblue", "lightcoral"),
names = c("喷发时间","等待时间"))                    #绘制原始数据箱形图
boxplot (df, col = c("lightblue", "lightcoral"),
names = c("喷发时间","等待时间"))                    #绘制标准化数据箱形图
par (mfrow = c(1,1))                                #恢复 1 行 1 列的子图布局
```

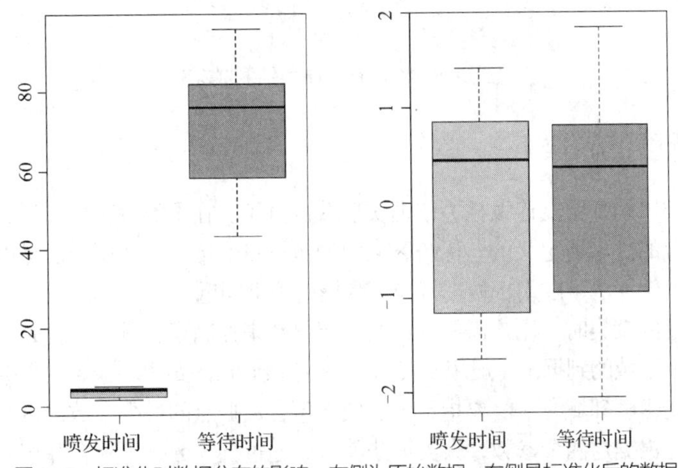

图 3-17 标准化对数据分布的影响：左侧为原始数据，右侧是标准化后的数据

由于 faithful 数据集的两个属性具有大于 0.9 的相关系数，我们可以尝试用主成分分析降维来简化运算。上面示例中显示两个主成分的标准差分别为 12.6 和 0.49，因此数据很大程度上沿着第一主成分方向分散。根据上述分析，就可以选择使用主成分方向旋转后的向量实现聚类。图 3-18 中的聚类结果相对图 3-16 中的聚类结果有了明显改善，这一点也反映在组间距离在总距离的占比从约 0.824 提升到约 0.898 的事实上。代码中使用 between 代替了 kmeans( )中的 betweenss，其原因是这种缩写不会产生歧义。

```
> pca <- prcomp(df)                                 #对标准化后的数据执行主成分分析
> pca                                               #显示主成分分析结果
Standard deviations(1,…, p=2):
[1] 1.3786991 0.3149426

Rotation(n x k) = (2 x 2):
         PC1        PC2
x -0.7071068  0.7071068
y -0.7071068 -0.7071068
> ml <- kmeans(pca$x[, 1], 2)                       #对第一主成分调用 kmeans()
> ml$between/ml$tots                                #计算组间距离占比
[1] 0.8977625
> #在原始数据平面上绘制散点图，使用降维后的聚类结果为颜色值
> plot(faithful$eruptions, faithful$waiting,
+      pch = 15 + ml$cluster, col = ml$cluster, cex = 2,
+      xlab = "喷发时间", ylab = "等待时间", main = "降维后分组为 2 的聚类结果")
```

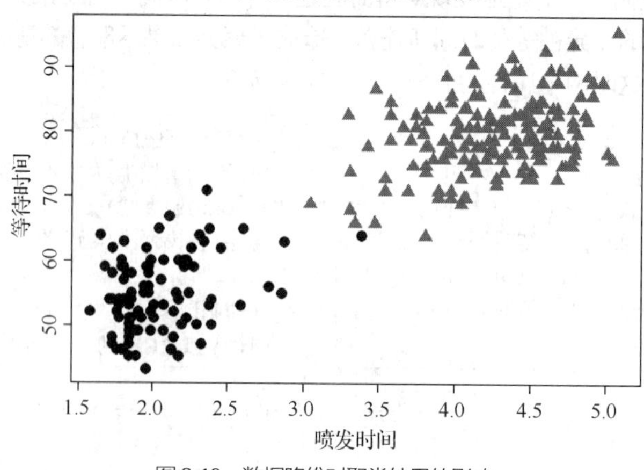

图 3-18　数据降维对聚类结果的影响

3.4.2 基于密度的聚类

基于密度的聚类以局部密度连续性为依据实现数据分组。在聚类过程中，类是由在数据空间中局部密度高于其余部分的区域所定义的。稀疏区域中的数据点通常表示数据中的噪声或分组的边界点。因此，基于密度的聚类算法可以用于处理带噪声数据的聚类问题。

在实现基于密度的聚类时，用户需要预设两个超参数来控制聚类过程。首先，计算密度时要给定哪些数据点位于同一区域的判据（一般用ε表示），距离核心点的距离小于ε的数据点才被纳入该点的邻域。其次，定义高密度邻域时，需要指定该邻域中包含数据点的最少个数，达不到最低要求的区域则被视为局部稀疏。根据这两个参数，聚类算法就可以通过扫描数据不断合并相邻的高密度邻域，以形成范围更大的高密度区域。

R 语言扩展包 dbscan 支持基于密度的空间聚类功能。调用函数 dbscan( )时，除了需要输入数据外，用户还需要分别设置 eps 和 minPts，分别用于指定定义高密度局部区域的邻域半径和最少点数。下列语句用于安装并加载 dbscan。

```
install.packages("dbscan")
library(dbscan)
```

示例 3-32 展示了使用 dbscan( )对鸢尾花数据进行基于密度聚类的结果，执行代码绘制的聚类凸包如图 3-19 所示。

示例 3-32　使用 dbscan( )对鸢尾花数据聚类。

```
> df <- iris[-5]                                    #将 irsi 前 4 个属性赋给数据框 df
> set.seed(509)                                     #设置随机种子
> result <- dbscan(df, eps = 0.4, minPts = 4)
                                                    #调用 dbscan()，邻域半径为 4，最少点数为 4
> result                                            #显示聚类结果
DBSCAN clustering for 150 objects.
Parameters: eps = 0.4, minPts = 4
The clustering contains 4 cluster(s) and 25 noise points.

 0  1  2  3  4
25 47 38 36  4

Available fields: cluster, eps, minPts
> table(result$cluster, iris$Species)              #列表显示聚类结果与 iris 中类别的对比
```

```
  setosa versicolor virginica
0      3          5        17
1     47          0         0
2      0         38         0
3      0          3        33
4      0          4         0
> #绘制聚类边界，分组 0 (cluster 0) 中的是孤立点，位于边界之外
> hullplot(df[2:3], result, main = "基于密度的聚类",
+         xlab = "花萼宽度", ylab = "花瓣长度")
```

从函数 table ()的执行结果可以看出，25 条数据被视为孤立点（分组编号为 0），另有 4 个 versicolor 样本聚为一组。与 k-means 聚类的情况相仿，setosa 的样本中除了 3 个被视为孤立点外，都被成功地聚在一起。但是其余两类样本的聚类情况则较为混乱。执行下列语句可以绘制聚类结果的图形。图 3-19 用凸包轮廓显示了聚类的边界，凸包边界外的即孤立点。

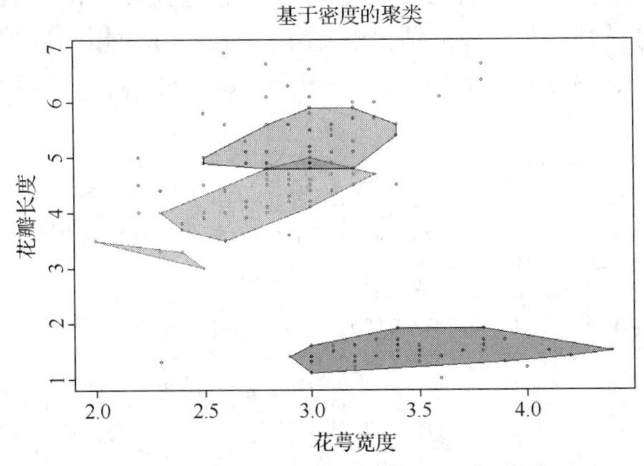

图 3-19 基于密度的鸢尾花数据集聚类结果

由于基于密度的聚类将在空间中保持局部密度连续性的数据视为相似，因此这种方法适用于很多无法用到中心距离来表示数据相似性的情况。示例 3-33 中生成了 3 组人工数据，它们分别具有共享空间分布中心和组间最短距离小于组内不同对象间距等问题。我们随后将比较 k-means 聚类结果和基于密度的聚类结果的差异。执行示例 3-33 中的代码，绘制的两种聚类方法的结果分别如图 3-20 和图 3-21 所示。

示例 3-33 使用人工数据比较 k-means 聚类和基于密度的聚类。

```
#设置随机种子
set.seed(123123)
#生成以(1,0)为圆心的半圆坐标
x <- seq(0, 2, 0.005)
y <- sqrt(1 - (x - 1.)^2)
#生成沿一条直线分布的随机数
x1 <- .25 + x + 0.02*rnorm(length(x))
y1 <- 0.2*x1 - 1.5 - 0.02*rnorm(length(x))
#生成在一个完整的圆上随机分布的数据
y <- c(y +  + 0.02*rnorm(length(x)), -y + 0.02*rnorm(length(x)))
x <- c(x + 0.02*rnorm(length(x)), x + 0.02*rnorm(length(x)))
#生成以(1,0)为中心的二维正态分布数据
x2 <- 1 + 0.2*rnorm(100)
y2 <- 0.1*rnorm(100)
#组装成数据框
```

```
df <- data.frame(x = c(x, x1, x2), y = c(y, y1, y2))
#调用 kmeans()
ml <- kmeans(df, 3)
#按聚类结果绘制散点图。为了区别不同的分组，同时使用形状和颜色表示（见图 3-20）
plot(df, col = 1 + ml$cluster, pch = 16 + ml$cluster, cex = 1.5,
    main = "基于中心的聚类")
cl <- dbscan(df, eps = 0.15, minPts = 5)  #调用 dbscan()，设置参数
cl
#打开新的窗口
windows()
#按聚类结果绘制散点图。为了区别不同的分组，同时使用形状和颜色表示（见图 3-21）
plot(df, col = 1 + cl$cluster, pch = 16 + cl$cluster, cex = 1.5,
    main = "基于密度的聚类")
```

图 3-20 展示了使用 k-means 聚类的结果。即使预先知道准确的分组数量，由于 k-means 假设分组数据符合基于中心的正态分布，因此这类算法仍不能适用于示例中的数据。但是，在数据足够稠密，使局部密度的连续性得到保障的情况下，调用 dbscan( )却能够得到理想的结果。从 dbscan( )函数执行结果中可以看出，3 类分别拥有 802、401 和 100 个数据点，与我们生成的 3 组数据点个数一致。

```
> cl <- dbscan(df, eps = 0.15, minPts = 5)     #调用 dbscan()，设置参数
> cl                                           #显示聚类结果
DBSCAN clustering for 1303 objects.
Parameters: eps = 0.15, minPts = 5
The clustering contains 3 cluster(s) and 0 noise points.

  1   2   3
802 401 100

Available fields: cluster, eps, minPts
```

图 3-21 展示出各组数据被正确地聚在一起。需要注意的是，选择正确的参数对 dbscan ( )的结果起到了重大影响。当分组要求过于严格时（eps 减少，minPts 增加），同一组的数据会被分开，还有可能造成很多孤立点。如果放松对分组密度的要求（eps 增加，minPts 减少），聚类结果也有可能让原来不同的组合并在一起。这种参数敏感性限制了基于密度的聚类算法的使用范围。

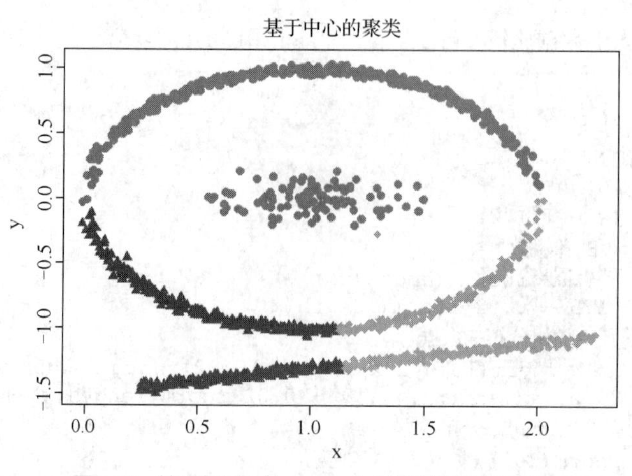

图 3-20　基于中心的（k-means）人工数据集聚类结果

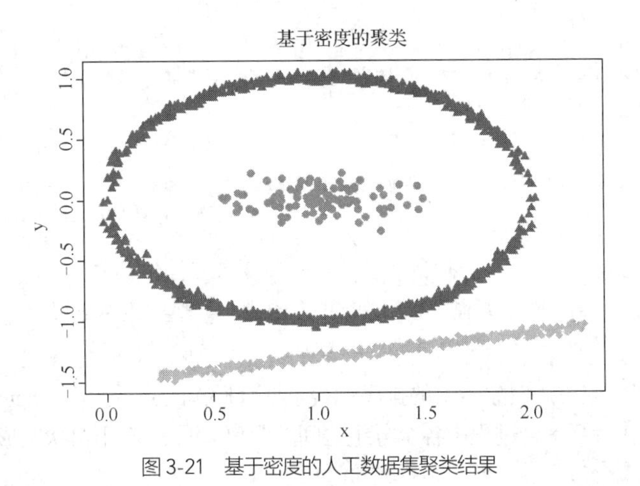

图 3-21 基于密度的人工数据集聚类结果

3.4.3 层次聚类

在使用 k-means 聚类时，用户需要预先设置分组的数量；在调用 dbscan( )进行基于密度的聚类时，用户需要指定 eps 和 minPts 两个参数。从聚类效果上看，这两种聚类算法对参数都较为敏感。如果参数选择不合理，聚类结果会与期望相差甚远。与之不同，层次聚类不需要预先指定参数，还能够在聚类时生成用于评价聚类效果的树状图，供用户选择合适的聚类层次。

与其他聚类算法类似，层次聚类的目标也是使相似的对象聚在一组，而使不同分组中的对象有较大的差异。层次聚类的主要技术包括两种：聚合法和划分法。聚合法采用自底向上形式实现：首先用所有单个数据对象生成单体分组（仅包含一个元素的子集）；然后将最相似（距离最接近）的分组合并，形成一个新的分组；重复执行上一步，直至所有的对象都合并到一个大的分组中（所有对象的全集）。划分法是一个相反的自顶向下的过程：在这种方法中，分组从数据对象全集开始，然后将最不相似的两组对象分开，直至全部对象都构成了单体分组。由于层次聚类需要计算分组之间的距离，在使用特定的组间距离度量时可能会引入较大的计算开销，也会受到离群点的干扰。

我们以聚合算法为例说明 R 语言中层次聚类的应用。R 语言 cluster 扩展包中的函数 agnes( )使用聚合法来计算数据集的层次聚类。示例 3-34 使用 agnes ( )函数对鸢尾花数据集前 4 个属性进行层次聚类，其代码的执行结果如图 3-22 所示。示例 3-34 中的代码在调用函数 agnes( )时，除了指定数据集外，还设置了使用曼哈顿距离度量（metric = "manhattan"，agnes( )支持欧氏距离和曼哈顿距离），并且指定在计算距离前先将数据标准化（stand = TRUE）。

示例 3-34 使用 agnes ( )函数进行层次聚类。

```
> library(cluster)                                   #加载cluster扩展包
> ahc <- agnes(iris[1:4], metric = "manhattan", stand = TRUE)
> ahc                                                #显示层次聚类返回的对象
Call:    agnes(x = iris[1:4], metric = "manhattan", stand = TRUE)
Agglomerative coefficient:  0.9196193
Order of objects:
  [1]   1  18  41  28   8  40  29  27  21  32  37   7  12  25  24  44   5  38
 [19]  23   6  17  19  11  49  20  47  45  22   2  26  13  46   4  10  35  31
 [37]   3  30  48  43  36  50   9  39  14  15  33  34  16  42  51  53  66  87
 [55]  52  57  86  78 104 117 138 111 148 116 105 129 133 113 146 140 142 121
 [73] 144 141 125 145 101 137 149  55 134  77  59  76  75  98  64  92  79  72
 [91]  74  56 100  97  95  65  89  96  62  67  85  71 128 139 150  73 147 114
[109]  84 102 143 112 124 127 135 115 122 103 130 126 108 131 106 136 119 123
[127] 109  54  70  90  81  82  68  83  93  80  91  60  58  94  99  61 107  63
[145]  69 120  88 110 118 132
```

```
Height(summary):
   Min. 1st Qu.  Median    Mean  3rd Qu.    Max.
 0.0000  0.4519  0.8065  1.0839  1.2715  8.0723

Available components:
[1] "order"  "height" "ac"     "merge"  "diss"   "call"   "method" "data"
> ahcl$method                                          #显示组间距离的度量方法
[1] "average"
> #绘制层次聚类结果
> plot(ahc, main = "聚合过程的系统树状图", xlab = "鸢尾花数据集", ylab = "距离")
> abline(h = 6, lwd = 2, col = "lightcoral")  #添加水平线
```

在返回值中，order 向量用对象索引的排序代表了聚合操作的先后次序；height 向量是一个升序排列的数值向量，表示在持续聚合过程中各个分组之间的距离。图 3-22 用树状图形式展示了鸢尾花数据在实现层次聚类时的聚合过程。

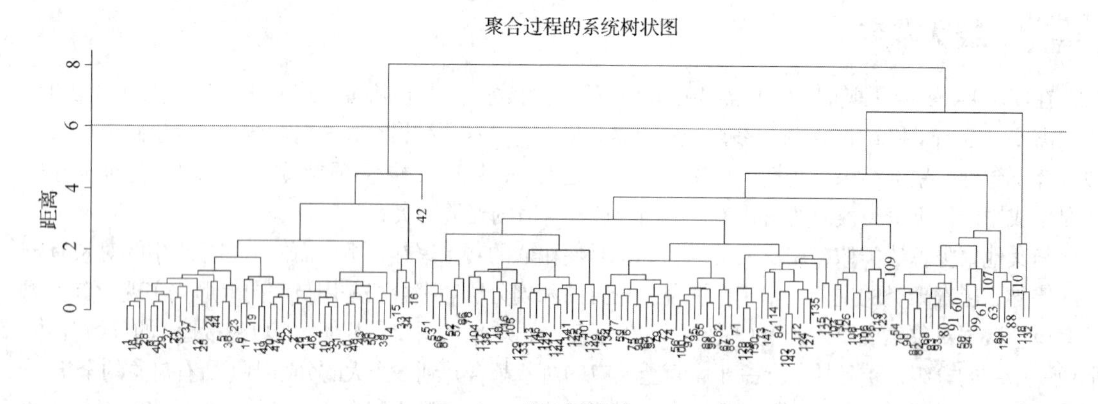

图 3-22　表示层次聚类结果的树状图

树状图中清楚地展示了聚类的层次结构。其中，图形下方的数字代表数据样本的索引，纵轴表示样本之间以及聚类分组之间的距离；横轴表示聚类的顺序；短横线表示聚类的层次。同时，不同的高度也对应到分组的个数，例如，高度 6 就对应于聚类为 3 个分组的情况。这时，索引号小于或等于 50 的数据已被聚合成一个分组（同属 virginica 类），而第 3 组仅包括索引 110、118 和 132 等数据（对应于离群点）。

因为聚类时距离最近的分组被优先合并，如何度量分组之间的距离则成为实现层次聚类算法的一个关键选择。函数 agnes( )中提供了几种简单的组间距离度量方式，供用户使用；调用该函数时需设置参数 method。

（1）若设置 method="average"，则两个分组之间的距离等于两组各样本之间距离的平均值。

（2）若设置 method="single"，则两个分组之间的距离等于两组各样本之间距离的最小值。

（3）若设置 method="complete"，则两个分组之间的距离等于两组各样本之间距离的最大值。

（4）用户还可以选择 method = "flexible" 来实现更为个性化的距离度量方法。

3.5 回归分析

回归用于捕获在数据集中观察到的变量之间的相关性，并量化这些相关性在统计上是否显著。回

归模型通过拟合解释变量和观察的预测数据来显示在因变量（也称为响应变量）中的变化是否与自变量（也称为解释变量）的变化相关。回归分析揭示的是数据中所观察的变量之间的关联，并不一定对应于因果关系。本节介绍几种常见的回归模型，包括线性回归和非线性回归。

3.5.1 简单线性回归

线性回归用于确定一个因变量和一个或多个自变量之间的线性关系。虽然在某些情况下，把因变量与自变量之间的关系简化为线性关系显得过于理想化，但是由于易于理解、形式简单且计算方便，线性回归模型仍是数据分析中使用最为广泛的模型之一。

简单的线性回归要求自变量和因变量为满足线性关系的连续值，自变量之间相互独立，误差 ε 服从正态分布。简单线性回归使用公式（3-13）中的模型。

$$y=a_0+a_1x_1+a_2x_2+\cdots+a_nx_n+\varepsilon \tag{3-13}$$

按照回归过程使用自变量的数量，线性回归可分为一元线性回归和多元线性回归。一元线性回归使用一个自变量来解释或预测因变量，而多元线性回归使用两个或多个自变量来预测响应结果。对于简单的线性回归，回归过程通常使用最小二乘法或梯度下降算法来确定最优的拟合参数 $a_0, a_1,\cdots, a_n$。最小二乘法的优化目标是使数据样本点与回归线或数据集平均值之间的距离平方和最小，隐含的假设即给定参数和自变量值，y 的条件概率满足正态分布。

R 系统内置包 stats 中的函数 lm( )可以用于线性回归。其调用形式如下：

```
lm(formula, data, subset, weights, na.action, method = "qr", model = TRUE, x = FALSE,
y = FALSE, qr = TRUE, singular.ok = TRUE, contrasts = NULL, offset, ...)
```

表 3-5 列出了 lm( )函数的参数及其默认值。

表 3-5 lm()函数的参数及其默认值

参数名	默认值	说明
formula	—	要拟合的模型的符号描述
data	—	包含模型中的变量的数据框、列表或环境
subset	—	可选向量，指定拟合过程中要使用的一个样本子集
weights	—	拟合过程中使用的可选权重向量
na.action	—	一个函数，指示当数据包含 NA 时应该如何处理
method	"qr"	使用的方法。对于拟合，目前只支持 method = "qr"
Model、x、y、qr	TRUE、FALSE、FALSE、TRUE	逻辑值。若为 TRUE，则返回拟合的相应部分（模型框架、模型矩阵、响应、QR 分解（正交三角分解））；若为 FALSE，则不需要返回
singular.ok	TRUE	逻辑值。若为 FALSE，则对出现奇异值报错；若为 TRUE，则不报错
contrasts	NULL	可选列表
offset	—	拟合期间在线性预测器中指定包含一个先验的已知分量

示例 3-35 是使用 lm( )实现多项式线性回归的一个例子，代码中首先生成随机数来分别表示多项式函数 $y = 1.5 + 1.2x - 0.5x^2$ 的预测变量和响应变量。

示例 3-35 使用 lm( )实现多项式线性回归。

```
set.seed(21)                                   #设置随机种子
x <- sample(1:10, 50, replace = TRUE) + 0.5*rnorm(50) #生成 x 的取值
x2 <- x^2                                      #生成 x^2
y <- 1.5 + 1.2*x - 0.5*x2 + rnorm(50)          #生成 y
result <- lm(y ~ x + x2)                       #调用 lm()执行线性回归
result                                         #显示回归结果
```

```
coefficients(result)                                  #显示拟合模型的系数
fitted(result)                                        #显示模型的拟合值
newdata <- data.frame(x = 9.8, x2 = 9.8^2)            #设置预测变量，赋值给数据框
predict(result, newdata, interval = "confidence") #预测响应变量，带置信区间返回
summary (result)                                      #显示回归结果的摘要
```

注意，调用 lm( )时需要指定 y ~ x + x2 来表明预期的回归关系。执行代码后，控制台中可以输出下列回归结果：

```
> result                                              #显示回归结果

Call:
lm(formula = y ~ x + x2)

Coefficients:
(Intercept)            x           x2
     2.0828       0.9113      -0.4790
> coefficients(result)                                #显示拟合模型的系数
(Intercept)           x          x2
  2.0827680   0.9112682  -0.4790352
> fitted(result)                                      #显示模型的拟合值
          1           2           3           4           5           6
  2.4658249  -1.2038021 -38.2852678 -41.5845959  -5.5137842   1.1691135
          7           8           9          10          11          12
 -2.5424311 -32.1802861 -11.3646441 -17.6491340 -11.0534246   2.4707510
         13          14          15          16          17          18
 -0.1591279 -40.6706965   2.5161150 -29.6944525 -25.4074855 -10.7217450
         19          20          21          22          23          24
-16.3888834 -34.4961498 -26.1299101   1.2141016   0.9579501  -4.5159242
         25          26          27          28          29          30
  2.1652814   1.9912743   2.4670475 -30.5564486 -37.2206647  -5.4884370
         31          32          33          34          35          36
 -9.0859736 -18.9511108  -3.6431459 -28.5514517 -31.4325106   1.3638671
         37          38          39          40          41          42
 -6.6530689  -0.8867353  -5.5432895 -12.8185667 -24.7116856 -19.5406626
         43          44          45          46          47          48
-35.1059555   1.3038415   2.1556303  -5.4930068 -34.8853165   2.4080396
         49          50
 -9.3051561 -24.0683674
```

函数 coefficients( )返回了拟合的截距及系数，表明拟合的多项式为 $\hat{y} = 2.0827680 + 0.9112682x - 0.4790x^2$ 。拟合值可以通过调用 fitted( )函数得到。读者如果希望用新的自变量来预测因变量，可以使用函数 predict( )返回预测值。

```
> newdata <- data.frame(x = 9.8, x2 = 9.8^2)         #设置预测变量，赋值给数据框
> predict(result, newdata, interval = "confidence") #预测响应变量，带置信区间返回
        fit       lwr       upr
1 -34.99334 -35.56022 -34.42646
```

函数 predict( )的调用结果表明：对于 $x = 9.8$ 的情况，拟合值为-34.99334，对应的 95%置信区间的上下界分别是-34.42646 和-35.56022。

残差分析是衡量线性回归模型的质量的重要手段。调用函数 summary( )可以查看回归的结果。

```
> summary(result)                                     #显示回归结果的摘要

Call:
lm(formula = y ~ x + x2)
```

```
Residuals:
     Min       1Q   Median       3Q      Max
-1.75087 -0.93784  0.05258  0.65908  2.53557

Coefficients:
             Estimate  Std. Error  t value Pr(>|t|)
(Intercept)  2.08277    0.51027     4.082 0.000172 ***
x            0.91127    0.20997     4.340 7.51e-05 ***
x2          -0.47904    0.01817   -26.364 < 2e-16 ***
---
Signif. codes:  0 '***' 0.001 '**' 0.01 '*' 0.05 '.' 0.1 ' ' 1

Residual standard error: 1.055 on 47 degrees of freedom
Multiple R-squared:  0.995, Adjusted R-squared:  0.9948
F-statistic:  4667 on 2 and 47 DF,  p-value: < 2.2e-16
```

函数 summary( )显示的结果为回归模型的设计提供了重要的判别信息。结果中的 Coefficients（参数）的 Std. Error（标准误）描述了与参数估计相关的因变量可变性。用参数估计值除以标准误就得到了 t Value（t 值）。如果参数中存在不显著的自变量（Pr(>|t|)值过大），用户可以考虑移除该变量来简化模型。如果回归模型的 Residual standard error（残差标准误）太大，也说明所使用的模型有待改进。R-squared（R2 值）表示模型预测结果和实际观测数据的相关性，这个值越大，解释变量对响应变量的预测能力就越强。在示例中，Multiple R-squared （R2）值为 0.995，表明 y 超过 99%的变化可以用 x 和 x2 来解释。F-statistic（F 统计量，为 4667）和相应的 p-value（P 值，为<2.2e-16）表明了回归模型的总体显著性，即模型中的自变量能够解释因变量的变化。残差标准误的计算值是 1.055，非常接近生成数据时实际使用的标准差 1。

为了直观地了解残差的情况，还可以执行下列代码画出回归的结果（见图 3-23）。

```
par(mfrow = c(2, 2))                 #设置子图的布局为 2 行 2 列
plot(result)                         #绘制回归结果
par(mfrow = c(1, 1))                 #不使用多幅子图的布局
```

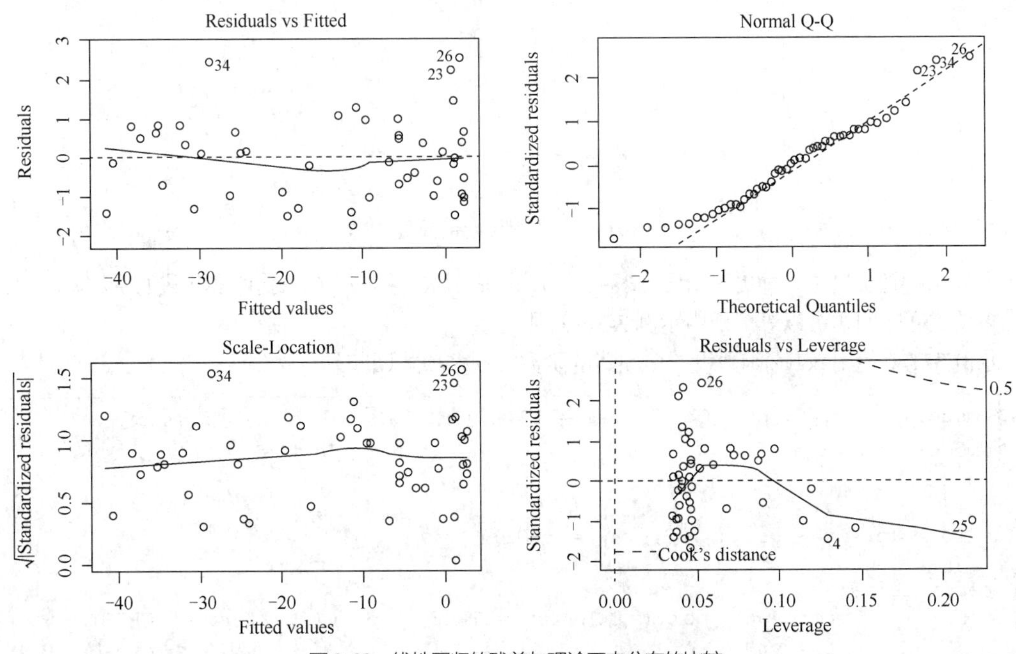

图 3-23　线性回归的残差与理论正态分布的比较

图 3-23 中包括用于残差分析的 4 幅子图，分别是残差与拟合值的散点图、标准化残差与正态分布的 Q-Q 图、标准化残差根与拟合值的散点图和标准化残差与杠杆的散点图。前两幅图中以虚线标出了理想正态分布的情况。图 3-23 表明示例中线性回归的残差基本符合正态分布。

另外，用户也可以直观地在 *x-y* 平面上画出原始数据与拟合数据并加以比较。首先需要加载 tidyverse 包，这样用户就能利用 ggplot2 中的方法来绘图。示例 3-36 使用示例 3-35 中生成的 x 和 y，绘图比较原始数据与回归的拟合值，其代码的执行结果如图 3-24 所示。

示例 3-36 使用 ggplot2 绘图比较原始数据与拟合数据。

```
library(tidyverse)                                  #加载 tidyverse
df <- data.frame(x = x, y = y)                      #赋值给数据框 df
data <- data.frame(x = x, y = fitted(result)) #使用拟合值创建数据框 data
#绘制散点和拟合结果折线图
ggplot(df, aes(x = x, y = y)) +
  theme_classic() +
  ggtitle("简单线性回归") +
  geom_point(alpha = 0.8, size = 2, colour = "darkblue") +
  geom_line(data = data, aes(x = x, y = y), size = 3, alpha = 0.5,
            colour = "lightcoral")
```

图 3-24 展示了原始数据与拟合值的对比。可以看出，拟合数据表现的趋势与原始数据非常吻合。

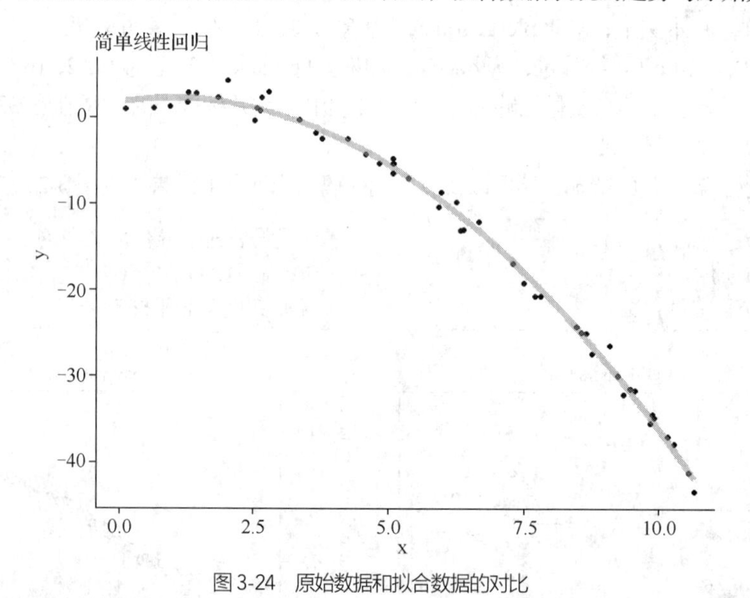

图 3-24 原始数据和拟合数据的对比

函数 lm( )还提供了一种更为简便的多项式回归调用形式，用 poly( )来指明多项式的阶数。示例 3-35 中的多项式回归问题可以等价地由示例 3-37 实现。

示例 3-37 使用 poly( )函数设置多项式的阶数实现多项式回归。

```
> model <- lm(y ~ poly(x, 2, raw = TRUE))         #用 poly 表示多项式的形式
> model                                            #显示拟合结果

Call:
lm(formula = y ~ poly(x, 2, raw = TRUE))

Coefficients:
            (Intercept)  poly(x, 2, raw = TRUE)1  poly(x, 2, raw = TRUE)2
                 2.0828                   0.9113                  -0.4790
```

需要指出的是，多项式中的自变量 x 和 x^2 并不独立。函数 poly( )的默认参数为 raw = FALSE，即用正交形式重新编码的自变量来取代原始的自变量各阶幂。使用正交的自变量形式可以让残差更为准确地反映出各阶幂在回归中的作用。例如，在多项式阶数不明确的情况下，用户可能会尝试用更高次的多项式来拟合数据。这时，使用 raw = FALSE 就能清晰地展现各阶幂在解释模型时影响的大小。示例 3-38 展示了如何分析各阶幂对回归模型结果的影响过程。

示例 3-38 分析各阶幂对回归结果的影响。

```
> model <- lm(y ~ poly (x, 3))                    #尝试使用 3 阶多项式拟合数据
> summary(model)                                  #显示模型摘要

Call:
lm(formula = y ~ poly(x, 3))

Residuals:
     Min       1Q   Median       3Q      Max
-1.87577 -0.76403 -0.05108  0.60866  2.57398

Coefficients:
             Estimate Std. Error  t value    Pr(>|t|)
(Intercept) -13.3771    0.1475   -90.713   <2e-16 ***
poly(x, 3)1 -98.0105    1.0427   -93.993   <2e-16 ***
poly(x, 3)2 -27.8016    1.0427   -26.662   <2e-16 ***
poly(x, 3)3   1.5003    1.0427   1.439    0.157
---
Signif. codes:  0 '***' 0.001 '**' 0.01 '*' 0.05 '. ' 0.1 ' ' 1

Residual standard error: 1.043 on 46 degrees of freedom
Multiple R-squared:  0.9952,  Adjusted R-squared:  0.9949
F-statistic:  3183 on 3 and 46 DF,  p-value: < 2.2e-16
```

示例 3-38 的执行结果表明，虽然回归模型的整体显著性明显，但是 3 阶项 poly(x, 3)3 对应的 Pr(>|t|)是 0.157，并不具有统计显著性。因此，读者可以尝试舍弃 3 阶项后重新拟合回归模型。

3.5.2 广义线性回归

线性回归假设因变量需为独立的连续值，而且残差需符合一个方差为常数的正态分布。线性回归只是广义线性回归的一种特例。广义线性回归推广了模型的假设：首先，自变量和因变量既可以连续也可以离散；其次，给定了自变量和模型参数后，因变量的条件概率可以符合任意指定的指数分布（如二项分布和泊松分布）。R 系统内置包 stats 中的函数 glm( )实现了广义线性回归的功能，调用时需要指定参数 family 为所需的分布形式（默认值为 gaussian）。函数 glm( )的调用形式如下：

```
    glm(formula, family = gaussian, data, weights, subset, na.action, start = NULL,
etastart, mustart, offset, control = list(...), model = TRUE, method = "glm.fit", x
= FALSE, y = TRUE, singular.ok = TRUE, contrasts = NULL, ...)
```

表 3-6 列出了 glm( )函数的参数及其默认值。

表 3-6 glm( )函数的参数及其默认值

参数名	默认值	说明
formula	—	待拟合模型的符号描述
family	gaussian	对模型中使用的误差分布和链接函数的描述
data	—	包含模型中的变量的可选数据框、列表或环境
weights	—	可选向量，拟合过程中使用的先验权重

续表

参数名	默认值	说明
subset	—	可选向量，指定拟合过程中要使用的一个样本子集
na.action	—	指示当数据包含 NA 时应该如何处理的函数
start	—	线性预测器中参数的起始值
etastart	—	线性预测器的起始值
mustart	—	均值向量的起始值
offset	—	指定拟合期间在线性预测器中包含一个先验的已知分量
control	—	控制拟合过程的参数列表
model	TRUE	逻辑值，指示模型是否应作为返回值包含的一个部分
method	"glm.fit"	拟合模型所用的方法。默认方法 glm.fit 使用迭代重加权最小二乘法
x、y	FALSE、TRUE	逻辑值，指示拟合过程中使用的响应向量和模型矩阵是否应作为返回值的组成部分
singular.ok	TRUE	逻辑值。若为 FALSE，则对出现奇异值报错
contrasts	NULL	可选列表

广义线性回归放松了对响应变量类型的限制，因而能够处理表示类别信息和计数值等离散数据的因变量。逻辑回归通常用于二分类问题。一般地，二分类的因变量取数值 0 和 1，分别代表两个不同类别的编码。如果因变量是一个服从二项分布的随机变量，逻辑回归就可以用公式（3-14）来拟合分类的概率。

$$y = 1 - \frac{1}{1 + e^{a_0 + a_1 x_1 + \cdots + a_n x_n}} + \varepsilon \tag{3-14}$$

示例 3-39 使用逻辑回归对平面上的两组数据分类。代码中首先生成了中心不同的两类正态分布数据，最后根据真实类别和分类预测结果来指定数据点颜色和形状绘制散点图进行比较，结果如图 3-25 所示。

示例 3-39 使用逻辑回归对平面上的两组数据分类。

```
set.seed(2001)                                   #设置随机种子
x <- c(rnorm(50), 2 + rnorm(50))                 #生成横坐标 x 值
y <- c(rnorm(50), 3 + rnorm(50))                 #生成纵坐标 y 值
c <- rep(0:1, each = 50)                         #设置类别
model <- glm(c ~ x + y, family = "binomial")     #指定 family 为二项分布
summary(model)                                   #打印模型摘要
pred <- fitted(model)                            #赋值为拟合数据
pred <- as.integer(pred > 0.5)                   #转换为类别标签
#绘制散点图
plot(x, y, pch = ifelse(c, 21, 24), col = 1 + c, bg = 1 + pred, lwd = 1.5,
     cex = 2, main = "逻辑回归分类")
#添加图例
legend("topleft", c("真实类别 1", "真实类别 0", "预测类别 1", "预测类别 0"),
       col = c(2, 1, 2, 1), pch = c(1, 2, 16, 17), cex = 1.5)
```

调用 glm( )时，需要指定参数 family 为二项分布：

```
> model <- glm(c ~ x + y, family = "binomial") #指定 family 为二项分布
> summary(model)                               #输出模型摘要

Call:
glm(formula = c ~ x + y, family = "binomial")
```

```
Deviance Residuals:
     Min        1Q      Median        3Q        Max
-1.93137  -0.04600   -0.00014    0.01208    1.60315

Coefficients:
            Estimate Std. Error z value Pr(>|z|)
(Intercept)  -7.985      2.861   -2.791  0.00525 **
x             3.100      1.261    2.459  0.01392 *
y             3.477      1.280    2.716  0.00662 **
---
Signif. codes:  0 '***' 0.001 '**' 0.01 '*' 0.05 '. ' 0.1 ' ' 1

(Dispersion parameter for binomial family taken to be 1)

    Null  deviance: 138.63  on 99  degrees of freedom
Residual deviance:  16.75  on 97  degrees of freedom
AIC: 22.75

Number of Fisher Scoring iterations: 9
```

摘要数据表明，虽然 x 和 y 的 Pr(>|z|)数值都小于 0.05，但是 y 比 x 具有更高的显著性。这与生成数据时使用的两类数据的中心坐标分别为(0,0)和(2,3)的情况一致，因为两类数据中心纵坐标的间距为 3，比它们横坐标的间距 2 具有更明显的区分度。summary( )输出中的 Null deviance（零偏差）说明一个只有截距项的模型预测响应变量的能力。Residual deviance（剩余偏差）代表的是预测变量所拟合的模型对响应变量的预测能力。零偏差减去剩余偏差的值越大，则模型对响应变量的预测能力越强。针对单个模型，赤池信息准则（AIC）的具体数值意义不大，但是 AIC 可用于比较不同回归模型拟合的效果，该值越低，说明回归模型拟合数据的能力越好。

用户可以直观地使用不同形状和颜色绘制散点图来查看分类的效果。根据图 3-25 显示的分类效果可知，两类数据中被错误分类的样本总数仅有 5 个。

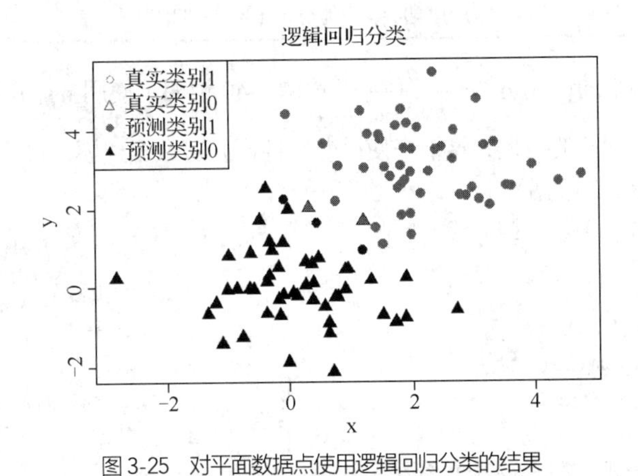

图 3-25　对平面数据点使用逻辑回归分类的结果

广义线性回归还可以处理自变量为离散数据的情况。用户可以查阅帮助系统进一步了解 glm ( )的使用方法。

3.5.3　非线性回归

当响应变量和预测变量之间存在非线性关系时，非线性函数可以用来对数据进行拟合。非线性回归利用由参数和一个或多个自变量组成的非线性函数来预测目标变量。有些非线性问题可以通过线性化求解。例如，在 3.5.1 小节的多项式回归示例 3-35 中，非线性的二次幂函数被转换为一个新的自变量，借助自变量的线性组合来解决回归问题。对于那些不可线性化的问题，用户则需要选择非线性回归方法实现数据建模。

R 系统内置 stats 包中的 nls( )函数使用非线性最小二乘法来确定非线性模型中的参数。调用函数 nls ( )的形式如下：

```
    nls(formula, data, start, control, algorithm, trace, subset, weights, na.action,
model, lower, upper, ...)
```

表 3-7 列出了 nls ( )函数的参数及其默认值。

表 3-7　nls( )函数的参数及其默认值

参数名	默认值	说明
formula	—	包含变量和参数的非线性模型公式
data	—	可选项，用来计算公式和权重中的变量数据框。它可以是列表或环境，但不能是矩阵
start	—	用于起始估计的命名列表或命名数字向量。当缺少 start 且 formula 不是一个自启动模型时，将尝试简便地猜测初始值
control	—	设置控制项的可选列表
algorithm	—	指定要使用的算法的字符串。默认算法为高斯-牛顿算法。其他可选值包括部分线性最小二乘模型（plinear）、Golub-Pereyra 算法和 port 库中的 nl2sol 算法（port）
trace	FALSE	逻辑值，指示是否应该输出迭代过程的轨迹的逻辑值
subset	—	可选向量，指定拟合过程中要使用的一个观察子集
weights	—	可选的数值型权重向量。当存在时，使用加权最小二乘目标函数
na.action	—	指示当数据包含 NA 时应该如何处理的函数
model	FALSE	逻辑值。如果为 TRUE，则模型数据框作为对象的一部分返回
lower、upper	—	表示上下界的向量，复制为与 start 一样长度。如果未指定，则假定所有参数都是无约束的。边界值只能与 port 算法一起使用

假设一个非线性函数的形式是 $y = \dfrac{ax}{bx^2 + c'}$，示例 3-40 说明了使用 nls( )函数实现非线性回归的过程。代码首先生成用于回归的数据，接下来使用非线性回归对数据建模，最后绘图比较实际数据与拟合数据，执行结果如图 3-26 所示。

示例 3-40　使用 nls( )函数实现非线性回归。

```
set.seed(10)                                   #设置随机种子
x <- seq(1, 20, 0.2)                           #生成 x 序列
x <- x + 0.1*rnorm(length(x))                  #添加随机噪声
y <- 30*x/(3 + 0.5*x^2) + rnorm(length(x))     #计算 y 并添加噪声
df <- data.frame(x, y)                         #创建数据框
#调用 nls():指定公式、数据框和初始参数值列表
fit <- nls(y ~ a*x/(1 + b*x^2), data = df, start = list(a = 1, b = 1))
fit                                            #显示回归结果
#把拟合结果组装成数据框
data <- data.frame(x = x, y = fitted(fit))
#使用 ggplot 绘制散点图，并添加拟合结果的折线表示。使用的是经典主题
ggplot(df, aes(x = x, y = y)) +
 theme_classic() +
 xlab("自变量") +
 ylab ("因变量") +
 ggtitle("非线性回归") +
```

```
  geom_point(alpha = 0.8, size = 2, colour = "darkblue") +
  geom_line(data = data, aes(x = x, y = y), size = 3, alpha = 0.5,
            colour = "lightcoral")
```

控制台中显示的回归结果如下：

```
> fit                                               #显示回归结果
Nonlinear regression model
  model: y ~ a * x/(1 + b * x^2)
   data: df
      a       b
10.0988  0.1685
 residual sum-of-squares: 87.3

Number of iterations to convergence: 9
Achieved convergence tolerance: 7.559e-07
> summary(fit)                                      #显示回归结果的摘要

Formula: y ~ a * x/(1 + b * x^2)

Parameters:
  Estimate Std. Error t value Pr(>|t|)
a 10.09877    0.45656   22.12   <2e-16 ***
b  0.16850    0.01008   16.72   <2e-16 ***
---
Signif. codes:  0 '***' 0.001 '**' 0.01 '*' 0.05 '.' 0.1 ' ' 1

Residual standard error: 0.9637 on 94 degrees of freedom

Number of iterations to convergence: 9
Achieved convergence tolerance: 7.559e-07
```

回归结果指出，当输入准确的非线性模型时，回归所得到的参数与生成数据使用的参数非常接近，$\hat{y}=\dfrac{10.099x^2}{1+0.169x}$（对比真实的公式 $y=\dfrac{10x^2}{1+0.167x}$）。参数对应的 Pr(>|t|)极小（小于 2^{-16}），表明模型具有很好的统计显著性。残差的标准误为 0.96，与生成数据时使用的标准正态分布噪声吻合。

图 3-26 展示了示例 3-40 中代码生成的数据分布和拟合结果。

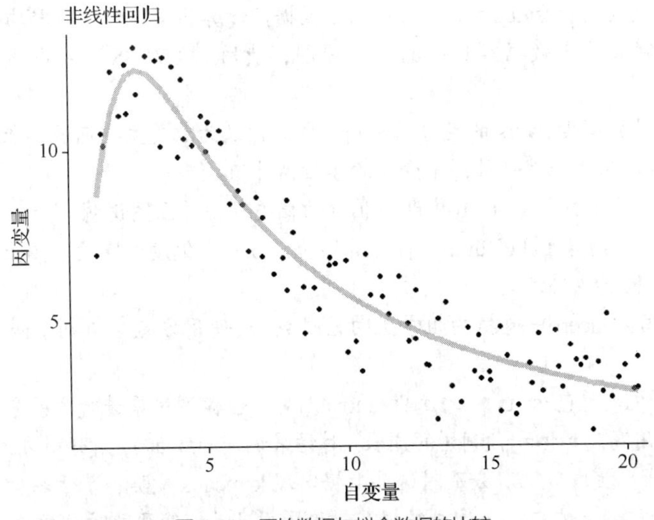

图 3-26　原始数据与拟合数据的比较

如果希望用新的自变量来预测因变量的数值，用户可以直接使用回归模型调用 predict( )函数。下面的示例展示了模型向原自变量区间两端延伸所得到的预测值，与原函数的计算结果非常接近。

```
> x <- c(-5:0, 20:25)                              #生成新自变量
> y <- 30*x/(3 + 0.5*x^2)                          #生成新自变量值的函数值
> y                                                #显示函数计算结果
 [1]   -9.677419 -10.909091   -12.000000  -12.000000   -8.571429  0.000000
 [7]    2.955665   2.818792     2.693878    2.579439    2.474227  2.377179
> newdata <- data.frame(x)                         #生成包含新自变量值的数据框
> predict(fit, newdata)                            #使用回归模型预测因变量
 [1]  -9.687144 -10.929481 -12.039135 -12.065482  -8.642519   0.000000
 [7]   2.952884   2.816099   2.691269   2.576913   2.471779   2.374807
```

3.6 本章小结

本章介绍了 R 语言数据分析的基础知识和相关技术，包括数据预处理、数据统计描述、数据降维、聚类分析和回归分析等内容。通过查看数据，用户可以获得对数据的初步理解，发现数据中存在的残缺、遗漏和重复等问题，并使用数据清洗和数据转换完成数据的预处理。统计描述是用户获得对数据进一步认识的过程，可以定量地理解数据的分布以及变量之间的关联。在数据分析的过程中，用户还可以使用数据降维技术来降低问题的复杂性，使计算过程更加简化。聚类虽然形式简单，但仍能够帮助用户了解数据样本之间的组织形式。如果描述数据的变量中包含预测变量及其响应，借助回归分析，用户可以建立回归模型对未知情况进行预测。实际上，数据分析和其他领域的技术进展密切相关，特别是机器学习和深度神经网络等对数据建模提供了强有力的支持。限于篇幅，本章没有对此展开讨论。

习题 3

3-1　使用帮助系统了解 data( )如何从指定的包中查找数据集。

3-2　在 R 内置数据集 presidents 是否存在 NA 数据？计算各季度的支持率均值和方差。

3-3　按季度绘制 R 内置数据集 UKgas 的折线图，使用 LOWESS 方式画出分季度的天然气消费趋势。

3-4　绘制 R 内置数据集 rivers 的直方图和箱形图。你认为北美主要河流的长度数据符合哪一种分布形式？使用矩估计和极大似然估计得出分布的参数估计值。

3-5　请分析 R 内置数据集 women 中两个属性的相关性，并画图说明。

3-6　使用 R 内置数据集 LakeHuron，计算其均值、方差、偏度和峰度。画出直方图，将偏度和峰度数值与图形进行比较。

3-7　R 内置数据集 sleep 中包括两组学生的睡眠数据，使用方差分析判断两组的均值是否在统计上没有差别。

3-8　使用 R 系统内置包 stats 中的函数 anova( )对拟合模型对象进行方差分析。针对内置数据集 trees，使用线性回归用高度和体积预测树的周长。对结果调用 anova( )，请分析方差对拟合结果的结论。

3-9　执行下列代码生成数据。分别对这些数据实现 k-means 聚类、基于密度的聚类和层次聚类。分析聚类结果，哪一种聚类方式适合这种数据？讨论调用 dbscan( )函数时参数的影响。

```
set.seed(11111)
```

```
x1 <- seq(0, 2, 0.01)
x2 <- x1 + 1
y1 <- sqrt(1 - (x1 - 1)^2)
y2 <- -sqrt(1 - (x2 - 2)^2)

x1 <- x1 + 0.05*rnorm(length(x1))
x2 <- x2 + 0.05*rnorm(length(x1))
y1 <- y1 + 0.05*rnorm(length(x1))
y2 <- y2 + 0.05*rnorm(length(x1)) + 0.7

plot(x1, y1, xlim = c(-0.2, 3.2), ylim = c(-0.5, 1.2), col = 1, pch = 16)
points(x2, y2, col = 2, pch = 16)
```

3-10　分别使用 k-means 和层次聚类，加载 R 内置数据集 USArrests 对美国的州进行聚类。请分析 k 值对 k-means 聚类结果的影响。

3-11　使用 R 内置数据集 mtcars，对汽车的 am（自动/手动）进行逻辑回归分类。在此可以用方差分析筛选自变量，分析回归结果的性能。

3-12　在简单线性回归中，自变量要求是数值型，但是一些分类变量明显也会造成因变量的变化。哑元是用户在回归分析中创建的一种变量类型，将类别变量表示为 0 或 1 的二值数值变量。这样就可以把类别因素考虑到回归模型之中。使用下面的代码生成数据，分别用不带 group 和带 group 的模型形式实现对因变量 y 的线性回归，分析回归的结果。

```
set.seed(1)
x <- 1:15

df <- data.frame(x = c(x, x),
        y = c(5 + x + rnorm(15), 2 + 3*x + rnorm(15)),
        group <- rep(0:1, each = 15))
```

3-13　在 tidyverse 中，管道“%>%”是一种为函数或表达式调用传送输入数据的简捷方式，可以简化顺序执行的一组函数之间的数据传递。例如 iris %>% head 就可以实现 head (iris)的功能。执行下列代码，并改写为等价的非管道形式。

```
iris %>%
  filter(Species == "versicolor") %>%
  ggplot(aes(Sepal.Width, Sepal.Length, color = Species)) +
  geom_point(size = 3) +
  theme_minimal()
```

第2部分

第4章 R语言基础绘图系统

数据分析师在工作过程中需要进行大量的数据观察、探索与验证。以绘图功能为主的可视化工具是数据分析师的重要“帮手”。图形是一种重要的交流与分享媒介，在得到数据分析结果之后，图形甚至成为了研究工作必需的输出品之一。

R 语言的基础安装版本自带基础绘图功能包（the R graphics package），这也是 R 语言中历史最悠久、应用最广泛的一个绘图系统。基础绘图系统包括一套完整的参数设置选项。通过调整参数值，用户可以按照需要规划绘图布局、安排颜色搭配、设计图形元素的组合形式。基础绘图系统中最重要的绘图函数 plot( )首先为图形搭建好绘制 *x-y* 坐标系中图形的必要框架，包括点、线的形状大小，坐标轴的刻度与标签，以及标题等。其他函数则可用于在这个框架中继续添加一些细节，如提供文字说明、图例、辅助线等额外部分。对于一些用途明确的特殊图形，如直方图、饼图、箱形图等，基础绘图系统则提供了专用的函数，帮助用户快速地实现这些功能。

尽管目前 R 社区仍在不断地贡献语法更统一、功能更强大、结构更精巧、效果更美观的可视化扩展包（并且这些图形包在某些特定应用中比基础图形系统优势更明显），但 R 语言基础绘图系统兼具了灵活性和便捷性，仍然是程序员使用 R 绘图时的一个重要选择。简而言之，R 语言基础绘图功能使用简单，实现快捷，在数据分析过程中具有突出的实用性。

本章首先介绍 R 语言基础绘图系统中的若干主要函数功能，包括最主要的高级绘图函数 plot( )和参数访问函数 par( )。接下来，讨论在 plot( )绘图上如何添加更多的细节。最后，介绍几种把绘图保存为指定格式的图像文件的方法。

基本绘图函数和参数访问函数

4.1 基本绘图函数和参数访问函数

本节主要介绍 R 语言基础绘图系统（graphics 包）中支持的 plot( )绘图函数和 par( )参数访问函数。plot( )是一种高级绘图函数，可以实现完整的绘图功能；低级的绘图函数如 points( )和 lines( )则可在用 plot( )绘制的图形上添加点和线，丰富绘图形式。参数访问函数 par( )提供了对绘图主要选项的直接设置，方便用户一次性指定绘图所需的视觉属性。

4.1.1 plot( )函数

R 基础绘图系统中基本的绘图函数就是 plot( )。用户每一次调用 plot( )都会绘制一幅新的图形，一些低级的函数则可以在此基础上补充额外的细节。用户可以依靠这一泛型函数完成针对多种 R 对象在平面坐标系中的绘图任务，对象类型包括向量、函数、数据框、概率密度等。

函数 plot( )最基本的调用形式如下：

```
plot(x, y, …)
```

其中，x 和 y 以向量形式分别输入要绘制的点的 *x-y* 平面坐标。除坐标向量之外，函数 plot( )还可以接收以 tag = value 形式给定的命名参数作为输入，例如可以指定绘图的类型。其使用方式如下：

```
plot(x, y, type, main, xlab, ylab, asp, …)
```

其中的省略号表示其他绘图参数，如表示坐标范围的 xlim 和 ylim，我们将在 4.1.2 小节对这些绘图参数加以介绍。该函数的部分参数及其默认值见表 4-1。

表 4-1　plot ( )函数的参数及其默认值

参数名	默认值	说明
type	"p"	指定绘图的类型，包括如下字符： "p"——只画点，不连线； "l"——只连线，不画点； "b"——既画点，也连线； "c"——只画出"b"中的直线部分； "o"——"b"中点和线的叠加绘制； "h"——以垂直线形式绘制直方图； "s"——阶梯状连线，先连接水平方向，再交替连接垂直方向； "S"——阶梯状连线，先连接垂直方向，再连接水平方向； "n"——不绘制图形
main	NULL	绘图的主标题
sub	NULL	绘图的副标题
xlab	—	*x* 坐标轴（简称 *x* 轴）标签
ylab	—	*y* 坐标轴（简称 *y* 轴）标签
asp	—	*y/x* 数轴的高宽比

我们先看一个使用 plot ( )函数的简单示例。示例 4-1 使用 plot( )函数的默认参数为一组随机生成的数据绘制散点图，执行代码的结果如图 4-1 所示。

示例 4-1　使用 plot ( )函数绘制简单的散点图。

```
set.seed(1)                          #设置随机种子
x <- rnorm(100)                      #生成 100 个标准正态分布的数值
y <- x + rnorm(100)                  #y 是 x 与随机噪声的叠加结果
plot(x, y, main = "散点图")          #默认参数：绘制点及指定主标题
```

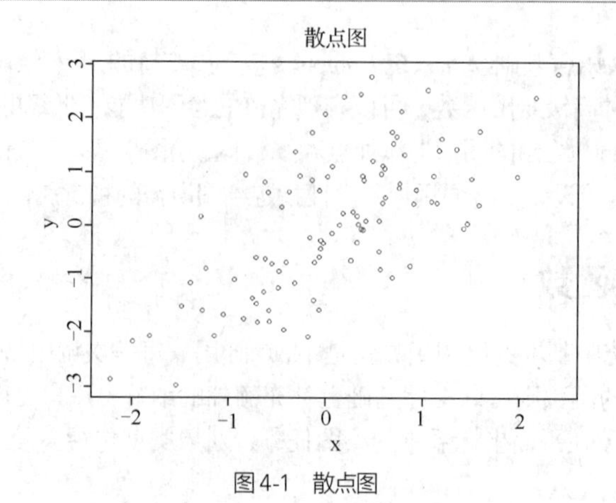

图 4-1　散点图

由于函数 plot ( )是一个泛型函数，因此当输入的对象属于不同类时可以有不同的实现方法。我们可以调用 methods ( )函数来了解 plot( )针对不同对象的具体实现方法。

```
> methods(plot)
 [1] plot.acf*           plot.data.frame*    plot.decomposed.ts*
 [4] plot.default        plot.dendrogram*    plot.density*
 [7] plot.ecdf           plot.factor*        plot.formula*
[10] plot.function       plot.hclust*        plot.histogram*
[13] plot.HoltWinters*   plot.isoreg*        plot.lm*
[16] plot.medpolish*     plot.mlm*           plot.ppr*
[19] plot.prcomp*        plot.princomp*      plot.profile.nls*
[22] plot.raster*        plot.spec*          plot.stepfun
[25] plot.stl*           plot.table*         plot.ts
[28] plot.tskernel*      plot.TukeyHSD*
see '?methods' for accessing help and source code
```

本书无法对 plot ( )的具体实现详加讲解，有兴趣的读者可以使用 R 的帮助系统查阅相关文档。对象所属的类决定了将用到的实现，而不同的实现方法还可以具有不同的参数形式。在调用时，函数 plot ( )先根据对象所属的类自动匹配具体的方法，再去解释输入参数的含义。例如，绘制函数在区间[from,to]上的曲线时，plot ( )会调用针对函数类的实现形式 curve ( )，所使用的参数形式如下：

```
curve(expr, from, to, xlim, xname, xlab, ylab, …)
```

表 4-2 列出了该函数的参数及其默认值。

表 4-2 curve( )函数的参数及其默认值

参数名	默认值	说明
expr	—	函数名或写成 x 函数形式的调用与表达式。计算结果为与 x 长度相同的对象
From、to	y、1	绘图时使用的自变量范围
Xname	"x"	给出 *x* 轴标签的字符串
Xlim	NULL	NULL 或一个长度为 2 的数值型向量，选择绘图 *x* 坐标的范围
Xlab、ylab	Xname、NULL	表示 *x*、*y* 轴标签的字符型向量

示例 4-2 展示了绘制区间 $[-2\pi, 2\pi]$ 中 sin 函数的代码，所绘制的函数曲线如图 4-2 所示。

示例 4-2 绘制区间 $[-2\pi, 2\pi]$ 中 sin 函数。

```
#绘制 sin 函数在区间[-2*pi,2*pi]的图形，指定 y 轴标签为 sin
plot(sin, -2*pi, 2*pi, ylab = "sin")
```

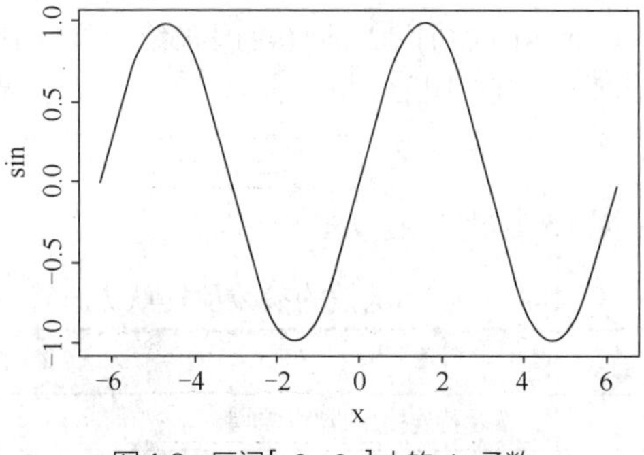

图 4-2 区间 $[-2\pi, 2\pi]$ 中的 sin 函数

从图 4-1 和图 4-2 中我们可以看到，plot( )函数绘制的图形区域中包括以下几个主要组成部分：由 *x-y* 坐标轴表示的平面坐标系、由刻度线和其标注表示的比例尺、由方框表示的面板边界，以及区域内

用点或线等几何元素表示的数据。选择不同的数据对象，设置相应的参数，用户可以凭借 plot()函数来完成很多满足实际场景中可视化任务需求的图形。

作为 R 语言基础包中的基本绘图函数，plot()可以用于设置并打开绘图所用的画布：创建一个新的绘图区域、指定其边框形式、设置数据的坐标范围，而把后续的工作则交给其他低级的函数去完成。在调用 plot()时，可以通过绘图参数来选择不绘制实际的几何元素（令 type ="n"）、不显示比例尺和数轴刻度（令 xaxt ="n"，yaxt ="n"，参数的设置方法与含义在 4.1.2 小节中会详细讨论）、不显示数轴标签（令 xlab ="", ylab =""），甚至不显示绘图框（令 bty = "n"）。R 基础绘图系统中的函数 points()和 lines()可以在 plot()打开的绘图窗口中分别添加点和线，绘制实际的数据对象。

函数 points()用于在指定的坐标系上绘制一系列点，其调用形式如下：

```
points(x, y, type, …)
```

该函数的参数及其默认值见表 4-3。

表 4-3　points()函数的参数及其默认值

参数名	默认值	说明
x	—	待绘制点的 *x* 坐标向量
y	NULL	待绘制点的 *y* 坐标向量。如果未赋值，x 将被视为序列值处理，对应于纵轴，横轴用于表示序列的索引
type	"p"	表示绘图类型的字符，与 plot()函数中参数一致

我们通过示例 4-3 和示例 4-4 来说明高级绘图函数 plot()和低级绘图函数的关系。示例 4-3 中的代码首先使用 plot()函数打开画布，再调用 points()函数添加数据点，以生成与图 4-1 类似的图形。

示例 4-3　使用 plot()和 points()函数绘制图 4-1 中的图形。

```
set.seed(1)                              #设置随机种子
x <- rnorm(100)                          #生成 100 个标准正态分布的数值
y <- x + rnorm(100)                      #y 是 x 与随机噪声的叠加结果
#打开绘图窗口，不绘制任何对象，设定 x-y 轴变量域与值域，指定 x-y 轴标签与主标题
plot(0, type = "n",
     xlim = c(-2.5, 2.5), ylim = c(-3, 3),
     xlab = "x", ylab = "y",
     main = "散点图")
#使用默认参数完成绘点任务
points(x, y)
```

与 points()函数的作用相似，lines()也可以在 plot()创建的绘图窗口中完成细节的添加。函数 lines()把给定的坐标的点用线段连接起来，其调用形式如下：

```
lines(x, y, type, …)
```

表 4-4 中列出了该函数的参数及其默认值。

表 4-4　lines()函数的参数及其默认值

参数名	默认值	说明
x、y	—	表示待连接点的坐标向量
type	"l"	表示绘图类型的字符，与 plot()函数中的参数一致

示例 4-4 中的代码首先使用 plot()函数打开画布，再调用 lines ()函数连接数据点，以生成与图 4-2 效果一致的图形。读者可以运行示例 4-4 的代码验证绘图效果。

示例4-4 使用plot( )和lines( )函数绘制图4-2中的图形。

```
x <- seq(-2*pi, 2*pi, 0.01)                #设置自变量取值范围，间隔0.01
y <- sin(x)                                #取sin函数值
#打开绘图窗口，不绘制任何对象，设定x-y轴变量域与值域，指定x-y轴标签
plot(0, type = "n",
     xlim = c(-2*pi, 2*pi), ylim = c(-1, 1),
     xlab = "x", ylab = "sin")
#使用默认参数完成连线任务
lines(x, y)
```

4.1.2 参数查询与设置函数——par( )函数

绘图参数可以用于改变图形的形式和风格。用户在使用R语言中base包提供的绘图工具时，有两种绘图参数设置方法：既可以用作为函数输入的命名参数的tag = value形式来指定本次绘图所使用的参数值（例如，在生成图4-2时指定了ylab = "sin"），也可针对大部分参数使用函数par ( )来实现全局设定（例如“mfcol”和“mfrow”只能用par( )设置）。需要注意的是，前一种方法仅改变所调用函数使用到的参数值，而后一种方法改变的参数值默认为适用于所有的后续绘图，直到再次使用par ( )修改参数。

与R语言中很多函数相似，由于不同的参数形式决定了函数的实现方法，函数par ( )可以用于查询或设置全局绘图参数。在设置参数时，需要将参数指定为tag =value的形式，或者组成一个带标签值的列表传递给par ( )。在查询参数时，则需要通过向par( )提供一个字符型的参数标签名称或包括多个参数名的字符型向量。其中，标签必须来自R语言规定的图形参数名称。示例4-5包含一些使用par( )函数查看绘图参数值的具体方法。

示例4-5 使用par ( )函数查看绘图参数值。

```
> par("fg")                                #查看参数fg的值
[1] "black"
> par(c("fig", "cex"))                     #以向量形式查看多个参数
$fig
[1] 0 1 0 1

$cex
[1] 1
```

当用户调用par ( )不使用输入参数或以par (no.readonly = TRUE)形式执行命令时，可以查看所有绘图参数的当前值。限于篇幅，下面只显示出部分的参数值。

```
> par()
$xlog
[1] FALSE

$ylog
[1] FALSE

$adj
[1] 0.5

$ann
[1] TRUE

$ask
```

```
[1] FALSE

$bg
[1] "transparent"

$bty
[1] "o"

$cex
[1] 1

$cex.axis
[1] 1

$cex.lab
[1] 1

$cex.main
[1] 1.2

$cex.sub
[1] 1

$cin
[1] 0.15 0.20

$col
[1] "black"

$col.axis
[1] "black"
```

表 4-5 中列出的只是 R 语言 base 包中主要绘图参数的默认值与说明，用户可以在 R 的帮助系统中查看其他参数的含义。

表 4-5　R 语言 base 包中主要的绘图参数

参数名	默认值	说明
adj	0.5	参数值决定了文本字符串在 text、mtext 和 title 中的对齐方式。0 表示左对齐、0.5 表示居中、1 表示右对齐。输入 adj = c(x, y)可在 x 和 y 方向上进行不同的调整
ann	TRUE	设置为 FALSE 时，绘图中不生成轴标题和总体标题
bg	—	用于设置设备区域背景的颜色。很多设备的初始值是由设备的 bg 参数设置的，其他设备一般默认设置为“white”
bty	"o"	用于设置绘图框类型的字符串。取值为“n”时将不显示绘图框
cex	1	表示绘图文本和符号对默认值的放大系数
cex.axis、cex.lab、cex.main、cex.sub	—	分别表示相对于 cex 的当前设置，用于轴注释、x-y 轴标签、标题、副标题的放大倍数
col	"black"	默认绘图颜色的规格
col.axis、col.lab、col.main、col.sub	"black"	用于指定轴注释、x-y 轴标签、标题、副标题的颜色
din	—	只读参数，以英寸为单位的设备显示区域的尺寸，即宽和高
family	""	用于设置绘制文本的字体族的名称。默认值使用默认的设备字体。标准值是"serif"、"sans"和"mono"

续表

参数名	默认值	说明
fg	"black"	用于设置绘图使用的前景颜色，即图形周围的边框和轴的默认颜色。调用 par( ) 来设置这一参数时，也会将参数 col 设置为相同的值。如果设备不含设置初始值的参数，则默认值为"black"
fig	—	形式为 c(x1, x2, y1, y2)的数值型向量，表示设备显示区域中图形区域的坐标
fin	—	表示以英寸为单位的图形区域的大小，即宽和高。设置完成后，在新绘制的图形中生效
font	1	用于指定文本使用字体代码的整型数。一般地，1 对应普通字体，2 对应粗体，3 对应斜体，4 对应粗斜体，5 对应符号
font.axis、font.lab、font.main、font.sub	—	分别用于数轴注释、*x-y* 轴标签、主标题、副标题的字体
las	0	在{0,1,2,3}中的数字，表示数轴标签的样式。0 表示平行于轴线，1 表示水平方向，2 表示垂直于轴线，3 表示垂直方向
lty	1	线型，可以是整数 0 = blank，1 = solid，2 = dashed，3 = dotted，4 = dotdash, 5 = longdash，6 = twodash，也可以直接用"blank"、"solid"、"dash "、"dot "、"longdash"或"twodash"，其中"blank"表示不画线
lwd	1	表示线宽的正数，其含义与设备相关，有些设备不能实现小于 1 的线宽
mai	—	格式为 c(bottom，left, top, right)的数值型向量，以英寸为单位给出绘图区域到设备显示边界的下、左、上、右边距大小
mar	c(5, 4, 4, 2) + 0.1	格式为 c(bottom, left, top, right)的数值型向量，以行为单位给出绘图区域到设备显示边界的下、左、上、右边距大小
mfcol, mfrow	c (1, 1)	形式为 c(nr, nc)的向量，随后图形将分别按列（mfcol）或行（mfrow）在设备以 nr×nc 形式绘制在一起。在多行多列的布局中，“cex”的基本值会相应减少
pch	1	指定作为绘图点默认值的符号的一个整数或单个字符
pin	—	以英寸为单位的当前绘图的大小，即宽和高
plt	—	形式为 c(x1, x2, y1, y2)的向量，以当前图形区域的占比来表示绘图区域的坐标区域
pty	—	指定要使用的绘图区域类型的字符，“s”生成一个正方形绘图区域，“m”生成最大绘图区域
tck	NA	以绘图区域的宽度或高度中较小一个的比例表示的刻度线长度
tcl	−0.5	以占一行文本的高度的比例表示的刻度线长度
Xaxt、yxat	"s"	指定 *x*、*y* 轴类型的字符。指定为“n”时不会绘制数轴
Xlog、ylog	FALSE	指定是否使用对数刻度的逻辑值。如果为 TRUE，则使用对数刻度。默认为 FALSE，即线性刻度

在示例 4-6 中，我们分别使用 par( )函数和 plot( )函数设置不同的绘图参数，绘制的 sin 函数图形如图 4-3 所示。读者可以将图 4-3 与图 4-2 进行比较，分析绘图参数所起的作用。

示例 4-6 使用 par( )和 plot( )函数设置绘图参数。

```
#设置背景色为"whitesmoke"
par(bg = "whitesmoke")
#绘制 sin 函数在区间内的图像，使用颜色为"red"，线宽为 2，字库为"mono"
plot(sin, -2*pi, 2*pi, lwd = 2, family = "mono", col = "red")
```

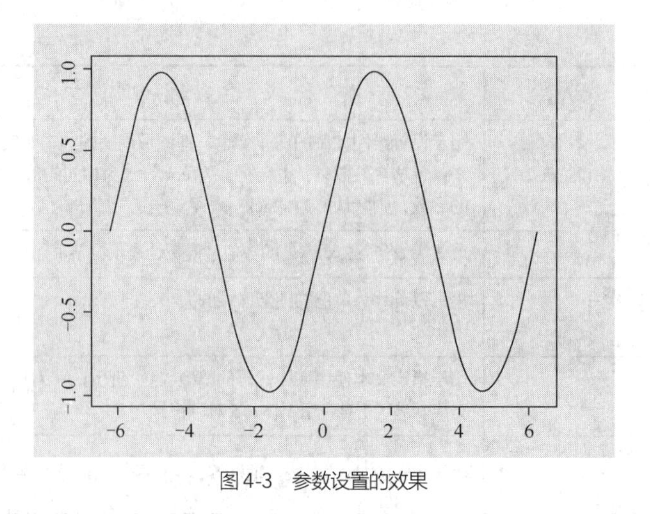

图4-3　参数设置的效果

4.2 绘图布局

本节将介绍设置绘图布局的主要方法，包括如何安排绘图窗口、指定绘图区域、选择子图数量和排列方式，以及设计数轴的形式。

4.2.1 绘图窗口及绘图区域

在绘图之前，用户应该首先深入理解可视化的对象，即数据的性质、规划可视化的目标、选择可视化的形式，然后合理安排绘图的布局。布局时需要考虑的主要因素包括绘图窗口、绘图区域、坐标系和比例尺的安排。表4-5中的参数设置方法支持用户灵活地调整绘图的布局和外观。

1．绘图窗口

在执行plot()、boxplot()等高级绘图命令来创建新图形时，新的绘图会覆盖以前生成的图形。但是，一些实际的工作任务，如进行数据的分析与比较，往往要求用户同时保留若干个绘图窗口来仔细观察对比。如果希望避免对已有图形的覆盖，用户需要在创建新图形之前打开一个新的绘图窗口。若要打开一个新的绘图窗口，就需要根据平台的不同选择执行不同的命令（见表4-6）。

表4-6　打开新绘图窗口的命令

平台类型	命令
Windows	windows()
macOS	Quartz()
UNIX	X11()

2．绘图区域

绘图区域占据了绘图窗口的主要部分，但并不是全部，因为绘图区域周围还存在宽度可以调整的边缘区域。如果想在绘图窗口中改变绘图区域的大小，用户可以使用两种方式：第一种方式是可以通过改变边界的设置来指定绘图区域与绘图窗口的关系；第二种方式是可以直接设置绘图的尺寸。

表 4-5 中的参数 mar 以行数为单位指定绘图的边界大小，默认值是 mar = c (5, 4, 4, 2) + 0.1，这些数字分别表示底部、左侧、顶部和右侧的边界宽度。读者如果要尝试改变参数默认值，可以参考示例 4-7 中的代码，并对执行结果进行比较。

示例 4-7 改变绘图区域的边界设置。

```
x <- 1:10
windows()                                          #打开新的绘图窗口
par(mar = c(2, 2, 2, 2))                           #设置边界宽度
plot (x, type = "l", xlab = "", ylab = "")         #绘制直线
windows()                                          #打开新的绘图窗口
par(mar = c(10, 10, 10, 10))                       #设置边界宽度
plot(x, type = "l", xlab = "", ylab = "")          #绘制直线
windows()                                          #打开新的绘图窗口
par(mar = c(2, 4, 6, 8))                           #设置边界宽度
plot(x, type = "l", xlab = "", ylab = "")          #绘制直线
```

参数 mai 的作用和设置方法与 mar 相似，区别在于 mai 使用的单位是英寸。另一个参数 pin 也是以英寸为单位，但是它设置的是绘图的绝对大小，参数的输入形式是一个表示宽度和高度的向量。读者可以改变下面代码中 pin = c (5, 2)里的数字来比较画幅尺寸的作用。

```
windows()
par(pin = c(5, 2))
plot(x, type = "l", xlab = "", ylab = "")
```

表 4-5 中给出的参数 fig 可以让用户精确地控制图形在绘图区域中的位置。用户在设置 fig 时需要提供标准化形式的坐标 fig = c (x1, x2, y1, y2)。默认的绘图区域是 c (0,1,0,1)，即左下角坐标是(x1, y1) = (0,0)，右上角坐标则是(x2, y2) = (1,1)。设置 fig 的数值可改变图形占绘图区域的百分比，用户可以选择合适的数值以获得最佳的绘图效果。

4.2.2 子图

在一幅图中可以安排多个子图，用户可以用图形参数 mfrow 或 mfcol 来指定所需的子图数量。采用形式为 mfrow = c(m, n)的输入，可以将待绘制的图形划分成 $m \times n$ 个子图。例如，如果需要并排绘制两个子图，可以令 m = 1 和 n = 2。示例 4-8 中设置了 2 行 3 列的子图布局并以不同的连线方式绘图，其代码的执行结果如图 4-4 所示。

示例 4-8 设置 2 行 3 列布局并绘制子图。

```
oldpar <- par("mfrow")                             #保存原来的参数
#设置子图为 2 行 3 列布局，mfcol = c(2, 3)的效果与mfcow = c(2, 3)相似，但是子图将按列排列
par(mfrow = c(2, 3))
set.seed(1)
M <- matrix(rnorm(180), nrow = 6)                  #生成随机矩阵
t <- c("h", "o", "l", "c", "s", "S")               #设置绘图类型
#以矩阵每一行为数据绘制子图
sapply(1:6, function(i) plot(M[i,], type = t[i], lwd = 2,
main = t[i], cex.main = 2))
par(mfrow =  oldpar)                               #恢复原有参数
```

图 4-4 以多幅子图的形式展示了不同类型连线方式的绘图效果，读者可以方便地比较这些连线方式的差异。

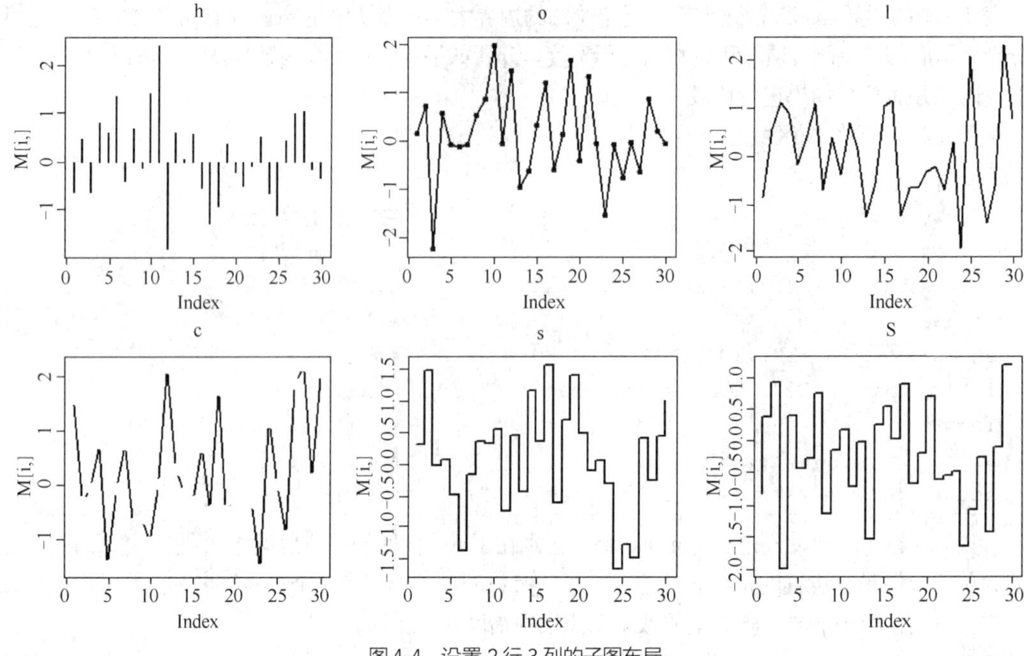

图 4-4　设置 2 行 3 列的子图布局

4.2.3 数轴

在使用 plot()绘图时，除非专门指定，*x-y* 坐标轴被默认地置于边框的底部和左侧，取值范围依据数据而定，轴的标签与刻度线也由系统决定。用户可以根据需要，使用自定义的绘图参数值设计并绘制数轴和刻度线，甚至添加指定的文字附注。

首先来看数轴的属性，在绘图参数中，xlim 和 ylim 可用于设置数轴的取值范围，xlab 和 ylab 可用于自定义数轴的标签；当 axes = FALSE 时，绘图中不显示数轴。一般情况下，绘图使用的是线性刻度间距的比例尺，用户可以按需要把 x 轴或 y 轴设置成对数比例尺。示例 4-9 使用 plot()函数的参数自定义数轴属性，并绘制子图进行比较，其代码的执行结果如图 4-5 所示。

示例 4-9　使用 plot()函数的参数实现自定义数轴。

```
oldpar <- par("mfrow")                          #保存原有参数
par(mfrow = c(3, 2))                            #按 3 行 2 列排列子图
x <- 1:100
myCol <- rgb(0.25, 0.5, 0.75, 0.9)              #自定义颜色
#默认数轴，因为只提供了一个输入向量，y 轴标签默认使用输入向量的名称，x 轴使用 index
plot(log(x), type = "l", lwd = 2, col = myCol)
#调整数轴范围
plot(log(x), type = "l", lwd = 2, col = myCol, ylim = c(0, 10))
#指定数组的标签
plot(log(x), type = "l", lwd = 2, col = myCol, xlab = "x",
     ylab = "f(x) = log(x)")
#不绘制数轴
plot(log(x), type = "l", lwd = 2, col = myCol, axes = FALSE)
#不绘制边框，取消数轴附注
plot(log(x), type = "l", lwd = 2, col = myCol, bty = "n", ann = FALSE)
#x 轴使用对数比例尺，对数函数表示为直线
plot(log(x), type = "l", lwd = 2, col = myCol, log = 'x')
par(mfrow = oldpar)                             #恢复原有的参数
```

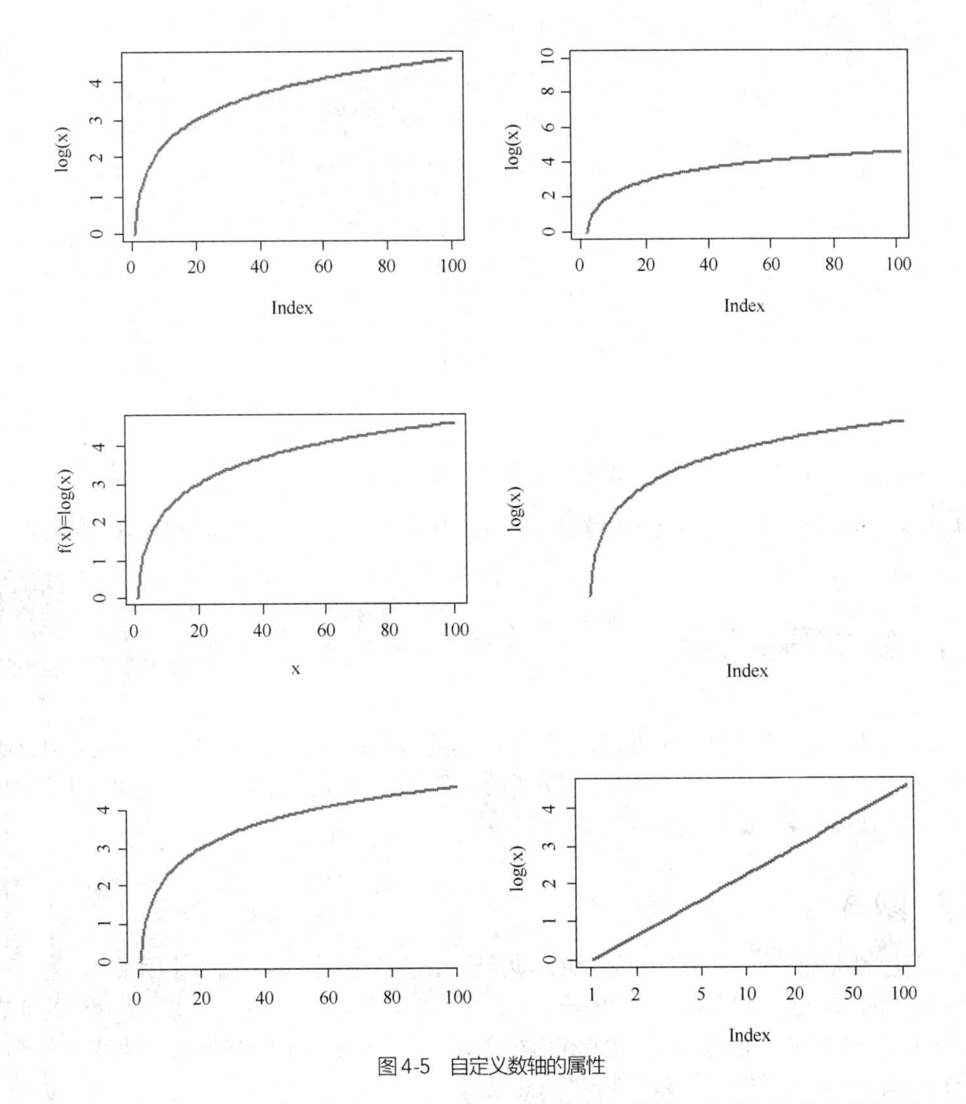

图 4-5 自定义数轴的属性

R 语言基础绘图系统中的函数 axis ()可以在当前图形中添加数轴，允许用户指定数轴所在的边侧、位置、标签、刻度线和其他选项。不同于示例 4-9 中通过 plot ()函数的参数设置实现自定义数轴，示例 4-10 中的代码使用 axis ()函数添加数轴，其执行结果如图 4-6 所示。

示例 4-10 使用 axis ( )函数添加数轴。

```
#创建标准正态分布随机值作为 x 向量
x <- rnorm(8)
#不绘制边框和数轴
plot(1:8, x, type = "S", xaxt = "n", yaxt = "n", frame.plot = FALSE,
ann = FALSE, col = "red")
#底部数轴
axis(1, 1:8, LETTERS[1:8], col.axis = "blue", lwd.ticks = 1.5)
#左侧数轴，指定刻度的位置和标签
axis(2, at = c(min(x), mean(x), max(x)), labels = c("min", "mean", "max"),
las = 1)
#顶部数轴，不画刻度线，只列出标签
axis(3, col.axis = "coral", cex.axis = 0.75, tick = FALSE)
#右侧数轴
axis(4, col = "violet", col.axis = "dark violet", lwd = 2)
```

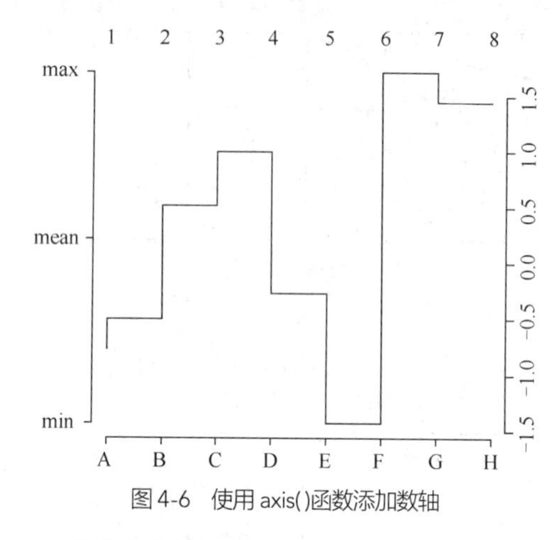

图 4-6　使用 axis()函数添加数轴

从图 4-6 中可以看出，axis()允许细粒度的控制，让用户灵活地安排数轴的布置以满足需要。

4.3 视觉属性调整

本节将介绍视觉属性调整用到的主要参数形式。数据对象的视觉属性对于实现可视化目标起到了关键性的作用，一般来说，它们可以用于划分不同数据所属的类别，实现从视觉感知到数值的映射，或者凸显某些成员的重要性。

4.3.1 颜色

人对颜色的认知是一个复杂的研究对象，涉及感知过程、经验和语言等众多因素。不过，对于数据分析师和程序员来说，则无须深入理解美学、人文、交叉科学关于颜色视觉和颜色理论的细节，只需要掌握 R 自带的处理颜色的工具，就能利用好提供了预定义调色板（根据抽象原则或个人偏好，以某种方式归属在一起的颜色集合或序列）的软件包。

R 语言程序设计中可以用不同的方式指定用于绘图和附注文字的颜色：用户既可以使用不同的颜色名称，也可以使用颜色的 HEX、HCL 和 RGB 编码值，或者选择 R 中内置的调色板。很多函数支持通过设置图形参数 col 的值来实现不同的绘图视觉效果。

使用 colors()函数可以列出当前 R 语言版本支持的所有带命名的颜色。R 4.2.1 中共计有 657 种颜色。下面就是显示颜色名称的示例，限于篇幅，这里只列出了执行结果的前 27 个。

```
> colors()
 [1] "white"            "aliceblue"        "antiquewhite"
 [4] "antiquewhite1"    "antiquewhite2"    "antiquewhite3"
 [7] "antiquewhite4"    "aquamarine"       "aquamarine1"
[10] "aquamarine2"      "aquamarine3"      "aquamarine4"
[13] "azure"            "azure1"           "azure2"
[16] "azure3"           "azure4"           "beige"
[19] "bisque"           "bisque1"          "bisque2"
[22] "bisque3"          "bisque4"          "black"
[25] "blanchedalmond"   "blue"             "blue1"
```

在上面显示的颜色向量中，第一个元素就是 white，白色。用户可以使用代表颜色的字符串指定颜色，也可以通过上面返回的向量索引为图形元素上色。例如，colors()[13]与"azure"等价。在示例 4-11

中，我们用 colors( )的前 16 种颜色填充长方格，并在其左侧显示颜色的名称，结果如图 4-7 所示。

示例 4-11 使用 colors( )的前 16 种颜色填充长方格。

```
plot(0, 0, type = "n", xlim = c(0, 3.5), ylim = c(0, 18), axes = FALSE,
     xlab = "", ylab = "" )
rect(rep(1, 16), rev(1:16), rep(3, 16), rev(2:17), col = colors(16),
     border ="grey")
sapply(1:16, function(i) text (0.25, 18 - i - 0.25, colors()[i], adj = 0))
```

从图 4-7 可以看出 R 语言所支持的颜色名称与对应的颜色。

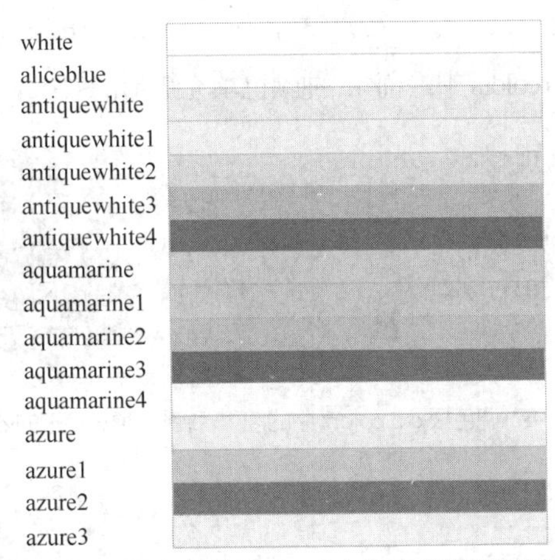

图 4-7 使用 R 语言支持的 colors( )中前 16 种颜色填充长方格

除使用颜色名称和数字索引外，R 语言还支持直接用 RGB、HSV 和 HCL 等形式的编码值来定义范围更广泛的颜色。这些编码可以在不同系统上传输和显示相同的颜色，但是有一些特性（如透明度）可能依赖于设备。以 RGB 编码为例，在使用红、绿、蓝来定义新颜色时，我们将待定义的颜色表达为#RRGGBB 的 6 个十六进制数字，其中 RR 为红色，GG 为绿色，BB 为蓝色，3 种颜色的取值范围均为 00～FF。例如，#FF0000 代表红色，#00FF00 代表绿色，#0000FF 代表蓝色，而#FFFFFF 则代表白色，#000000 代表黑色。

R 语言基础绘图系统中的函数 rgb( )允许用户输入 0～1 的数值来指定红色、绿色和蓝色的成分以及透明度，自定义这些成分可混合得到的新颜色。调用该函数返回对应于输入向量的十六进制编码。示例 4-12 展示了如何查看自定义颜色的编码。

示例 4-12 查看自定义颜色的编码。

```
> rgb(1, 0.5, 0, 0.8)                    #设置 red、green、blue、alpha 的比例
[1] "#FF8000CC"
```

R 系统提供了几个内置调色板，可以用来快速创建所需长度的颜色向量。这些调色板包括 rainbow( )、heat.colors( )、terrain.colors( )、topo.colors( )和 cm.colors( )。下面的代码显示 rainbow( )中的前 8 个值。

```
> rainbow(8)
[1] "#FF0000" "#FFBF00" "#80FF00" "#00FF40" "#00FFFF" "#0040FF" "#8000FF"
[8] "#FF00BF"
```

使用函数 palette ( )可以查看和设置调色板。下面的代码列出了当前调色板中的颜色编码。

```
> palette()                                 #显示当前调色板中的颜色
[1] "black"   "#DF536B" "#61D04F" "#2297E6" "#28E2E5" "#CD0BBC" "#F5C710"
[8] "gray62"
```

注意上面的编码包含 8 位十六进制数。最后两位数字表示透明度级别，FF 表示不透明，而 00 表示完全透明。使用这一调色板时，设置 col = 1 就代表了黑色。调色板序列中的索引也可以用于指定相应的颜色，示例 4-13 绘制矩形并使用 cm.colors 中的颜色填色，其代码的执行结果如图 4-8 所示。

示例 4-13 绘制矩形并使用 cm.colors 中的颜色填色。

```
#打开绘图区域，不绘制坐标轴
plot(0, 0, type = "n", xlim = c(0, 17), ylim = c(0, 5), axes = FALSE,
xlab = "", ylab = "" )
#在绘图中添加矩形，用 cm.colors 填充
rect(1:15, rep(1, 15), 2:16, rep(5, 15), col = cm.colors(15), border = "lightgrey")
```

图 4-8 展示了用调色板 cm.colors 中的前 15 种颜色填充矩形的效果。

图 4-8　调色板 cm.colors 中的前 15 种颜色填充矩形的效果

4.3.2 点

用户可以用符号表示绘图所使用的点。从表 4-5 中可知，通过设置不同的 pch 参数值，用户指定了表示绘图点的符号类型（目前的 R 版本没有实现编号 26～31 的 pch 值）。示例 4-14 中的代码表示了符号形式与 pch 参数值的对应关系，执行结果如图 4-9 所示。

示例 4-14 符号形式与 pch 参数值的对应关系。

```
#重复 5 次：5、10、15、20、25，循环生成 x 坐标
x <- rep(seq(5, 25, 5), 5)
#使用函数将输入值重复 5 次，对 25、20、15、10、5 运用函数生成 y 坐标
y <- c(sapply(seq(25, 5, -5), function(i) rep(i, 5)))
#绘图时使用不同的符号来绘制点，不画边框，不画数轴，不标注数轴，x 轴边界外扩
plot(x, y, pch = 1:25, cex = 2.5, col = "blue", bty = "n",
xaxt = "n", yaxt = "n", ann = FALSE, lwd = 2, xlim = c(3, 27))
#在对应的符号前标准编号
text(x - 2, y, 1:25, col = "blue3")
```

图 4-9 展示了编号 1～25 的符号形式。

1 ○　2 △　3 +　4 ×　5 ◇

6 ▽　7 ⊠　8 ✳　9 ⊕　10 ⊕

11 ✡　12 ⊞　13 ⊠　14 ⊠　15 ■

16 ●　17 ▲　18 ◆　19 ●　20 •

21 ○　22 □　23 ◇　24 △　25 ▽

图 4-9　用于绘制点的符号

在图4-9所示的符号中，符号21～25具有特别的用途：可以指定其背景色和边界的宽度来实现点的填充效果。示例4-15中的代码展示了符号21～25的填充效果，执行结果如图4-10所示。

示例4-15 符号21～25的填充效果。

```
#重复5次：5、10、15、20、25 ，循环生成x坐标
x <- rep(seq(5, 25, 5), 5)
#使用函数将输入值重复5次，对25、20、15、10、5运用函数生成y坐标
y <- c(sapply(seq(25, 5, -5), function(i) rep(i, 5)))
plot(x, y, pch = 21:25, cex = 4, xaxt = "n", yaxt = "n", lwd = 4, bty = "n",
    ann = FALSE, xlim = c(3, 27), ylim = c(3, 27), bg = 1:25, col = "sienna")
text(x - 2, y, rep(21:25, 5))
```

图4-10展示了用带背景色的符号21～25的效果。

图4-10　符号21～25的填充效果

4.3.3 线

R基础绘图系统中的两个函数lines()和abline()都可以在现有绘图中添加线：前者用线段连接输入坐标向量指定的点，后者绘制用斜率和截距作为参数表示的直线。用户在调用plot()绘图时，如果选择了type="l"，或者"b"、"c"、"o"中的一个，相邻的点也会用线段连接起来。表4-5中列出的参数lty和lwd可以用来指定绘图使用的线型和线宽。

示例4-16以plot()为例展示了如何设置参数改变线型和线宽，其代码的执行结果如图4-11所示。

示例4-16 设置参数改变线型和线宽。

```
x <- 1:5                                  #设置x坐标
y <- c(4,2,3,6,5)                         #设置y坐标
#设置线型2、线宽2，使用类型"o"绘制线图
plot(x, y, pch = 21, cex = 5, bg = "lightblue", col = "blue", lty = 2, lwd = 2,
type = "o")
```

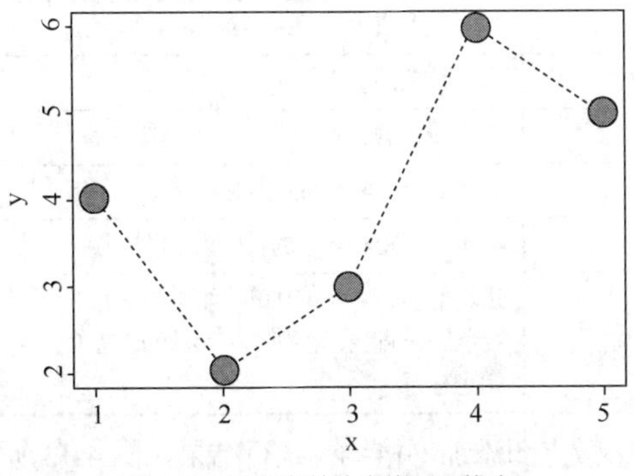

图4-11　设置参数改变线型和线宽

函数 matplot ()将输入的两个矩阵中的列作为 *x-y* 坐标轴向量，可以在一个绘图空间中完成多个绘图任务。我们用示例 4-17 展示如何通过参数 lty 的设置来绘制 6 种线型，其代码的执行结果如图 4-12 所示。

示例 4-17 设置参数 lty 绘制 6 种线型。

```
Mx <- matrix(seq(2, 12, 2), nrow = 6, ncol = 6)                #初始化 x 矩阵
My <- matrix(1:6, byrow = TRUE,  nrow = 6, ncol = 6)           #初始化 y 矩阵
matplot(Mx, My, type = "l", lty = 1:6, lwd = 3, bty = "n",
yaxt = "n", xaxt = "n", ann = FALSE, ylim = c(0.7, 6.3))  #绘制 x、y 矩阵
text(My[,1], Mx[,1] + 0.5, 1:6)                                #添加文字标注
j <- 0
invisible(sapply(1:6, function(i) {j <<- j + 1
          text(2, i+0.2, paste("lty =", j))}))     #返回对象的（暂时）不可见的副本
```

图 4-12 中展示了这 6 种线型对应的效果。注意 matplot ()默认的颜色参数是 col = 1:6，因此在没有指定颜色的情况下，不同线型的颜色各不相同。

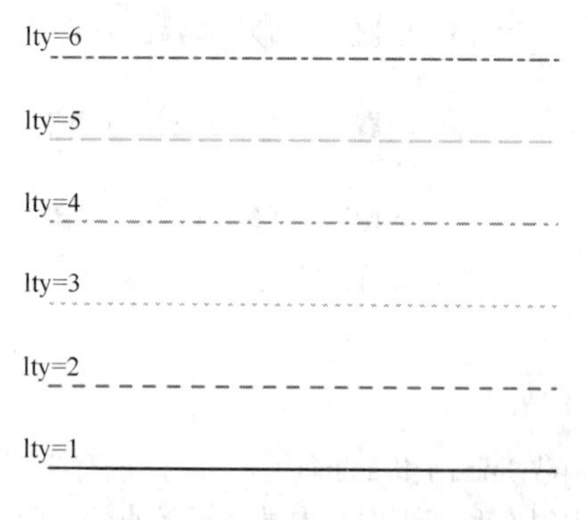

图 4-12　设置参数 lty 绘制 6 种线型

函数 abline ()可以方便地在 plot ()打开的图形区域中生成网格线。函数 abline () 区别于简单地用线段连接给定坐标点的 lines()函数，它使用参数化的方式生成给定截距和斜率的直线，或者是设置好坐标的水平线与垂直线。函数 abline ()的调用形式如下：

```
abline(a, b, h, v, reg, coef, untf, …)
```

该函数的参数及其默认值见表 4-7。

表 4-7　abline ()函数的参数及其默认值

参数名	默认值	说明
a、b	NULL	单一数值表示的截距和斜率
h	NULL	水平线条的 *y* 值
v	NULL	垂直线条的 *x* 值
reg	NULL	使用 coef( )函数的回归对象
coef	NULL	给出了截距和斜率的长度为 2 的向量
untf	FALSE	逻辑值。如果为 TRUE，且其中一个或两个轴经过了对数变换，则在原坐标系中绘制一条直线，否则在变换后的坐标系中绘制一条直线。h 和 v 参数总是参照原始坐标系

示例 4-18 中的代码为一个散点图添加网格线，执行结果如图 4-13 所示。

示例 4-18 为散点图添加网格线。

```
set.seed(430074)                                  #设置种子
x <- rnorm(100)                                   #随机向量 x
y <- x + rnorm(100)                               #随机向量 y 与 x 线性相关
#不绘制数据，设置坐标范围和数轴标签
plot(0, type = "n", xlab = "x", ylab = "y", cex.lab = 1.4, cex.axis = 1.5,
xlim = c(-4, 4), ylim = c(-4, 4))
#先画出网格线，置于图形底层，避免覆盖数据点
abline(h = -4:4, v = -4:4, lwd = 2.5, lty = 2, col = "grey50")
#最后绘制数据点
points(x, y, pch = 16, cex = 2, col = rgb(0.2, 0.3, 0.6, 0.8))
#添加标题
title(main = "添加网格线", cex.main = 1.8)
```

图 4-13 展示了生成的网格线效果。

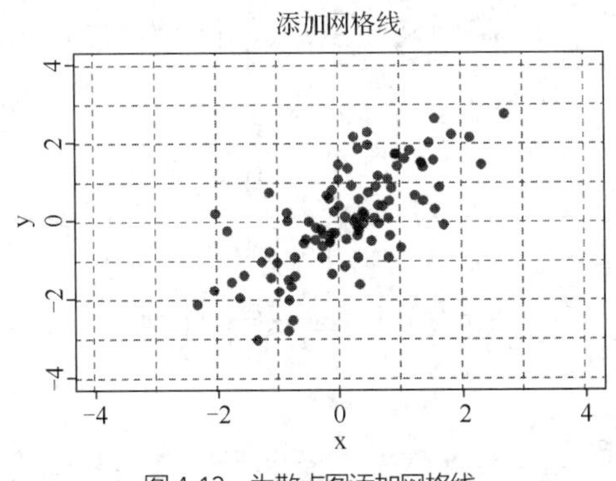

图 4-13 为散点图添加网格线

4.3.4 文字

用户可以在 plot()绘制的图形中指定文字的字体、大小、字库等属性。关于文字的选项适用于图形的标题、副标题、数轴的标签与附注。表 4-5 中与文字选项有关的参数包括以下几种：font 用整数来设置字体，如 1 表示普通字体、2 表示粗体、3 表示斜体等；font.axis、font.lab、font.main 和 font.sub 可以用于数轴的附注、数轴的标签、主标题和副标题等；参数 ps 用于设置描绘文字的点的大小，文字大小等于 ps×cex；family 是设置字库的字符串，包括“serif”“sans”“mono”“symbol”等几种标准的字库的名称。

在 Windows 操作系统中，可以使用不带参数的命令 windowsFonts()来查看当前 R 可以使用的字库。

```
> windowsFonts()
$serif
[1] "TT Times New Roman"

$sans
[1] "TT Arial"

$mono
[1] "TT Courier New"
```

示例 4-19 是一个对标题、数轴标签和文本内容设置文字字体和大小的简单例子，其代码的执行结果如图 4-14 所示。

示例 4-19 设置文字字体和大小。

```
#只绘制边框
plot(0, 0, type = "n", xaxt = "n", yaxt = "n", xlab = "x 轴标签", ylab = "y 轴标签", main = "主标题-宋体", sub = "副标题-斜体", cex.main = 2, cex.sub = 1.2,
     font.main = 2, font.sub = 3, xlim = c(0,10), ylim = c(0,10))
#在图中添加文字内容
text(5, 5, "在这里添加文字", col = rgb(0.75, 0.25, 0.25, 0.8),
     family = "serif", cex = 5)
```

除非特别设定，R 语言中默认的中文字体是宋体，英文字体是 Arial。

主标题-宋体

在这里添加文字

y轴标签

x轴标签

副标题-斜体

图 4-14 文字字体与大小设置

4.4 文字标注

文字标注

本节将介绍使用文字标注的方法。作为图形的重要组成部分，各种标注可被用来简洁明了地说明数据与视觉对象的关系。

4.4.1 字符型标注

除了前面介绍 plot ()或 axis ()函数中定义标注的方法，函数 title ()也可以用于设置标题、副标题、与 *x-y* 轴标签。该函数的这 4 个主要参数必须是字符或表达式类型，可以用作大多数高级绘图函数的参数。title ()的调用形式如下：

```
title(main, sub, xlab, ylab,line,outer, …)
```

该函数的参数及其默认值见表 4-8。

表 4-8 title ()函数的参数及其默认值

参数名	默认值	说明
main	NULL	主标题（位于绘图顶部），还可以设置字体、大小和颜色
sub	NULL	副标题（位于绘图底部），还可以设置字体、大小和颜色
xlab、ylab	NULL	*x-y* 轴的标签，可以设置字体、大小和颜色
line	NA	为 line 指定的值将覆盖标签的默认位置，并将标签从绘图边缘向外移动给定行数放置
outer	FALSE	逻辑值。如果为 TRUE，标题就放在绘图的外侧边缘

与 title()不同，text()函数可以在绘图的指定坐标位置绘制字符串或表达式，因此该函数是一种给绘图内容添加标注的更加灵活的方式。text ()的调用方式如下：

```
text(x, y, labels, adj, pos, offset, vfont, cex, col, font, ...)
```

该函数的参数及其默认值见表 4-9。

表 4-9 text ()函数的参数及其默认值

参数名	默认值	说明
x、y	—	表示文本标签待写入的坐标的数值向量。如果 x 和 y 的长度不同，较短的向量将被循环使用
labels	seq_along (x$x)	表示待写入文本的字符型向量或表达式
adj	NULL	[0,1]中的一个或两个值，指定标签的 x 和可选项 y 的调整方式：0 表示左/下，1 表示右/上，0.5 表示居中
pos	NULL	文本的位置说明。如果被设置，将覆盖以前给定的 adj 值。值 1、2、3 和 4 分别表示指定(x, y)坐标的下面、左边、上面和右边的位置
offset	0.5	当指定了 pos 时，本参数值控制文本标签到指定坐标的距离，以字符宽度的比例来表示偏移量
vfont	NULL	NULL 表示当前字库。对于 Hershey 矢量字体则取长度为 2 的字符向量：第一个元素选择字体，第二个元素选择样式。如果标签是表达式则忽略该参数
cex	1	数值型。字符的扩展因子×par("cex")得到最终的字符大小。NULL 和 NA 等于 1.0
col、font	NULL	表示使用的颜色和字体（如果 vfont = NULL）。默认为 par( )中的全局图形参数值

接下来我们通过示例 4-20 展示如何在图形指定位置添加文字以及自定义标题（主标题）、副标题和数轴标签，其代码的执行结果如图 4-15 所示。

示例 4-20 在图形指定位置添加文字，自定义标题、副标题和数轴标签。

```
plot(-1:1, -1:1, type = "n", xlab = "", ylab = "")      #打开绘图区域，不绘制几何对象
K <- 12                                                  #设置数量
text(exp(-1i * 2 * pi * (1:K) / K), col = 2, cex = 1.5)    #按 K 等分角度添加文字
#添加标题内容和数轴标签，设置颜色和字体
title(main = "主标题", sub = "副标题", xlab = "实部", ylab = "虚部",
cex.main = 2, cex.sub = 1.5, col.main = "navy", font.sub = 3, font.main = 2)
```

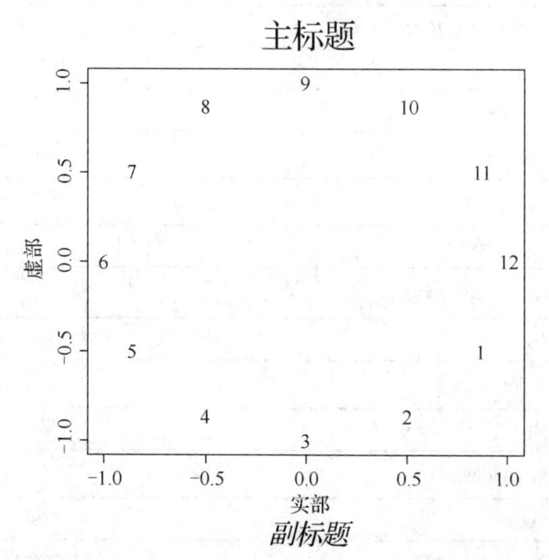

图 4-15 在图形指定位置添加文字及自定义标题、副标题和数轴标签

图 4-15 中展示 text()将数字绘制在指数函数计算出来的坐标上，而 title()则根据设置的属性添加了标题、副标题和数轴标签。

4.4.2 数学表达式

有些用户希望在绘图中插入诸如公式等数学表达式作为附注说明，R 语言提供了函数 expression()来构造表达式。如果 R 语言中一个文本绘制函数（例如 text()、mtext()、axis()、和 legend()）采用表达式类型的参数，则可以表示数学符号，例如下标和上标、希腊字母、分数等，再用这些符号组成一个数学表达式。表达式将按照类似于 LaTex 的规则把文本转换成数学形式的符号绘制。在大多数情况下，字符串以外的其他对象也会被强制转换为表达式，因此也可以在文本绘制函数中使用。

虽然数学表达式也必须遵守 R 语言表达式正常的语法规则，但其解释与正常 R 语言表达式非常不同，如 expression (x*y)对应于不带乘号的两数相乘：xy。表 4-10 中列出了部分数学表达式的语法和显示结果。

表 4-10　R 数学表达式的语法和显示结果

语法	含义/等价的 LaTex 效果
x*y	xy
x %+-% y	$x \pm y$
x %/% y, x %*% y	$x \div y, x \times y$
x %.% y	$x \cdot y$
x[i]、x^2	x_i, x^2
paste (x, y, z)	xyz
sqrt(x)、sqrt (x, n)	$\sqrt{x}, \sqrt[n]{x}$
x == y、x != y	$x = y, x \neq y$
x <= y、x >= y	$x \leqslant y, x \geqslant y$
x %~~% y、x %=~% y	$x \approx y, x \cong y$
x %==% y	$x \equiv y$
x %prop% y	$x \propto y$
x %~% y	$x \sim y$
plain(x)、bold(x)、italic(x)、bolditalic(x)、symbol(x)	用正常、粗体、斜体、粗斜体和符号体来绘制
list(x, y, z)	用逗号分隔的列表
x %subset% y、x %subseteq% y	$x \subset y$、$x \subseteq y$
x %supset% y、x %supseteq% y	$x \supset y$、$x \supseteq y$
x %in% y、x %notin% y	$x \in y$、$x \notin y$
hat(x)、tilde(x)、dot(x)	$\hat{x}$、$\tilde{x}$、$\dot{x}$
bar(xy)、widehat(xy)、widetilde(xy)	$\overline{xy}$、$\widehat{xy}$、$\widetilde{xy}$
x %<->% y、x %->% y、x %<-% y	$x \leftrightarrow y$、$x \rightarrow y$、$x \leftarrow y$
x %up% y、x %down% y	$x \uparrow y$、$x \downarrow y$
x %<=>% y、x %=>% y、x %<=% y	$x \Leftrightarrow y$、$x \Rightarrow y$、$x \Leftarrow y$
x %dblup% y、x %dbldown% y	$x \Uparrow y$、$x \Downarrow y$
alpha -- omega	希腊字母 $\alpha \sim \omega$
Alpha -- Omega	大写希腊字母 $\mathrm{A} \sim \Omega$

续表

语法	含义/等价的 LaTex 效果
theta1、phi1、sigma1、omega1	ϑ、φ、ς、ϖ
infinity、partialdiff、nabla	∞、∂、∇
32*degree、60*minute、30*second	$32°$、$60'$、$30''$
underline(x)	$\underline{x}$
frac(x, y)、over(x, y)、atop(x, y)	$\frac{x}{y}$、$\frac{x}{y}$、$\frac{x}{y}$
sum(x[i], i==1, n)	$\sum_{i=1}^{n} x_i$
prod(plain(P)(X==x), x)	$\prod_{X} P(X=x)$
integral(f(x)*dx, a, b)	$\int_a^b f\left(x\right)dx$
union(A[i], i==1, n)、intersect(A[i], i==1, n)	$\bigcap_{i=1}^{n} A_i$、$\bigcap_{i=1}^{n} A_i$
lim(f(x), x %->% 0)	$\lim_{x \to 0} f(x)$
min(g(x), x > 0)	$\min_{x>0} g\left(x\right)$
x^y + z、x^(y + z)、x^{y + z}	$x^y + z$、$x^{(x+y)}$、x^{x+y}
bgroup("(",atop(x,y),")")	$\left(\begin{matrix} x \\ y \end{matrix}\right)$
group(lceil, x, rceil)、group(lfloor, x, rfloor)、group(langle, list(x, y), rangle)	$\lceil x \rceil$、$\lfloor x \rfloor$、$\langle x \rangle$

此外，文字注释中还可以使用拉丁字母，但是目前 R 系统无法保障这些 Windows 字符能够在绘制图形后正确显示。示例 4-21 直接来自 R 系统的帮助文档中介绍的 expression( )函数和拉丁字母的使用方法，其代码的执行结果如图 4-16 所示。

示例 4-21　expression( )函数和拉丁字母的使用方法。

```
## The following two examples use latin1 characters: these may not
## appear correctly (or be omitted entirely).
plot(1:10, 1:10, main = "text(...) examples\n~~~~~~~~~~~~~~",
    sub = "R is GNU ©, but not ® ...")
mtext("«Latin-1 accented chars»: éè øØ å<Å æ<Æ", side = 3)
points(c(6,2), c(2,1), pch = 3, cex = 4, col = "red")
text(6,2, "the text is CENTERED around(x,y) = (6,2) by default",
    cex = .8)
text(2, 1, "or Left/Bottom - JUSTIFIED at (2,1) by 'adj = c(0,0)'",
    adj = c(0,0))
text(4, 9, expression(hat(beta) == (X^t * X)^{-1} * X^t * y))
text(4, 8.4, "expression(hat(beta) == (X^t * X)^{-1} * X^t * y)",
    cex = .75)
text(4, 7, expression(bar(x) == sum(frac(x[i], n), i==1, n)))

## Two more latin1 examples
text(5, 10.2,
    "Le français, c'est façile: Règles, Liberté, Egalité, Fraternité...")
text(5, 9.8,
    "Jetz no chli züritüütsch: (noch ein bißchen Zürcher deutsch)")
```

图 4-16 展示了图形中数学表达式和拉丁文字母的效果，其中部分带重音符的拉丁字母无法正确显示。

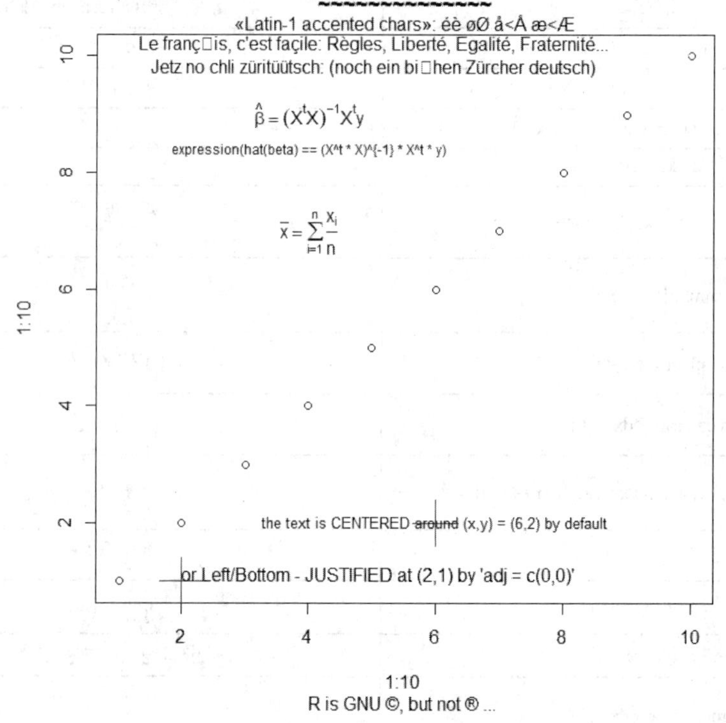

图 4-16　数学表达式和拉丁文字母的效果

4.4.3 图例

图例允许读者在无须阅读说明文字的前提下就能准确、全面地理解图形的内容，因此图例是使图形获得独立性的关键。图例与标题不同，标题应该简洁明了，概括图形的内容，但是一个短标题无法表示图形中重要的细节；图例的目的则是提供图形中视觉元素的细节与图形表达的结果之间的关联。在服务于图形主旨的同时，图例也以醒目而清晰为要求。

R 中在现有绘图上添加图例的函数是 legend( )。该函数的调用形式如下：

```
legend(x, y, legend, fill, col, border, lty, lwd, pch, angle, density, bty, bg,
box.lwd, box.lty, box.col, pt.bg, cex, pt.cex, pt.lwd, xjust, yjust, x.intersp,
y.intersp, adj, text.width, text.col, text.font, merge, trace, plot, ncol, horiz, title,
inset, xpd, title.col, title.adj, seg.len = 2)
```

legend ( )函数的参数及其默认值见表 4-11。

表 4-11　legend ( )函数的参数及其默认值

参数名	默认值	说明
x, y	—	用于设置图例位置的 x 和 y 坐标
legend	seq_along (x$x)	出现在图例中的长度不小于 1 的字符型或表达式向量
fill	NULL	设置参数将来用指定的颜色（或阴影线的颜色）填充出现在图例文本旁边的方框
col	par ("col")	用于指定图例中出现的点或线的颜色
border	"black"	用于指定方框的边框颜色（仅在指定了 fill 时使用）
lty、lwd、pch	—	图例中出现的线型、线宽和绘图符号类型

续表

参数名	默认值	说明
angle	45	阴影线的角度
density	NULL	如果是数值且为正，表示阴影线的密度
bty	"o"	图例周围绘制的边框类型
bg	par("bg")	图例框的背景色
box.lwd、box.lty、box.col	par("lwd")、par("lty")、par("fg")	图例框的线型、线宽和颜色
pt.bg	NA	点的背景色
cex	1	相对于当前参数 par("cex")的字符扩展系数
pt.cex	cex	点的扩展系数
pt.lwd	lwd	点的线宽
xjust	0	图例相对于图例 x 位置的对齐方式。值 0 表示左对齐，0.5 表示居中，1 表示右对齐
yjust	1	与 xjust 作用相同，用于图例 y
x.intersp	1	水平（*x*）方向间距的字符间距因子
y.intersp	1	垂直（*y*）方向间距的字符间距因子
adj	c(0, 0.5)	长度为 1 或 2 的数值型向量，表示图例文字的字符串对齐方式
text.width	NULL	图例文字的宽度，以 *x* 坐标表示
text.col	par("col")	用于图例文字的颜色
text.font	NULL	用于图例文字的字体
merge	do.lines && has.pch	逻辑值。如果为 TRUE，合并点和线，但不填充框
trace	FALSE	逻辑值。如果为 TRUE，显示 legend 的计算过程
plot	TRUE	逻辑值。如果为 FALSE，则不绘制任何内容，只返回尺寸大小
ncol	1	设置图例项的列数
horiz	FALSE	逻辑值。如果为 TRUE，则是以水平方式而不是以垂直方式设置图例
title	NULL	用于在图例顶部放置的标题字符串或长度为 1 的表达式
inset	0	用关键字放置图例时，以绘图区域的比例表示的距页边距的插入距离
xpd		如果有参数值，则在绘制图例时将使用图形参数 xpd 的值
title.col	text.col	title 的颜色
title.adj	0.5	title 的水平调整方式
seg.len	2	为说明 lty 或 lwd 而绘制的线的长度（以字符宽度为单位）

一般来说，用户为了在图例中解释不同视觉元素的含义，只需要输入少量的参数就可以用 legend()生成有效的图例。示例 4-22 展示了使用图例说明数据的分组情况，其代码的执行结果如图 4-17 所示。

示例 4-22 使用图例说明数据的分组情况。

```
set.seed(12345)                          #创建随机数
x <- rnorm(200)
y <- rnorm(200) + x
y[1:100] <- y[1:100] + 2                 #划分组别
group <- rep(1:2, each = 100)
#绘制数据散点图，根据分组设置颜色
plot(x, y, pch = 21, cex = 2,
     cex.axis = 1.6, cex.lab = 1.6,
     bg = ifelse(group == 1, 31, 12))
#添加图例
```

```
legend("topleft" , cex = 1.5,                  #置于绘图区的左上角，加大图例字号
       legend = c("第 1 组", "第 2 组"),         #图例文字说明
       pt.bg = c(31,12), pt.cex = 2, pch = 21, #对应的视觉元素
       title = "分组说明")                       #图例标题
```

图 4-17 中的图例告诉读者理解数据所需的关键信息，即数据点的颜色与其对应组别的关系。虽然不同组的数据存在重叠的情况，读者仍然可以清楚地判别两组之间的差异，即第一组成员的均值大于第二组的。

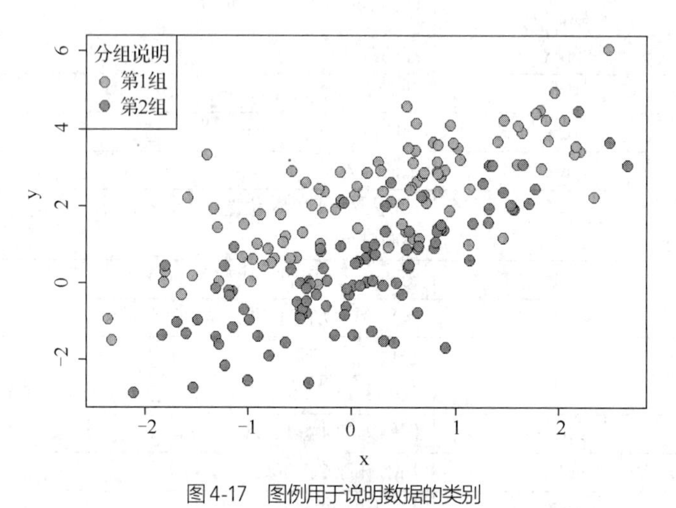

图 4-17　图例用于说明数据的类别

再来看示例 4-23，创建一个相比示例 4-22 更为复杂的图例：绘制图形时可能同时使用多种视觉元素表示同一个对象，这样就需要在图例中用参数 merge = TRUE 把不同元素组合起来。示例 4-23 的执行结果如图 4-18 所示。

示例 4-23　创建一个使用多种视觉元素的图例。

```
x <- seq(-pi, pi, length.out = 65)             #设置输入变量
#绘制 sin(x)图形，只使用连线，不画点，构成底图
plot(x, sin(x), type = "l", ylim = c(-1.2, 1.8),
     xlab = "", ylab = "", cex.axis = 1.5,
     col = 3, lty = 2, lwd = 2)
#添加 cos(x)对应的点
points(x, cos(x), pch = 3, col = 4, lwd = 2)
#添加 tan(x)对应的线，同时也绘制点
lines(x, tan(x), type = "b", lty = 1, pch = 4, col = 6, lwd = 2)
title("图例中合并点和线", cex.main = 1.5)          #添加标题
#添加图例，放置在有坐标指定的位置，颜色、线型、点对应的符号都需要与图例文字一一对应
legend(-1.5, 1.85, c("sin", "cos", "tan"), col = c(3, 4, 6), lwd = 2,
       text.col = "navy", lty = c(2, -1, 1), pch = c(NA, 3, 4), cex = 1.3,
       merge = TRUE, bg = "gray90", title= "函数名")#合并点和线，增加背景色
```

图 4-18 中在[$-\pi$, π]区间中同时绘制了 3 种三角函数：sin、cos 和 tan 。这 3 种函数分别使用只连线、只画点与既连线也画点 3 种方式实现，而且用到了 3 种颜色和两组线型及两种表示点的符号。为了表明每一种函数使用哪些元素绘制，在图例中需要把颜色、符号、线型组合起来，并与文字部分形成对应关系。可以看到，缺失值 NA 和无效值-1 在这里增加了处理的灵活性，使得合并操作变得简单易行。

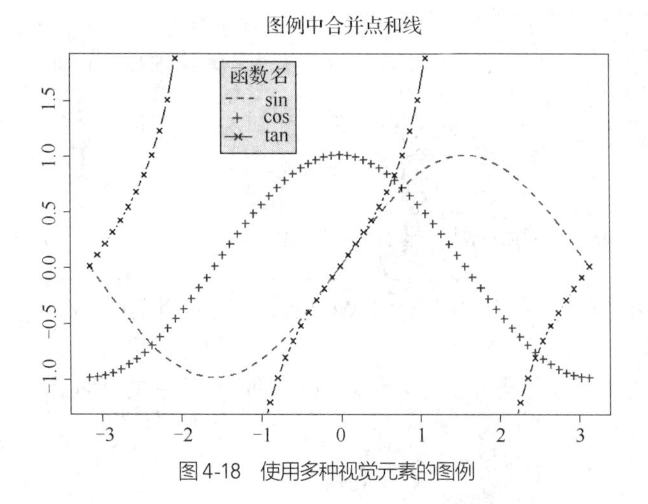

图 4-18 使用多种视觉元素的图例

4.5 导出图形

无论是保留中间结果还是分享最终可视化的成果，文件都是持久化保存图形的重要媒介。R 语言支持使用函数直接将图形输出成主要的图形文件格式，用户也可以在绘图窗口中操作把所绘图形保存成图元文件或者 PostScript 文件。

4.5.1 直接输出绘图文件

表 4-12 中列出了几个函数，它们的作用是将图形直接输出到文件而不是屏幕。在完成了所有的绘图工作之后，用户需要使用 dev.off ()函数通知 R 系统任务已经结束，否则，新绘制的图形也将无法显示。这些函数的输入参数是一个后缀与输出文件格式一致的文件名的字符串。

表 4-12 图形文件导出函数及输出文件格式

函数	输出文件格式
pdf( )	PDF，可携带文档格式
win.metafile( )	WMF，Windows 图元文件
png( )	PNG，无损压缩位图格式
jpeg( )	JPG，标准的有损压缩格式
bmp( )	BMP，Windows 操作系统中的标准位图文件格式
postscript( )	PS，PostScript 文件格式

PDF 是一种矢量文件格式，由于输出结果并没有像素化，因而可以缩放到任何尺寸，非常适合打印。而且矢量文件的大小通常小于对应的位图文件，所以 PDF 是一种广泛使用的图像文件格式。示例 4-24 直接将绘制的图形输出到 PDF 文件保存。

示例 4-24 将绘制的图形输出到 PDF 文件。

```
setwd("D:/Workspace")                    #设置当前工作目录
pdf("myPlot.pdf")                        #打开文件 myPlot.pdf，准备写入
x <- seq(-4, 4, length.out = 101)        #生成自变量向量
y <- cbind(sin(x), cos(x))               #生成函数值向量组成的矩阵
#绘制函数曲线图
```

```
matplot(x, y, type = "l", xaxt = "n", lwd = 2,
       main = expression(paste(plain(sin) * phi, " 和 ",
       plain(cos) * phi)), cex.main = 2, ylab = "",
       xlab = expression(paste ("phase ", phi)), cex.lab = 1.8,
       col.main = "blue")
#添加数轴及标签
axis(1, at = c(-pi, -pi/2, 0, pi/2, pi),
     labels = expression(-pi, -pi/2, 0, pi/2, pi), cex.axis = 1.5)
dev.off()
```

执行示例 4-24 的代码，读者在工作目录 D:/Workspace 下，可以发现文件 myPlot.pdf。打开文件可以看到刚才绘制的图形。

PDF 的默认尺寸是 7 英寸×7 英寸，每一个新的图形都在一个新的页面上。所生成的文件如图 4-19 所示。

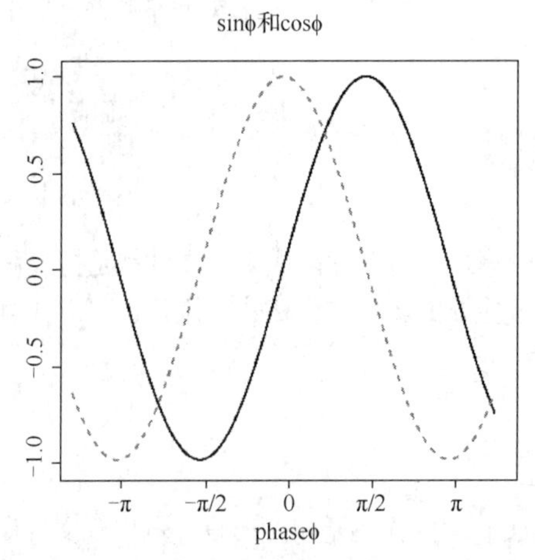

图 4-19　直接将绘图输出到文件 myPlot.pdf

输出图形的尺寸也能够修改，例如，用户可以使用下列代码将图形改为 6 英寸×3 英寸。

```
pdf("myPlot.pdf", width=6, height=3)        #高度和宽度以英寸为单位
```

PNG 是一种位图格式，用户如果将文件中的图像放大，可以看见组成图像的像素。因此，高质量的图像依赖于存储时使用的高分辨率。用 pdf ("myPlot.png")取代刚才使用的 pdf ("myPlot.pdf")就可以把绘图保存到指定工作目录下的 myPlot.png 文件。默认情况下，PNG 图像的大小为 480 像素×480 像素，分辨率为 72 dpi（可以得知就是 6.66 英寸×6.66 英寸）。

提高图像的分辨率，图形中像素的数量也会增加。因为文字和图形等元素的大小与图形的物理尺寸（如 4 英寸×4 英寸）相关，而不是图像的像素尺寸。例如，12 号字体的高是 12/72 = 1/6 英寸，在 72 dpi 时，其高相当于 12 像素；但在 120 dpi 时，其高则相当于 20 像素。

用户在函数 png ()中可以使用自定义的图像尺寸和分辨率，示例 4-25 创建的是一个 6 英寸× 6 英寸，分辨率为 300dpi 的文件。读者可以自行检验示例 4-25 的执行效果。

示例 4-25　创建自定义的图像尺寸和分辨率的文件。

```
#以 300dpi 分辨率创建 6 英寸×6 英寸的文件
ppi <- 300
#高度与宽度以像素为单位
png("plot.png", width=6*ppi, height=6*ppi, res=ppi)
plot(rnorm(10), type = "b", col = "blue", main = "Plot Example")
dev.off()
```

4.5.2 保存屏幕绘图

除了直接将图形导出到文件，R 还支持将绘图的设备窗口中的图形保存为位图文件。函数 savePlot()的功能就是将 Windows 设备上的当前图形保存到文件，进行所绘制图形内容的精确像素复制。下面就是一个复制绘图到 PNG 文件的示例。

```
#完成设备窗口的绘图任务
plot(rnorm(10), type = "b", col = "blue", main = "Plot Example")
savePlot("myPlot.png")                    #将上述图形保存到文件 myPlot.png
```

函数 dev.copy ()将当前设备中的图形内容复制到指定的设备上，或者复制到一个新设备上。示例 4-26 展示了如何使用 dev.copy ()函数复制图形到指定文件。

示例 4-26 使用 dev.copy ()函数复制图形到指定文件。

```
#在设备窗口绘图
plot(rnorm(10), type = "o", col = "blue", main = "Plot Example")
#将上面生成的绘图复制到 4 英寸×4 英寸大小的文件 myPlot.pdf 中
dev.copy(pdf,"myPlot.pdf", width=4, height=4)
dev.off()
#将上面生成的绘图复制到 400 像素×400 像素大小的文件 myPlot.png 中
dev.copy(png,"myPlot.png", width=400, height=400)
dev.off()
```

4.6 本章小结

本章介绍了 R 语言的基础绘图功能，包括高级绘图函数 plot()和参数查询与设置函数 par()的使用方法。通过参数设置，用户可以在细粒度上调整绘图中用到的视觉元素的属性，以期达到最佳的可视化效果。在 plot()生成的图形之上，用户可以用一些其他的函数为已有绘图增加丰富的细节，使得可视化过程和形式更加灵活。虽然这些函数的参数形式较为复杂，但是参数的默认值已经可以满足很多场合的实际需要，因此实际上用户只需使用几个常用简单的参数赋值就能快速实现所需的绘图功能。

习题 4

4-1 高级绘图函数 plot()在图形设备上创建新绘图，可以使用参数实现对轴、标签、标题等的控制。请使用 plot()打开一幅空白绘图，先计算五角星的顶点，再使用 polygon()绘制一个填充红色的五角星。

4-2 使用低级绘图函数 lines()和 points()向当前绘图中添加更多信息，如绘制额外的线和点等。使用 lines()和 points()绘制 5 个不同颜色的半径从 1 到 5、圆心为(0, 0)的同心圆，并标出圆心。

4-3 请分析 curve()属于高级绘图函数还是低级绘图函数？使用 curve()绘制一个完整的以(1, 1)为圆心、以 1 为半径的圆形。

4-4 有哪些方法改变绘图时使用的参数？分别使用不同的方式改变题 4-3 中的线型、线宽和颜色。

4-5 使用 R 帮助系统了解 coplot()函数的用法。用 coplot() 函数绘制给定鸢尾花类别时，iris 数据集中 Petal.Length 和 Petal.Width 分布的散点图。

4-6 R 图形包中的 locator ()函数可读取按下鼠标按键时图形光标的位置，identify ()函数可读取按下（第一个）鼠标按键时图形指针的位置。这样，用户就可以实现交互式的绘图。请先绘制一幅散点图，再用鼠标标出点的位值，然后在该点旁边添加文字，给出起始坐标。

4-7　R 的许多高级图形都有轴，可以先用 plot( )绘制不带数轴的图形，再使用 axis( )函数构造轴。轴有 3 个主要组成部分，分别是轴线、大刻度标记和小刻度标记。请设计数轴的绘制方式，显示对数标度。

4-8　图形的边界设置可以用 mai 设置，分别给出以英寸为单位的底部、左侧、顶部和右侧空白的宽度。参数 mar 与之类似，不同的是以文本行为单位。设置不同参数值，检验指定边缘宽度的效果。

4-9　PostScript 是高质量矢量图的文件格式。使用 postscript( )可以将显示设备指定为一个文件，输出执行 dev.off( )前绘制的图形。使用该函数生成 EPS 文件，封装多幅图形。

4-10　使用 par( )可以实现多幅子图的布局设置。用 par( )完成 2 行 2 列的子图布局，再将图形保存为 EPS 格式。

第 5 章 常用图形类型

原始数据，如测量值和最初的观察记录等，是可视化工作的重要研究对象。原始数据通常表示为高维空间中的数值或分类结果。尽管在数据采集过程中会引入噪声和干扰，但通过对数据在空间和时间中所处位置的直接观察，人们可以直观认知高维数据所反映的对象内蕴的低维本质。使用 R 基础绘图系统的 plot ()等函数，就可以方便地绘制数据在空间中的散点图和随时序变化的序列图。由于在二维平面上绘制高维数据存在实质性的困难，一种可行的方案是采用间接方式表示高维数据。

展现加工后的数据特征也是可视化的一项重要任务。通过数据处理，人们可以从原始数据中提取一些反映数据内在规律的特征。统计分析是提取数据特征的关键手段。利用这些统计特征，如从数据中计算出统计分布的矩、分布的概率密度、数据回归分析的结果等，数据分析师可以深入认知数据所描述的对象或现象。R 基础绘图系统提供了绘制统计图形（如柱状图、直方图、饼图、箱形图、热图等）的专用函数。

本章将介绍如何使用 R 基础绘图系统来创建数据分析工作中所涉及的几种常见图形，包括如何通过合理的选项与参数设置来获得更好的可视化效果。在后续章节中，我们将继续讨论 R 语言的一些扩展包对可视化的支持，例如使用更为统一的方法完成绘图，以及获得更多类型可视化工具的方法。

散点图

5.1 散点图

二维散点图以 *x-y* 坐标系中数据的空间分布为对象，将数据以二维空间中不相连的点的形式绘制在图中，帮助数据分析师快速地查看数据中不同变量之间的关系。由于二维空间中点的位置只能与 *x* 轴和 *y* 轴的坐标对应，散点图必须借助其他视觉元素（如颜色、大小、符号等）来表示更高维度的数据属性。第 3 章中，我们已经引入了形式简单的散点图，检验了两个变量是否正、负相关或线性无关，也比较了不同类别数据空间分布的特点。本节将介绍绘制散点图的一些细节。

5.1.1 基础散点图

函数 plot( )可以用于绘制基础的散点图，将给定坐标的点以 type ="p"的默认绘制方式画在 *x-y* 坐标系中。把集合中的数据以散点的形式放置在平面坐标系中，既可以直观地显示数据集合在空间的分布情况，又可以帮助数据分析师观察两个坐标轴代表的变量之间的关联。图 5-1 所示为基础散点图示例。

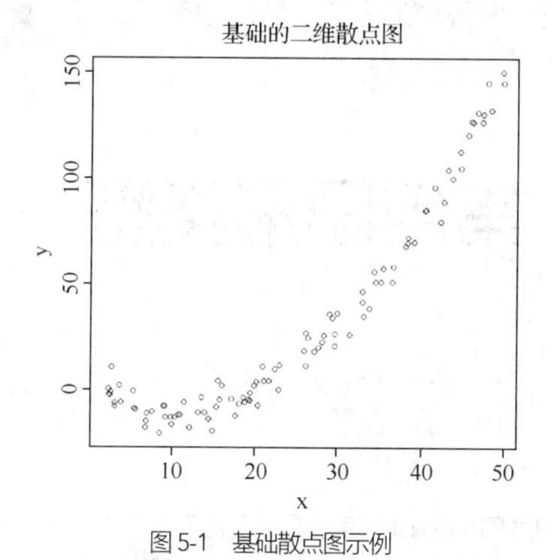

图 5-1 基础散点图示例

示例 5-1 包含用于绘制图 5-1 中图形的代码。

示例 5-1 绘制基础散点图。

```
#创建数据：分别生成 x 坐标和 y 坐标向量
set.seed(101)
x <- runif(100, min = 0, max = 50)
y <- 0.1*x^2 - 2*x + rnorm(100, 0, 5)
#绘制基础的散点图
plot(x, y, main = "基础的二维散点图")
```

示例 5-1 中的代码只使用了函数 plot()的默认参数，在所绘制的散点图中，数据点按照 x-y 坐标系分布在坐标空间内，明显地呈现出 x 和 y 之间的相关关系。

从基础散点图出发，用户可以添加更多的细节，以改变数据的其他视觉属性。例如，可以根据某个变量给数据点染色，并且改变点的形状或大小。示例 5-2 中的代码在图 5-1 的基础上增加了点的颜色和形状等细节，所绘制的散点图如图 5-2 所示。

示例 5-2 在散点图中添加点的颜色和形状等细节。

```
#创建数据：分别生成 x 坐标和 y 坐标向量
set.seed(101)
x <- runif(100, min = 0, max = 50)
y <- 0.1*x^2 - 2*x + rnorm(100, 0, 5)
#自定义颜色，让前 50 个数据为同一种颜色、后 50 个数据为另一种颜色
myCol <- c(rep("gray77", 50), rep("indianred2", 50))
#自定义符号，让前 50 个数据和后 50 个数据使用不同符号
myCh <- c(rep(16, 50), rep(18, 50))
#绘制带类别的二维散点图
plot(x, y, cex = 3, pch = myCh, col = myCol,
xlab = "变量1", ylab = "", cex.lab = 1.5,
main = "自定义绘图参数的二维散点图")
#添加图例，置于左上角，不带边框
legend("topleft", cex = 0.85, inset = 0.01,
        pch = c(16, 18), pt.cex = 2, col = c("gray77", "indianred2"),
        legend = c("1～50", "51～100"), title = "索引编号")
```

在图 5-2 中，不同的点被划分成了两类（这里按点的序号划分并没有实际意义，图中显示两种颜色的点随机分布），也就是说，可以用颜色表示数据 x 值和 y 值之外的其他属性。点的大小也可以用于表达额外的信息。在表示高维数据时，颜色、大小、形状都可以代表数据的不同属性。

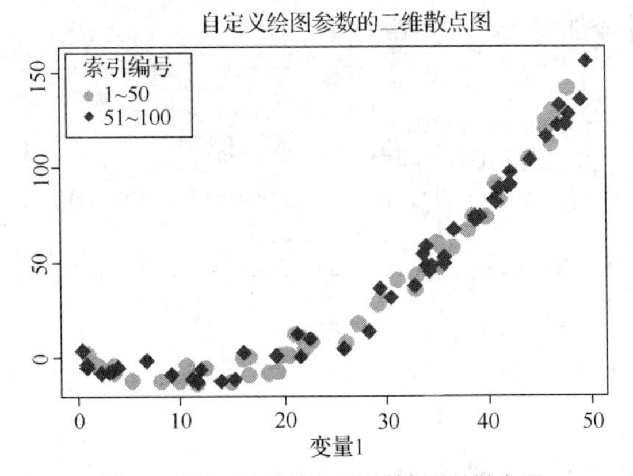

图 5-2 添加点的颜色和形状等细节的散点图

为了增加视觉效果，R 基础绘图系统中的函数 smoothScatter ( )在绘制散点图时通过二维核密度估计算法获得数据分布的密度估计，从而得到散点数据的光滑密度表示。示例 5-3 中的代码运用 smoothScatter ( )绘制了带有光滑密度效果的散点图，执行结果如图 5-3 所示。

示例 5-3 使用 smoothScatter ( )绘制带有光滑密度效果的散点图。

```
#创建数据：分别生成 x 坐标和 y 坐标向量
set.seed(101)
x <- runif(100, min = 0, max = 50)
y <- 0.1*x^2 - 2*x + rnorm(100, 0, 5)
#绘制带平滑效果的二维散点图
smoothScatter(x, y, pch = 20, cex = 2, col = "#1225CF88",      #绘点
              transformation = function(x) x ^ 0.5,  #密度到颜色尺度映射
#指定背景和前景颜色
              colramp = colorRampPalette(c("antiquewhite", "slategray2")))
```

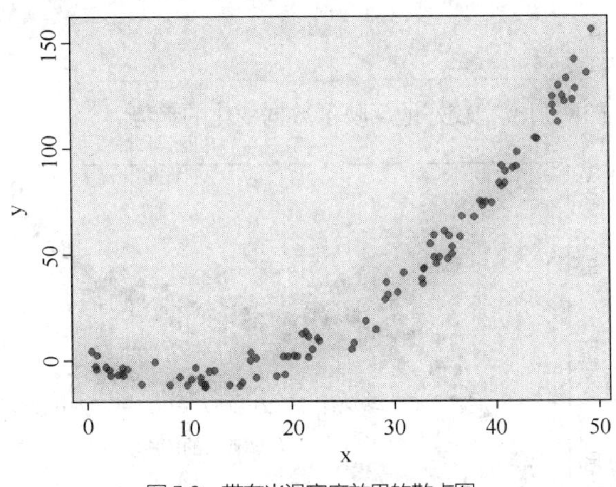

图 5-3 带有光滑密度效果的散点图

5.1.2 回归模型

通过数据反映出变量之间的关系，这是数据分析师理解数据的基本步骤之一。多元线性回归函数 lm( )可以从数据中拟合出给定最高阶数的多项式，从而反映出样本数据因变量和自变量之间的联系。示例 5-4 先用一个多项式计算出因变量的数值，加上噪声后用于回归模型。在此，假定用于创建数据的多项式的形式已知，并且可被用于模型拟合。用于绘制图 5-4 中图形的代码如示例 5-4 所示。

示例 5-4 在散点图中添加多项式回归结果。

```
#随机选取给定范围内的样本点
x <- runif(200, min=-30, max=30)
#根据样本点计算函数值，并加上正态分布噪声
y <- 0.12*x^3 - 0.75 * x^2 - 2*x + 5 + rnorm(length(x), 0, 200)
#绘制散点图
plot(x, y, col = "#B6364DDF", pch = 16, cex = 1.5, cex.axis = 1.3,
     cex.lab = 1.5)
#得到多元线性回归模型：已知 y 依赖于 x、x^2 和 x^3
model <- lm(y ~ x + I(x^2) + I(x^3))
#得到模型的理论预测值
result <- predict(model)
ix <- sort(x, index.return=T)$ix
#添加回归模型代表的曲线
lines(x[ix], result[ix], col = "#2C33C977", lwd = 10)
#整理回归结果代表的多项式
coeff <- round(model$coefficients, 2)
#绘制模型公式，函数 paste()把输入的向量转换为字符型，然后连接成一个字符串，如图 5-4 所示
text(10, -2000, cex = 1.25, paste0("模型: ", coeff[1], " + ", coeff[2],
"*x" , "+", coeff[3], "*x^2", "+", coeff[4], "*x^3", "\n\n",
"调整后的 R 平方=", round(summary(model)$adj.r.squared, 2)))
```

通过比较回归模型和用于生成数据实际使用的模型可以发现：各阶项的系数与实际模型不是非常一致。其原因是 x 的各阶幂并不独立，加上受数据量和噪声的影响，回归模型中的截距和一阶项都缺乏统计显著性。但是，从模型的统计摘要可以看出，回归所得到的调整后的 R 平方值为 0.97，模型整体上与图 5-4 中显示的数据吻合。如果想了解回归模型更多细节，读者可以使用在 3.5 节中介绍的方法查看，代码如下：

```
summary(model)
model$coefficients
summary(model)$adj.r.squared
```

总体来说，图 5-4 中的回归模型较好地反映了数据变化的趋势。

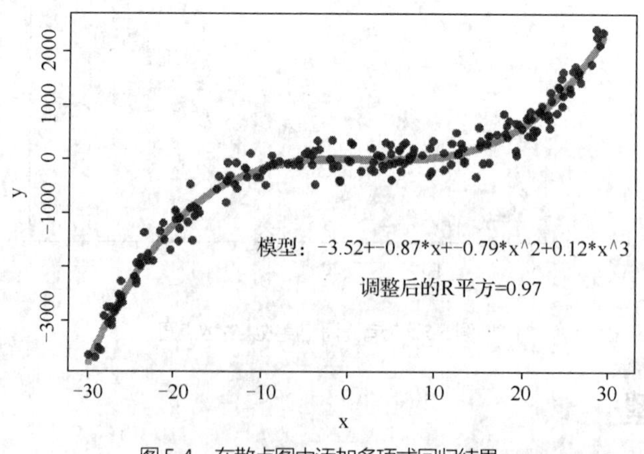

图 5-4 在散点图中添加多项式回归结果

在特定的应用场景中，采用区域着色的形式可以突出图形希望表达的主题，或者用于表示复杂对象的额外属性。在 R 基础绘图系统中，plot()无法直接给区域着色。但是，用户可以使用函数 polygon()给一个由顶点坐标表示的封闭多边形着色。调用 polygon()的基本形式如下：

```
polygon(x, y, density, angle, border, col, lty, ..., fillOddEven)
```

该函数的参数如表 5-1 所示。

表 5-1 polygon ()函数的参数

参数名	默认值	说明
x	—	表示多边形顶点 *x* 坐标的向量
y	NULL	表示多边形顶点 *y* 坐标的向量
density	NULL	阴影线的密度，以每英寸线数为单位。默认值 NULL 表示不绘制阴影线。密度为 0 意味着没有阴影或填充，而负值和 NA 则抑制阴影
angle	45	阴影线的斜率，以逆时针方向的角度表示
border	NULL	用于画出边框的颜色。默认值 NULL 表示使用 par ("fg")。使用 border = NA 时，则省略边框
col	NA	用于填充多边形的颜色。默认值 NA 指不填充多边形，指定了密度则按阴影线填充
lty	par ("lty")	填充时要使用的线型
fillOddEven	FALSE	逻辑值。控制多边形着色模式

现在，我们可以用区域填充方式来实现多元回归模型生成的置信区间的可视化，帮助用户进一步理解数据和模型的关系。示例 5-5 中的代码给出了用 polygon( )函数填充颜色来表示置信区间的具体操作步骤，执行结果如图 5-5 所示。

示例 5-5 使用 polygon ( )函数填充颜色来表示回归结果的置信区间。

```
#生成区间内的采样点，使用多项式生成带噪声的测量值
x <- runif(200, min=-30, max=30)
y <- -1.2*x^3 + 0.75 * x^2 - 2*x + 5 + rnorm(length(x),0,100*abs(x))
#绘制散点图，取消 x-y 轴的标签
plot(x, y, col = rgb(0.1,0.3,0.7,0.6),
     pch = 16, cex = 1.3, cex.axis = 1.3, xlab = "", ylab = "")
#得到多元回归模型，已知 y 依赖于 x、x^2 和 x^3
model <- lm(y ~ x + I(x^2) + I(x^3))
#计算模型预测值，得到置信区间
result <- predict(model , interval = "predict")
ix <- sort(x, index.return=T)$ix
#绘制回归模型曲线
lines(x[ix], result[ix, 1], col = "#AA111177", lwd = 10)
#使用 polygon() 函数在置信区间内填充颜色
polygon(c(rev(x[ix]), x[ix]), c(rev(result[ix,3]), result[ix,2]),
col = rgb(0.7,0.7,0.7,0.3), border = NA)
```

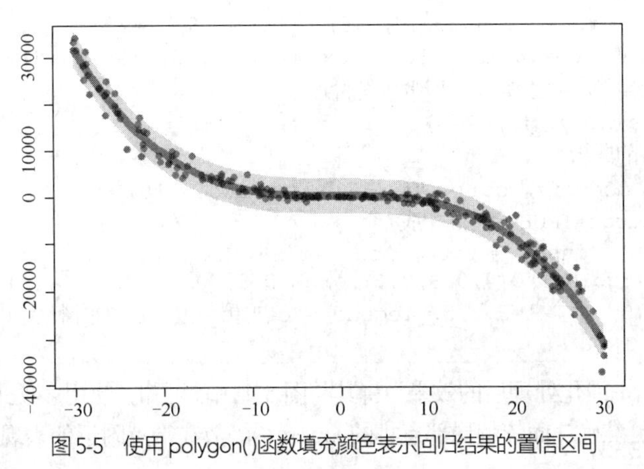

图 5-5 使用 polygon( )函数填充颜色表示回归结果的置信区间

如图 5-5 所示，用 polygon( )函数绘制的色带在回归曲线两侧表示了相应的置信区间。因为 polygon( )函数只能用于填充封闭的形状，所以多边形的顶点需要满足顺序相邻的关系。在示例 5-5 的代码中用到了函数 rev( )，它可以将一个输入向量倒序返回，以保证顶点构成正确的连接顺序。

在示例 5-4 和示例 5-5 中，我们都假设已知多项式的阶数，可以提供多元线性回归所需的各项变量的数值。但在很多情况下，这种先验知识无法预先获取，只能依靠数据进行平滑，才能去除噪声对观测数据的影响。R 语言的函数 lowess ( )使用局部加权来实现多项式回归的平滑。调用 lowess( )函数的基本形式如下：

```
lowess(x, y, f, iter, delta)
```

表 5-2 列出了 lowess( )函数的参数及其默认值。

表 5-2　lowess( )函数的参数及其默认值

参数名	默认值	说明
x	—	表示散点图中各点 *x* 坐标的向量，也可以指定一个单独的绘图结构
y	NULL	表示散点图中各点 *y* 坐标的向量
f	2/3	局部平滑化的跨度。*f* 给出了绘图中影响每个值上取平滑点的比例，更大的值提供更高的平滑度
iter	3	应执行的健壮化迭代的次数。较小的 iter 值将使 lowess( )函数运行得更快
delta	0.01 * diff(range(x))	默认为 x 范围的百分之一

在平滑化处理时，lowess ( )函数使用了复杂的算法：通常用局部线性多项式进行拟合，但在某些情况下也可以使用局部常数拟合。初始拟合采用的是加权最小二乘法。如果参数 iter>0，则会进一步加权拟合，权值由 x 值的接近程度与前一次迭代的残差的乘积决定。参数 delta 用于计算加速，不计算每个数据点的局部多项式拟合，也不计算上一次计算过的 delta 范围内的点，而使用线性插值来替代这些点的拟合值。

在实现可视化时，读者可以利用 lowess( )返回包含 x 和 y 值的列表，它给出的是平滑化后的坐标值。因此，用函数 lines( )可以把平滑化结果添加到原始散点图中，有助于理解数据去除噪声后的模型拟合情况。

示例 5-6 展示了函数 lowess( )在散点图中的应用，代码的执行结果如图 5-6 所示。

示例 5-6　使用 lowess( )和 lines( )函数绘制数据的平滑化结果。

```
#随机选取给定范围内的样本点
x <- runif(200, min=-30, max=30)
#根据样本点计算函数值，并加上正态分布噪声
y <- 0.12*x^3 - 0.75 * x^2 - 2*x + 5 + rnorm(length(x), 0, 200)
#绘制散点图
plot(x, y, col = rgb(0.1,0.3,0.7,0.6), pch = 16, cex = 1.5,
   cex.lab = 1.5, cex.axis = 1.5, cex.main = 1.8, main = "lowess 的效果")
#得到平滑结果：使用较小的 f 值增强平滑的局部性
model <- lowess(x, y, f = 1/3)
#添加平滑模型代表的曲线
lines(model$x, model$y, col = "#AA111177", lwd = 10)
#添加图例，使用 merge=TRUE 合并点和线
legend("topleft", inset = 0.01, pch = c(16, NA), pt.cex = 1.5, cex = 1.5,
      col = c(rgb(0.2,0.4,0.8,0.6), rgb(0.8, 0.1, 0.1, 0.5)),
      lty = c(0, 1), lwd = 5, legend = c("原始数据", "平滑化结果"),
      merge = TRUE)
```

图 5-6 展示了数据平滑化处理后的效果。将其与图 5-4 比较可知：使用多项式阶数的先验知识让线性回归在两端的处理更准确，而依赖局部点集的 lowess ( )函数在端点附近的表现稍差。

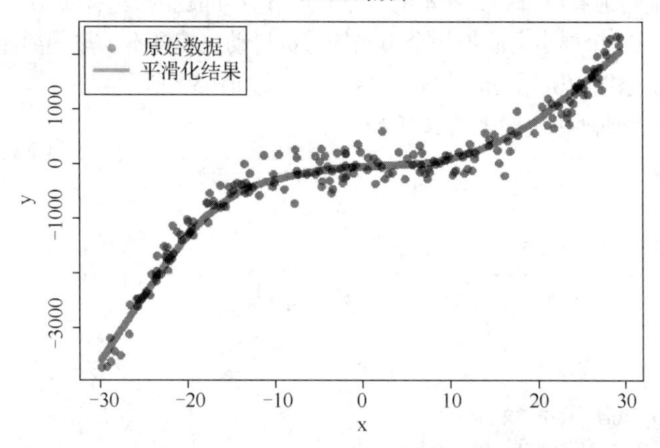

图 5-6 使用 lowess ()和 lines ()函数绘制数据的平滑化结果

5.1.3 遮挡的处理

由于在观察过程中存在噪声而带来的随机性，因此连续测量值数据样本互相重叠的概率较小。为了减少数据点之间的干扰，前面的散点图示例中已经使用了带有透明度的颜色来填充数据点，可以让读者直观地看到重叠的效果。但是，如果采样的对象是分类数据，仅仅依靠增加透明度仍然无法展现重叠样本的个数。为了解决遮挡的问题，我们可以采用计数结果来表示相同样本的个数。示例 5-7 中用计数结果来标识数据点，点的大小也与计数结果一致，其代码的执行结果如图 5-7 所示。

示例 5-7 用计数结果来标识数据点并设置数据点的大小。

```
#模拟掷骰子，两个骰子各掷 100 次，使用带放回方式采样，记录出现的点数
set.seed(3455)
a <- sample(1:6, 100, replace = TRUE)
b <- sample(1:6, 100, replace = TRUE)
#统计每一项(a,b)的数量
cnt <- xyTable(a,b)
#使用参数 cex 来调整点的大小，使其与前面的计数值一一对应
amplifier <- 2
plot(cnt$x, cnt$y, cex = cnt$number*amplifier, cex.lab = 1.3, cex.axis = 1.6,
    pch = 16, col = rgb(0.1,0.2,0.7,0.7),
xlab = "骰子 1 上的数字", ylab = "骰子 2 上的数字",
xlim = c(0.5,6.5), ylim = c(0.5,6.5))
#添加文字，与点的大小一致
text(cnt$x, cnt$y, cnt$number, col = "white", cex = 1. + 0.2*cnt$number)
```

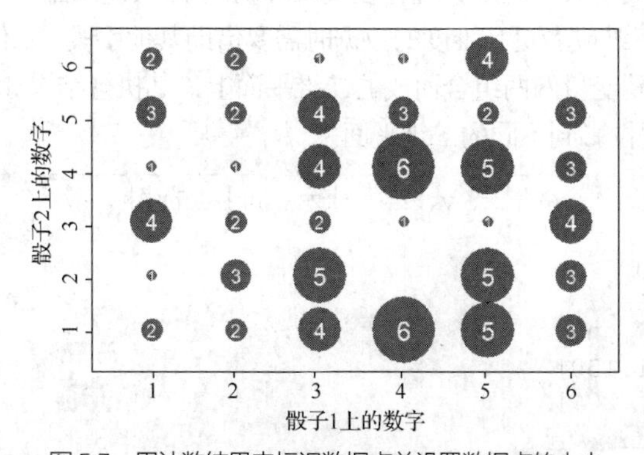

图 5-7 用计数结果来标识数据点并设置数据点的大小

在图 5-7 中可以清楚地看出每一类样本的数量。处理遮挡问题的另一种解决思路是利用随机性减少分类样本的重叠：在每一个样本上添加一个小幅的随机抖动，使样本少量偏离原来数值的同时形成距离。示例 5-8 中展示了添加随机抖动的代码，其执行结果如图 5-8 所示。

示例 5-8 为数据添加随机抖动来减少遮挡。

```
#生成数据：随机采样 100 次 1～6 的整数，使用带放回方式采样
set.seed(3455)
a <- sample(1:6, 100, replace = TRUE)
b <- sample(1:6, 100, replace = TRU
#生成随机噪声，可以调节标准差，在准确性和重叠之间达成平衡
set.seed(12345)
c <- rnorm(100, sd = 0.125)
set.seed(54321)
d <- rnorm(100, sd = 0.125)
#绘制散点图，增加颜色的透明度
plot(a + c, b + d, pch = 16, cex = 1.25, cex.lab = 1.3, cex.axis = 1.6,
    col = rgb(0.2,0.2,0.8,0.6),
    xlab = "骰子 1 上的数字", ylab = "骰子 2 上的数字",
    xlim = c(0.5, 6.5) , ylim = c(0.5, 6.5))
#增加网格线
abline(h = 1:6, v = 1:6, col = "lightgray", lty = 3)
```

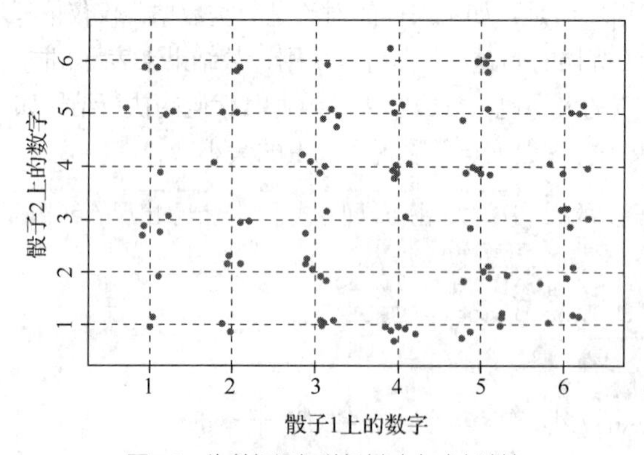

图 5-8 为数据添加随机抖动来减少遮挡

图 5-8 展示了随机抖动对重叠数据的分离作用。

5.1.4 高维数据的处理

在绘图使用的二维平面上表示高维数据存在实质性的困难。R 基础绘图系统并不直接支持绘制三维散点图，因此，在表示三维或者更高维度的数据时需要借助其他手段。示例 5-9 中的代码采用投影的方式把高维数据分别投影到变量两两组合而成的二维平面上，其执行结果如图 5-9 所示。

示例 5-9 把高维数据投影到不同的二维平面。

```
#创建高维数据样本：使用 4 个变量 x、y、z、w 表示空间中点的坐标
set.seed(1)
noise <- rnorm(200)
x <- 1 + noise[1:50]
y <- 3 + noise[51:100]
z <- 2 + noise[101:150]
w <- 4 + noise[151:200]
#保存原始的绘图参数 mfrow 值
```

```
op <- par("mfrow")
#采用分栏方式绘制 2 行 2 列的子图
par(mfrow = c(2, 2))
#绘制样本在变量两两组成的平面上投影的散点图
plot(x, y, cex = 1.2, pch = 16,
     col = rgb(0.1, 0.6, 0.6, 0.7),
     xlim = c(-2, 6), ylim = c(-2, 6), cex.lab = 1.2)
plot(y, z, cex = 1.2, pch = 16,
     col = rgb(0.6, 0.1, 0.6, 0.7),
     xlim = c(-2, 6), ylim = c(-2, 6), cex.lab = 1.2)
plot(z, w, cex = 1.2, pch = 16,
     col = rgb(0.6, 0.6, 0.1, 0.7),
     xlim = c(-2, 6), ylim = c(0, 8), cex.lab = 1.2)
plot(w, x, cex = 1.2, pch = 16,
     col = rgb(0.3, 0.3, 0.3, 0.7),
     xlim = c(0, 8), ylim = c(-2, 6), cex.lab = 1.2)
#恢复原参数值
par(mfrow = 0)
```

图 5-9 展示了 50 个四维样本点在 4 个投影平面上得到的散点分布情况。

不同于一般坐标系中变量坐标轴的正交表示方法，在示例 5-10 中，我们把不同变量的坐标轴画成一组平行的轴线，用连线把空间中一点的不同变量在各坐标轴上的坐标连接起来，即用折线代替高维空间中的点。示例 5-10 的代码执行结果如图 5-10 所示。

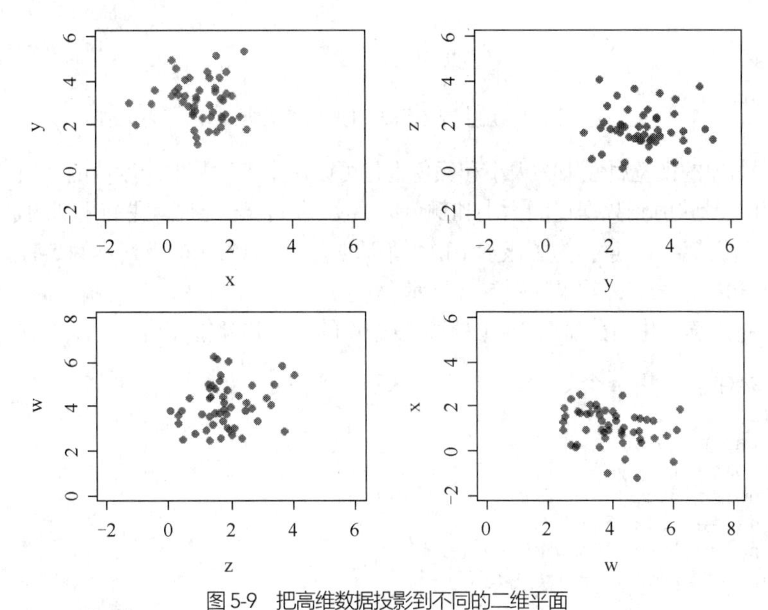

图 5-9　把高维数据投影到不同的二维平面

示例 5-10　用平行坐标轴上的折线表示高维数据。

```
#创建高维数据样本：使用 4 个变量 x、y、z、w 表示空间中点的坐标
set.seed(1)
noise <- rnorm(200)
x <- 1 + noise[1:50]
y <- 3 + noise[51:100]
z <- 2 + noise[101:150]
w <- 4 + noise[151:200]
#绘制底图，注意数据没有归一化处理，因此 y 轴的范围要涵盖所有变量的值域
plot(0, type = "n", cex.axis = 1.5,
   xlim = c(1,4), ylim = c(-2, 7),
```

```
    xaxt = "n", xlab = "", ylab = "")
#绘制垂直线表示变量的坐标轴
abline(v = 1:4, lty = 1, lwd = 1.5, col = "#777777EA")
#绘制水平参考线
abline(h = seq(-2, 7, 0.5), lty = 2, lwd = 1.5, col = "#77777783")
#在各坐标轴上绘制数据对应的坐标点
points(rep(1:4, each = 50), c(x, y, z, w), pch = 16,
     cex = 1.5, col = rep(c("#ECCCA1DC", "#27C7F580", "#A1ECC3F0", "#ECA1DBEB"),
     each = 50))
#顺序连接同一个样本点的不同坐标
sapply(1:50, function(i) lines(c(1,2,3,4), c(x[i], y[i], z[i], w[i]),
        lwd = 2, col = rgb(75, 75, 75, 125, max = 255)))
#添加数轴标签
axis(1, 1:4, c("x", "y", "z", "w"), tick = FALSE, cex.axis = 1.5)
```

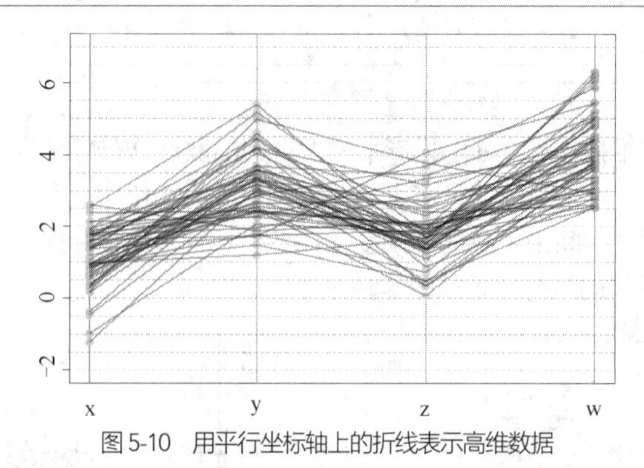

图 5-10　用平行坐标轴上的折线表示高维数据

此外，数据对象的视觉属性中的大小和颜色也是可以用来表达其他维度值的选项。示例 5-11 将连续变化的数值型变量映射到数据点的大小和颜色。在实现颜色渐变时，我们用到的是 rgb()函数中的 alpha 参数值，即透明度。注意，为了显示出白色（透明度为 100%）的点，示例 5-11 中所选择的符号类型是 21，即有边框的圆点，效果如图 5-11 所示。

示例 5-11　将连续变化的数值型变量映射到数据点的大小和颜色。

```
#创建高维数据样本：使用 4 个变量 x、y、z、w 表示空间中点的坐标
set.seed(1)
noise <- rnorm(200)
x <- 1 + noise[1:50]
y <- 3 + noise[51:100]
z <- 2 + noise[101:150]
w <- 4 + noise[151:200]
#取变量 z 和 w 的最小值与最大值，以实现归一化
mz <- min(z)
Mz <- max(z)
mw <- min(w)
Mw <- max(w)
#设置颜色，透明度与变量 w 对应
co <- sapply(1:50,
              function(i) rgb(0.2, 0.1, 0.5, (w[i] - mw)/(Mw - mw)))
#设置大小，缩放系数与变量 z 对应
sz <- sapply(1:50,
function(i) 0.5 + 5*(z[i] - mz)/(Mz - mz))
#绘制 x-y 平面的散点，大小与颜色表示其他维度的数值
plot(x, y, pch = 21, bg = co, cex = sz, cex.lab = 1.5, cex.axis = 1.5)
```

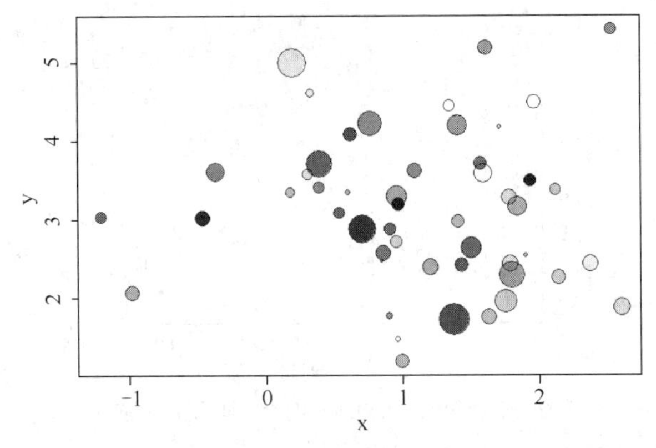

图 5-11 将连续变化的数值型变量映射到数据点的大小和颜色

5.2 序列图

本节将介绍序列图的绘制。在散点图中，数据之间的相邻关系由空间中的距离决定，而数据之间不存在顺序的关系。与此不同，序列图中的数据存在与索引一一对应的全序，通常表明事件发生的时序。这种时序可以显式表达，借助平面中的 x 轴表示时间流逝的方向。一些情况下，显式地表示时间会减少用于表示变量的维度，时间只能隐式地描述：在线段上相邻的数据在时间上也相近，时间的流逝方向用箭头代表。

5.2.1 时间序列图

研究时间序列的目的是探索一个或几个变量随时间的演化。表示时间序列数据的向量或矩阵通过以时序为索引将向量元素或矩阵的行组成了一个有序结构。使用只带有参数 x 的 plot( )函数默认 x 的索引为自变量，可以方便地描绘序列值随索引演变的过程。示例 5-12 中使用函数 plot( )和 lines( )分别画出的两条时间序列对应的折线，代码的执行结果如图 5-12 所示。

示例 5-12 使用函数 plot( )和 lines( )绘制时间序列对应的折线。

```
#生成随机数序列
a <- seq(1, 3, 0.02)^2 + rnorm(101, 0, 0.5)
b <- seq(2, 4, 0.02)^1.05 + rnorm(101, -1, 0.25)
#绘制序列图
plot(a, type = "o", bty = "l", ylim = c(0, 10), xlab = "时间", ylab = "价格",
    cex.lab = 1.3, cex.axis = 1.5,
    col = rgb(1, 0.35, 0.25, 0.8), lwd = 1.2, pch = 18, cex = 1.2)
lines(b, col = rgb(0.25, 0.5, 0.7, 0.8), lwd = 1.2, pch = 19, type = "o",
    cex = 1.2)
#添加图例
legend("bottomright",
       legend = c("序列 1", "序列 2"),
       col = c(rgb(1, 0.35, 0.25, 0.8), rgb(0.25, 0.5, 0.7, 0.8)),
       pch = c(18,19),
       bty = "n",
       pt.cex = 1.2,
       cex = 1.5,
       text.col = "black",
       inset = c(0.1, 0.05))
```

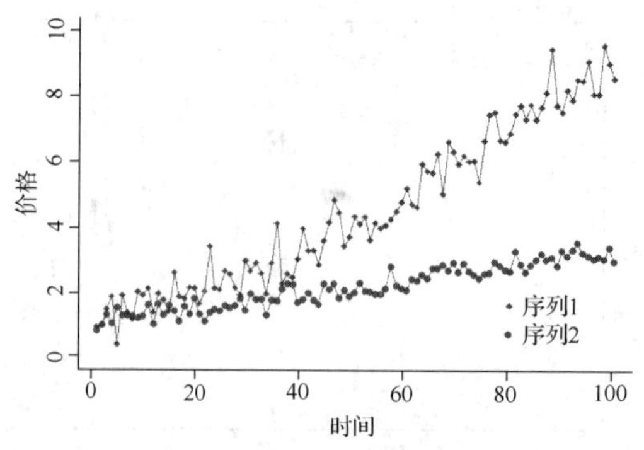

图 5-12　使用函数 plot( )和 lines( )绘制时间序列对应的折线

为了凸显时间序列的变化，用户可以在表示序列的折线下方进行区域填充来衬托顶部的连线。在两条时间序列连线之间进行区域着色，也可以强化对比的效果。示例 5-13 中使用 polygon( )函数对时间序列线与横轴之间的区域上色，显示时间序列形成的累积面积，代码执行结果如图 5-13 所示。

示例 5-13　使用 polygon( )函数对时间序列线与横轴之间的区域上色。

```
#生成随机数
set.seed(11223)
x <- 1:30
y <- sample(seq (5,18,0.5), 30, replace = TRUE)
#绘制序列
plot(x, y, cex.axis = 1.7, cex.lab = 1.3,
col = rgb(0.2,0.1,0.5,0.9), type = "l", lwd = 3,
ylim = c(1,18),
xlab = "", ylab = "流量（m^3/s）")
#填充区域，增加两个顶点(1, 0)和(length(x), 0)以便构成封闭的多边形
polygon(c(1, x, length(x)), c(0, y, 0),
        col =rgb (0.1,0.2,0.7,0.1), border = F)
abline(v = 16, col = rgb(1, 0.35, 0.3, 1), lwd = 3)
text(19, 5, "检修", cex = 1.5)
```

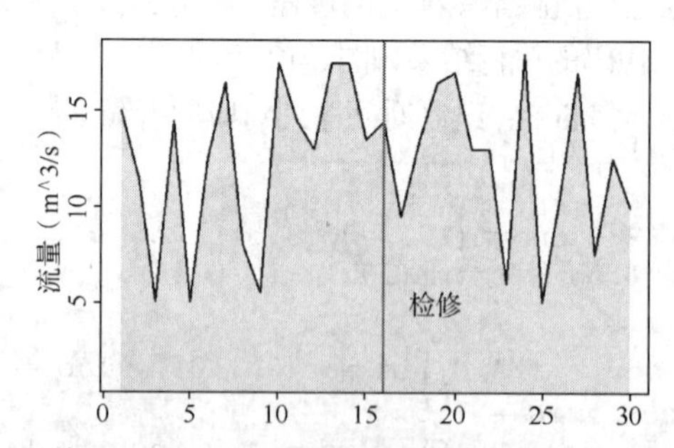

图 5-13　使用 polygon ( )函数对时间序列线与横轴之间的区域上色

图 5-13 中用填色的区域衬托出时间序列的变化形式。示例 5-14 的代码中用区域填充来表现两条序列的差异，可以方便用户更好地对两者的相似性进行比较，执行结果如图 5-14 所示。

示例 5-14　用区域填充来表现两条序列的差异。

```
#随机生成两条序列
set.seed(201)
x <- 1:30
y <- runif(30, 0.5, 2.5)
z <- runif(30, 0, 2)
#绘制第一条序列的折线图
```

```
plot(x, y, "l", col = "steelblue", lwd = 3, ylim = c(0, 2.5),
    cex.axis = 1.5, cex.lab = 1.4, xlab = "日期", ylab = "金额(万元)")
#添加第二条序列的折线图
lines(x, z, col = "tomato", lwd = 4)
#添加多边形用于填充，注意：合并 x 与倒置的 x，y 与倒置的 z，组合起来分别构成多边形顶点的坐标
polygon(c(x, rev(x)), c(y, rev(z)), col = "#3BA26833", border = F)
#添加图例
legend("topleft",
        legend = c("收入", "支出"),
        col = c("steelblue", "tomato"),
        lwd = c(3, 4),
        cex =1.2,
        text.col = "black",
        inset = 0.01)
```

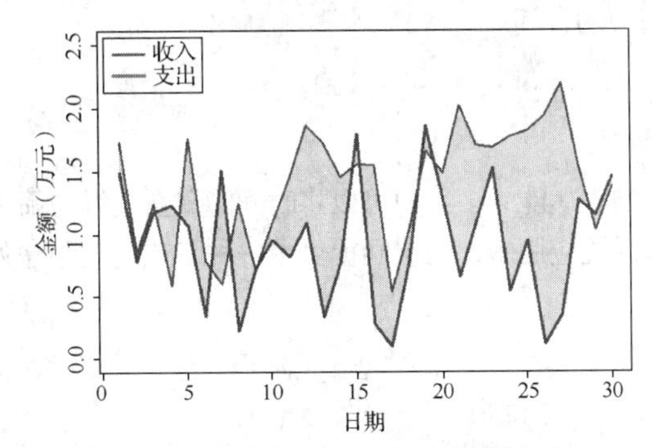

图 5-14 用区域填充来表现两条序列的差异

图 5-14 显示，填充的面积越大，序列间的差异越大。

5.2.2 日期表示

如果时间序列中代表索引的时间是日期，读者更希望将其以习惯的“年-月-日”格式显示。R 语言提供了函数 as.Date( )，可以用于在字符表示形式和表示日历日期的 Date 类对象之间进行转换。在示例 5-15 中，我们使用日历日期作为索引来绘制时间序列图，代码的执行结果如图 5-15 所示。

示例 5-15 使用日历日期作为索引来绘制时间序列图。

```
#生成随机数
set.seed(1)
date <- paste("2021/08/", sample (seq(1,31),10), sep = "")
value <- sample(seq(1,100), 10)
#生成数据框
df <- data.frame(date, value)
#把日期转换为 date 格式
df$date <- as.Date(df$date)
#按日期排序
df <- df[order(df$date), ]
#绘制时间序列图，只画部分边框线（L 型）
plot(df$value ~  df$date,
type = "o", lwd = 3, col = rgb(1,0.2,0.2,0.9),
cex.lab = 1.3, cex.axis = 1.4,
ylab = "数量", xlab = "日期", bty = "l", pch = 20, cex = 2)
#绘制水平线
abline(h = seq(0,100,20), col = "grey", lty = 2, lwd = 1.2)
```

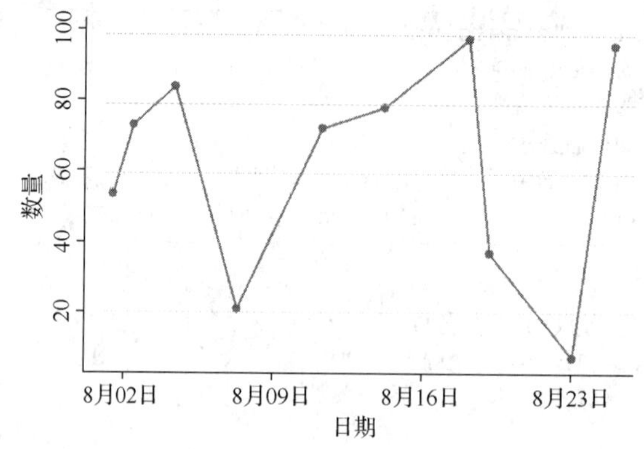

图 5-15 使用日历日期作为索引绘制时间序列图

图 5-15 中的刻度表示对应的日期。

5.2.3 多变量序列

为了增加二维平面图形的表达能力，用户可以将时间隐藏在连线与箭头之中，在绘图上表示数据更多的维度。例如，在动态系统应用中，向空间提供了一种隐式的时间序列表示方法。我们来看一个微分方程描述的吸引子：

$$\frac{\mathrm{d}x}{\mathrm{d}t}=y$$

$$\frac{\mathrm{d}y}{\mathrm{d}t}=x-x^3-ay+b\cos t$$

在示例 5-16 中，我们用差分方程来实现动态系统的赋值过程（见自定义函数 sol()），用 arrow()函数绘制表示时间方向的箭头，绘制出二维空间中的吸引子，代码的执行结果如图 5-16 所示。

示例 5-16 绘制二维空间中的吸引子。

```
sol <- function(x0, y0, a = 0.35, b = 0.3, delta = 0.02, n = 1000)
{
   xt <- rep(x0, n);
   yt <- rep(y0, n);
   for (i in seq(2, n + 1))
   {
      xt[i] <- xt[i-1] + delta*yt[i-1];
      yt[i] <- yt[i-1] + delta*(xt[i-1] - xt[i-1]^3 - a*yt[i-1] + b*cos(i));
   }
   df <- data.frame(xt, yt);
   df
}
#注意：初始值可能会影响系统的稳定性
data <- sol(1, 1, a = 0.2, b = 0.4, delta = 0.01, n = 2000)
#绘制 y(t)与 x(t)的依赖关系
plot(data$yt ~ data$xt, type = "l", col = "#19B2A8BC", lwd = 2,
cex.lab = 1.3, cex.axis = 1.4, xlab = "x(t)", ylab = "y(t)")
#在序列末端添加箭头
arrows(data$xt[length(data$xt) - 1], data$yt[length(data$xt) - 1],
       data$xt[length(data$xt)], data$yt[length(data$xt)],
       col = "#19B2A8BC", lwd = 2)
```

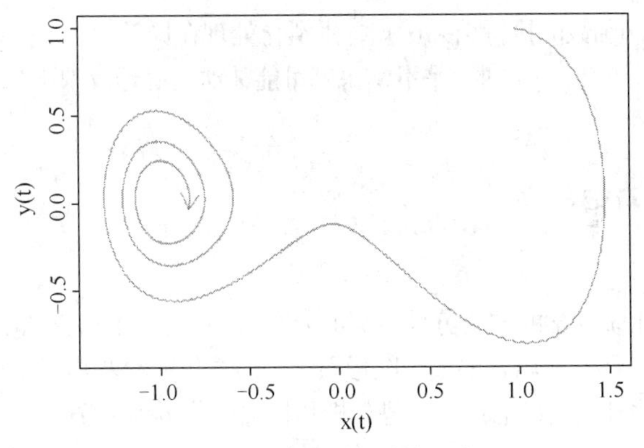

图 5-16 绘制二维空间中的吸引子

5.2.4 模型与趋势

在散点图中我们曾使用多元线性回归来计算数据拟合出来的多项式模型，也使用平滑化处理函数 lowess( )得到局部平滑模型。这种处理方式同样可应用于时间序列图中来表示时间序列的演化趋势。示例 5-17 中的代码使用不同参数调用 lowess ( )函数得到数据平滑化处理的结果，并用 lines ( )绘制相应的曲线来表示时间序列的变化趋势，其执行结果如图 5-17 所示。

示例 5-17 表示时间序列的变化趋势。

```
#用模型生成带噪声的数据
set.seed(10201)
x <- seq(1, 10, 0.1)
y <- 0.15*x^2 - 2*x + 10 + rnorm(length(x))
#绘制时间序列图
plot(x, y, type = "o", lwd = 1.5, cex.lab = 1.4, cex.axis = 1.4)
#添加理论值，以及使用不同的 f 参数的平滑化处理曲线
curve(0.15*x^2 - 2*x + 10, from = 1, to = 10, add = TRUE,
   col = rgb(1, 0.2, 0.1, 0.5), lwd = 5)
lines(lowess(y~x), col = rgb(0.1, 0.1, 0.1, 0.3), type="l", lwd = 15)
lines(lowess(y~x, f = .2), col = rgb(1, 0.4, 0, 0.3), type = "l", lwd = 10)
#添加图例
legend("topright", inset = c(0.1, 0.05),
       c("理论值", paste("f = ", c("2/3", "1/5"))),
       lty = 1, lwd = c(5, 15, 10),
       col = c(rgb(1, 0.2, 0.1, 0.5), rgb(0.1, 0.1, 0.1, 0.2), rgb(1, 0.4, 0, 0.3)),
       bty = "n", cex = 1.5)
```

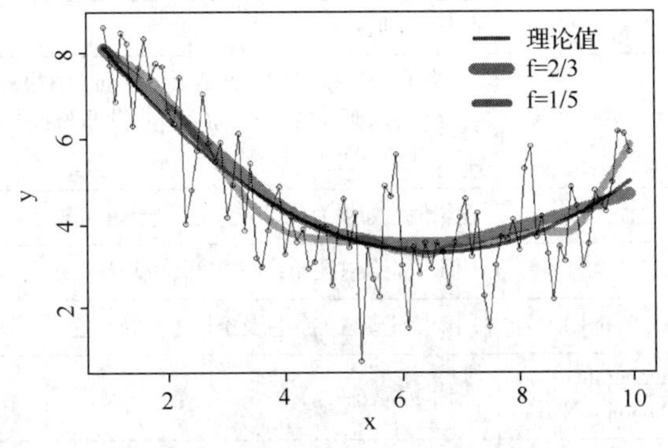

图 5-17 表示时间序列的变化趋势

由图 5-17 中 lowess()函数的执行结果可知，平滑化处理在局部拟合上效果较好。一旦曲线形式复杂，当参数 f 取值较小（如 f=0.2）时，平滑结果就可能无法准确地反映出数据的整体走势。

5.3 描述统计图

描述统计图

描述统计的目标是用统计学的方法分析数据的分布特征，估计随机变量之间关系，并用图形方式描述所得到的结果。本节介绍 R 语言的基础图形系统中所提供的绘制描述统计图的工具和方法。这些工具可以帮助数据分析师开展统计估计、趋势分析和相关性分析等工作。

5.3.1 直方图

直方图表达的是数值型数据的分布情形，用于估计连续变量的概率分布密度。直方图中的主要视觉对象是一系列条状的矩形，在变量值分布的范围内分段表示每个分段内观测数据的数量。R 语言中的函数 hist()可以绘制单变量的直方图。

```
hist(x, breaks, freq = NULL, probability, include.lowest, right, density, angle,
col, border, main, xlim, ylim, xlab, ylab, axes, plot, labels, nclass, warn.unused, ...)
```

绘制直方图函数 hist()可以通过参数设置实现概率密度估计等功能，其参数及其默认值如表 5-3 所示。省略号表示其他适用的绘图参数。

表 5-3　hist()函数的参数及其默认值

参数名	默认值	说明
x	—	需要绘制直方图的值向量
breaks	"Sturges"	可能为以下几种形式之一： • 给出了直方图单元格之间断点的向量； • 用于计算断点向量的函数； • 表示直方图的单元格数的单个数字； • 命名计算单元格数的算法的字符串； • 用于计算单元格数的函数。 如果 breaks 是一个函数，则 x 向量是提供给它的唯一参数
freq	NULL	逻辑值。如果为 TRUE，则直方图表示结果的频数，是计数部分，且 ylab 的默认值为"Frequency"；如果为 FALSE，则绘制概率密度，是密度部分
probability	!freq	!freq 的别名
include.lowest	TRUE	逻辑值。如果为 TRUE，则等于 breaks 值的 x[i]将被包含在前一个（如果 right = FALSE，则为后一个）条柱中。除非 breaks 是一个向量，否则该参数将被忽略（并给出警告）
right	TRUE	逻辑值。如果为 TRUE，则直方图单元格为左开右闭区间
density、angle	NULL、45	用于填充条柱阴影线的密度（以每英寸线数为单位）和角度（逆时针方向）
col、border	"lightgray"、NULL	用于填充条柱的颜色及条柱边框的颜色
main、xlab、ylab	paste("Histogram of", xname)、xname、NULL	主标题和数轴标签
xlim、ylim	range(breaks)、NULL	具有合理默认值的 x 和 y 值的范围

续表

参数名	默认值	说明
axes	TRUE	逻辑值。如果为 TRUE，则在绘制图时绘制坐标轴
plot	TRUE	逻辑值。如果为 TRUE，则绘制直方图，否则返回断点和计数列表。在后一种情况下，如果指定了只适用于 plot = TRUE 情况的参数，则会发出告警
labels	FALSE	逻辑值或字符串。如果不为 FALSE，在条形图顶部绘制标签
nclass	NULL	数值。对于标量或字符参数，nclass 等价于 breaks
warn.unused	TRUE	逻辑值。如果 plot=FALSE 且 unused=TRUE，而有图形化参数传递给 history.default( )时，将发出告警

在表 5-3 所列的参数中，有很多与其他绘图函数使用的参数形式一致，而且默认值在一般的场景下可以生成合理的直方图。示例 5-18 中使用默认参数绘制一个 χ^2 分布（卡方分布）随机变量的密度直方图，代码执行结果如图 5-18 所示。

示例 5-18 使用默认参数绘制 χ^2 分布随机变量的密度直方图。

```
#生成符合 chi^2 分布的随机值
require(stats)
set.seed(12)
x <- rchisq(100, df = 4)
#绘制密度直方图
hist(x, freq = FALSE, ylim = c(0, 0.2), ylab = "密度", main = "x 的密度直方图")
#添加 chi^2 分布概率密度曲线用于比较
curve(dchisq(x, df = 4), col = 2, lty = 2, lwd = 2, add = TRUE)
```

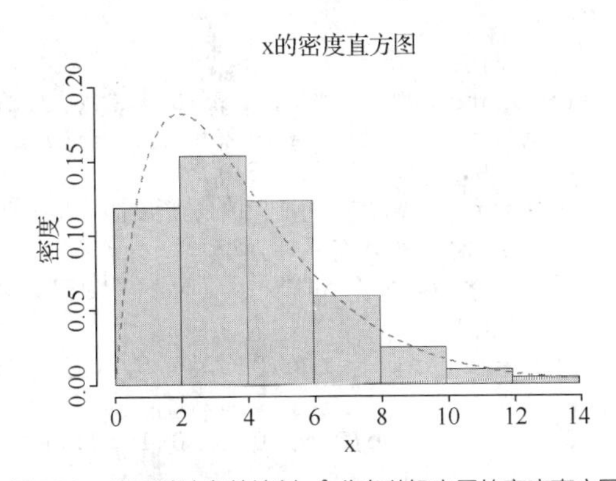

图 5-18 使用默认参数绘制 χ^2 分布随机变量的密度直方图

在图 5-18 中，绘图参数使用的是函数 hist ()的默认值。用户可以对这些参数进行自定义设置来达到所需要的视觉效果，如指定填充颜色。示例 5-19 中使用参数 col 来设置直方图的填充颜色，代码执行结果如图 5-19 所示。

示例 5-19 使用参数 col 设置直方图的填充颜色。

```
#生成混合高斯分布随机数
data <- c(rnorm(1000, 0, 2) , rnorm(1000, 6, 2))
#使用自定义绘图参数绘制直方图
hist(data, breaks = 30,
col = rgb(0.2,0.4,0.6,0.5),
xlim = c(-10, 15), ylim = c(0, 120), xlab = "数据", ylab = "频度", main = "")
```

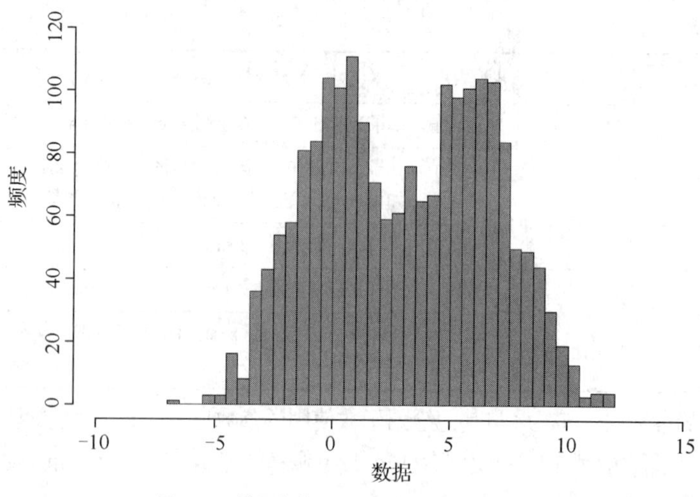

图 5-19 使用参数 col 设置直方图的填充颜色

灵活选择绘图参数可以更直观地表现出直方图的统计结论。在示例 5-20 的代码中，我们首先通过设置 plot = FALSE 来得到计数值，再使用不同的填充颜色来标记一组正态分布数据的概率区间，执行结果如图 5-20 所示。

示例 5-20 使用不同填充颜色标记正态分布数据的概率区间。

```
#生成一组正态分布的随机数
data <- rnorm(1000, 0, 10)
#只得到分段计数值，不绘制直方图
myHist <- hist(data, breaks = 40, plot = F)
Mc <- max(myHist$counts)
#按分布概率区间设置颜色
myCol <- ifelse(myHist$counts > 0.75*Mc, rgb(0.2,0.6,0.2,0.9),
                ifelse(myHist$counts >= 0.25*Mc, rgb(0.2,0.6,0.2,0.6),
                       rgb(0.2,0.6,0.2,0.3)))
#利用 myHist 绘制直方图，设置 freq=FALSE 表示画出的是密度而不是频数
plot(myHist, freq = FALSE, col = myCol, border = FALSE, cex.lab = 1.5,
cex.lab = 1.4, main = "" , xlab = "数值", ylab = "密度", xlim = c(-40,40))
#添加核密度估计曲线
lines(density(data), lwd = 5, col = rgb(0.3, 0.5, 0.3, 0.8))
#添加理论概率密度曲线
curve(dnorm(x, sd = 10), col = rgb(0.6, 0.2, 0.1, 0.7),
      lty = 2, lwd = 3, add = TRUE)
#添加图例
legend("topright", inset = c(0.1, 0.1),
       box.lwd = 2, box.col = rgb(0.2,0.6,0.2,0.9),
       lty = c(1, 2), lwd = c(5, 3), cex = 1.5,
       col = c(rgb(0.3, 0.5, 0.3, 0.8), rgb(0.6, 0.2, 0.1, 0.7)),
       legend = c("估计值", "理论值"))
```

绘制图 5-20 中的图形时，我们用到了泛型函数 plot( )的方法 plot.histogram( )，所以可以选择参数 border = FALSE 来指定不绘制条柱的边框。

通常，用户需要观察与分析不同数据分布之间的异同。使用 mfrow 参数可以将多幅子图绘制在一起，方便比较。在示例 5-21 中，我们将两个数据集的分布情况用直方图表示，分别绘制在子图中，代码执行结果如图 5-21 所示。

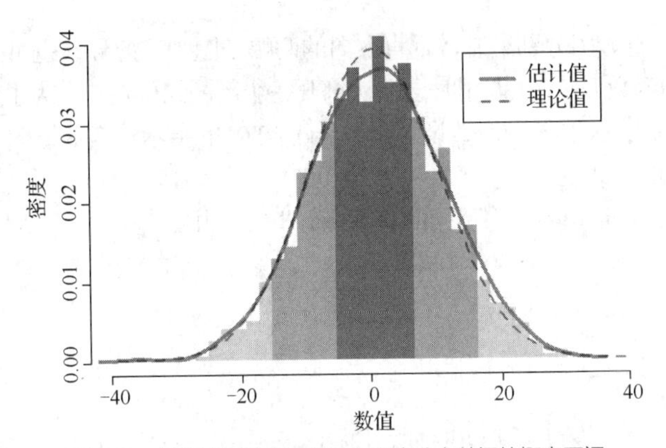

图 5-20 使用不同填充颜色标记正态分布数据的概率区间

示例 5-21 将两个数据集的分布直方图分别绘制在子图中。

```
#创建随机数
set.seed(1023)
x <- rnorm(500)
y <- rnorm(500, 2, 2)
#保存原来的参数，以便后期恢复
op <- par("mfrow")
#设置子图为 2 行 1 列
par(mfrow = c(2,1))
#设置边缘宽度（下、左、上、右），减少底部边缘宽度
par(mar = c(0,5,2,1))
#绘制直方图
hist(x, breaks = 20, main="", xlim = c(-4, 7), ylim = c(0,120),
ylab = "x 的频度", xlab = "", xaxt = "n", las = 1,
cex.lab = 1.6, cex.axis = 1.3,
col = rgb(0.2, 0.3, 0.8, 0.2))
#设置边缘宽度，减少底部边缘宽度
par(mar = c(1,5,0,1))
#绘制直方图，y 轴刻度从下到上为(120, 0)
hist(y, breaks = 20, main="", xlim = c(-4, 7), ylim = c(120,0),
ylab = " y 的频度", xlab = "", xaxt = "n", las = 1,
cex.lab = 1.6, cex.axis = 1.3,
col = rgb(0.9, 0.1, 0.2, 0.6))
#恢复原参数值，默认下、左、上、右边缘宽度为 5、4、4、2
par(mfrow = op)
par(mar = c(5, 4, 4, 2))
```

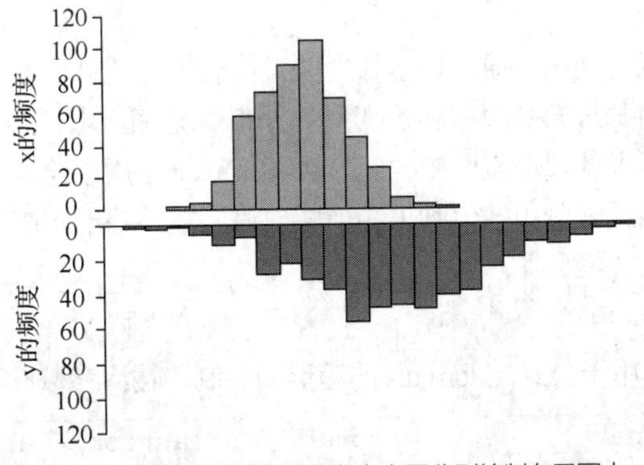

图 5-21 将两个数据集的分布直方图分别绘制在子图中

在图 5-21 中，两个直方图分别绘制在垂直方向的两幅子图中。此外，也可以将不同的直方图并置在一排进行比较。因为函数 hist()在调用时会默认打开一个新的绘图窗口，为了保留第一张直方图，在示例 5-22 中当第二次调用 hist()函数时，设置参数 add = TRUE 指示将新的绘图添加到原来的绘图窗口中，代码执行结果如图 5-22 所示。

示例 5-22 多次调用 hist()函数将不同的直方图并置在一排。

```
#创建数据
set.seed(1023)
x <- rnorm(500)
y <- rnorm(500, 2, 1)
#绘制第一张直方图
hist(x, breaks = 30, xlim = c(-4,6), col = rgb(0.8,0.1,0.1,0.5), xlab = "数值",
    ylab = "计数值", main = "两类数据的分布比较", cex.lab = 1.3, cex.main = 1.5)
#绘制第二张直方图，设置 add=TRUE
hist(y, breaks=30, xlim = c(-4,6), col = rgb(0.1,0.1,0.8,0.5), add = TRUE)
#添加图例
legend("topright", inset = c(0.1, 0.1),
fill = c(rgb (0.8,0.1,0.1,0.5), rgb(0.1,0.1,0.8,0.5)),
legend = c("类别 1","类别 2"), cex = 1.5)
```

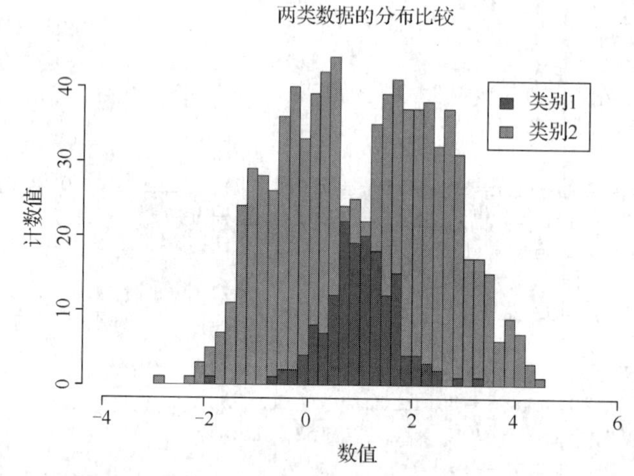

图 5-22 多次调用 hist()函数将不同的直方图并置在一排

如图 5-22 所示，由于使用了透明度较高的颜色，因此直方图重叠的部分可以被清晰地显示出来。

5.3.2 箱形图

箱形图，又称箱线图或盒须图，通过显示 5 个关键信息（包括最小值、中位数、第一/第三四分位数、最大值）来帮助数据分析师理解数值型随机变量的分布情况。箱形图还可以使用四分位数范围（IQR）来判断一个观察值是否为可疑的离群点。R 语言基础图形系统中用于绘制箱形图的函数是 boxplot()。这个函数可以为给定的数值或者分组数值画出箱形图。该函数的基本调用形式如下：

```
    boxplot(x, ..., range, width, varwidth, notch, outline, names, plot, border, col,
log, pars, ann, horizontal, add, at)
```

此外，boxplot()还可以用于公式类 formula 的箱形图绘制，输入参数的形式有所区别：

```
    boxplot(formula, data, ..., subset, na.action, xlab, ylab,add, ann,
horizontal,drop, sep, lex.order)
```

表 5-4 中列出了 boxplot ()函数的参数及其默认值。

表 5-4 boxplot ()函数的参数及其默认值

参数名	默认值	说明
x	—	用于指定生成箱形图数据的数值向量或包含此类向量的列表。其他未命名参数将其他数据指定为其他的向量，对应于分组的箱形图。在数据中允许使用 NA
range	1.5	决定须线从方框延伸到多远。如果 range 为正，则须线延伸到最极端的数据点，该数据点不超过 range 乘从方框开始的四分位数所形成的这一范围。值为 0 时，须线将扩展到数据极值
width	NULL	给出图中方框的相对宽度的向量
varwidth	FALSE	如果 varwidth 为 TRUE，则方框的宽度与组内观察样本数的平方根成正比
notch	TRUE	如果 notch 为 TRUE，则在方框的两边各画一道切口。如果两个图的切口没有对齐，就是两个中位值不同的证据
outline	TRUE	如果 outline 不为 TRUE，就不会画出离群点
names	—	组标签会显示在每个箱盒下。其可以是字符向量或表达式
plot	TRUE	如果为 TRUE，则生成箱形图，否则返回箱形图的摘要
border	par ("fg")	用于箱形图轮廓的可选颜色向量。如果向量的长度小于方框的数量，则循环使用 border 中的值
col	"lightgrey"	如果 col 不为 NULL，则包含用于给方框图的主体着色的颜色
log	""	表示 x、y 或两者坐标是否应以对数标度绘制的字符
pars	list (boxwex = 0.8, staplewex = 0.5, outwex = 0.5)	包含更多图形参数的列表。 • boxwex 适用于所有方框的比例因子。在只有几个组时，可以通过缩小箱盒来改善外观 • staplewex 为上下边缘线宽度扩展系数，与盒宽成正比 • outwex 为离群线宽度扩展系数，与盒宽成正比
ann	!add	逻辑值，指示是否应该标注坐标轴
horizontal	FALSE	逻辑值，指定箱形图是否应该水平绘制
add	FALSE	逻辑值。如果为 TRUE，则将 boxplot 添加到当前图中
at	NULL	数值型向量，给出了应该绘制箱形图的位置，特别是当 add = TRUE 时

在针对公式类的实现中，参数 formula 指的是一个公式，例如 y ~ grp：其中 y 是根据分组变量 grp（通常是一个因子）分组数据的数值型向量。注意：~ g1 + g2 等价于~g1:g2；data 是一个数据框或列表，公式中的变量从其中取值；na.action 是一个指示数据包含 NA 时如何处理的函数——默认情况下，忽略所有的缺失值。读者可以通过 R 帮助系统进一步了解其他参数的使用方法。

示例 5-23 使用默认参数绘制箱形图，其执行结果如图 5-23 所示。

示例 5-23 使用默认参数绘制箱形图。

```
#生成 4 组随机数构成一个数组，使用命名参数可以在绘制箱形图时给箱盒加上标签
mat <- cbind(Uni05 = (1:100)/21, Norm = rnorm(100),
      `5T` = rt(100, df = 5), Gam2 = rgamma(100, shape = 2))
#直接使用默认参数绘制矩阵的箱形图
boxplot(mat)
```

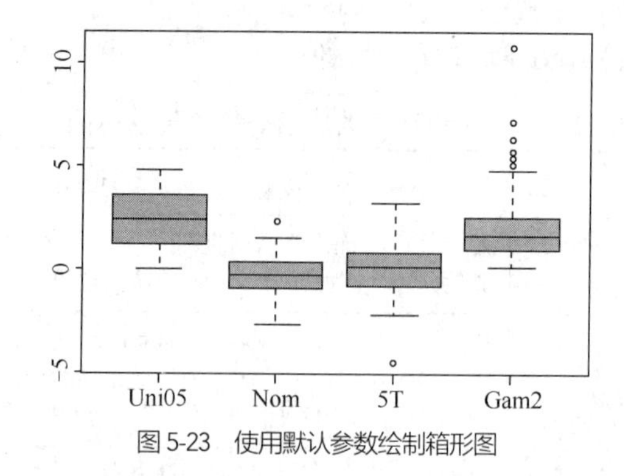

图 5-23　使用默认参数绘制箱形图

图 5-23 展示的箱形图中右侧 3 组数据均出现了离群点。默认情况下，对疑似离群点的判别条件是该点是否偏离第三分位值上方 1.5 倍 IQR 或第一分位值以下 1.5 倍 IQR。如果希望进一步了解离群值的大小，则可以执行下列命令。

```
> plot.stats(mat)$out
[1] -4.415972  5.668010 10.802468  7.130509  6.312288  5.427062
```

示例 5-24 使用公式类输入参数，绘制更加定制化的箱形图，其执行结果如图 5-24 所示。

示例 5-24　使用公式类输入参数绘制定制化的箱形图。

```
#创建一个数据框，为 4 组数据生成随机采样值
set.seed(65535)
names <- c(rep("A", 25), rep("B", 25), rep("C", 25), rep("D", 25))
value <- c(sample (1:5, 25, replace = T),
sample(6:10, 25, replace = T),
           sample(2:8, 25, replace = T),
sample(4:7, 25, replace = T))
#将向量组合为数据框
data <- data.frame(names, value)
#使用公式及自定义颜色绘制箱形图，设置 notch=TRUE
boxplot(data$value ~ data$names, notch = TRUE,
        col = rgb(0.3,0.4,0.5,0.6), cex.lab = 1.3, cex.axis = 1.4,
        ylab = "数值", xlab = "组别")
```

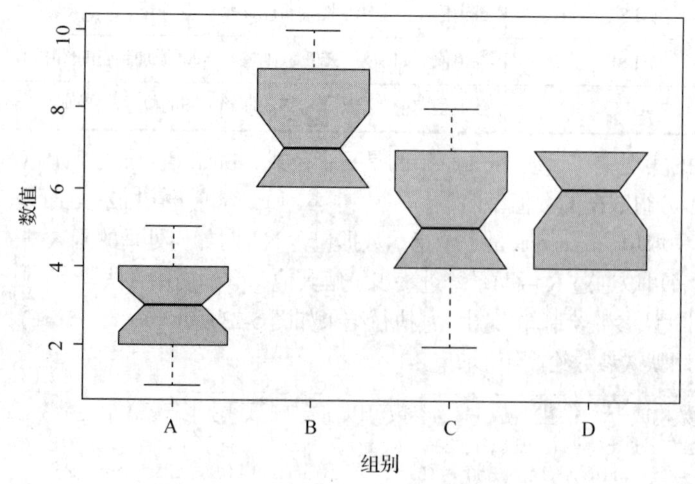

图 5-24　使用公式类参数绘制定制化的箱形图

在 boxplot()函数的参数中，有一些绘图参数可以用于改变箱盒方框的形状。在示例 5-25 中，我们

使用每一组的样本数量来决定方框宽度，代码执行结果如图 5-25 所示。

示例 5-25 使用每一组的样本数量来决定方框宽度。

```
#创建一个数据框，为 4 组数据生成数量不同的随机采样值
set.seed(1)
names <-c(rep("A", 35), rep("B", 15), rep("C", 55), rep("D", 20))
value <- c(sample(1:5, 35, replace = T),
sample(6:10, 15, replace = T),
sample(2:8, 55, replace = T),
sample(4:7, 20, replace = T))
#将向量组合为数据框
data <- data.frame(names, value)
#计算每组的占比
frac <- table(data$names)/nrow(data)
#绘制箱形图，颜色向量会循环使用
boxplot(data$value ~ data$names,
   width = frac,
   col = c(rgb(0.5,0.3,0.4,0.6), rgb(0.3,0.5,0.4,0.6)),
   cex.lab = 1.3, cex.axis = 1.4,
   ylab = "数值", xlab = "组别")
```

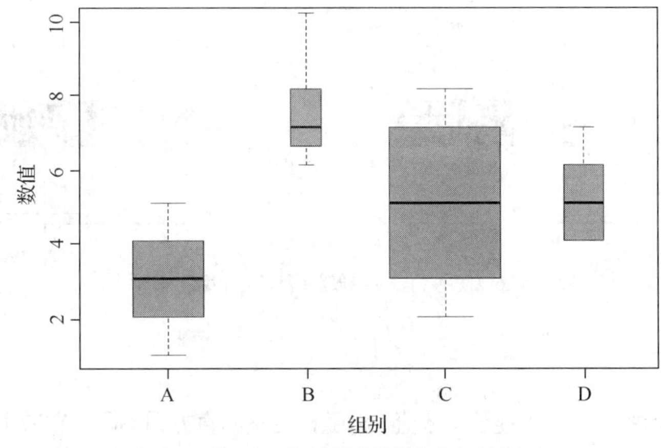

图 5-25 使用每一组的样本数量来决定方框宽度

读者可以把绘制箱形图的函数与 R 基础绘图系统的其他绘图参数设置一起使用，这样灵活的组合可以达到数据可视化的理想效果。在示例 5-26 中，我们使用不同的系统绘图参数值来绘制箱形图，让读者了解 R 绘图工具的灵活性和便捷性，代码的执行结果如图 5-26 所示。

示例 5-26 使用不同的系统绘图参数值来绘制箱形图。

```
#创建一个由不同分布的随机变量组成的矩阵
data <- cbind(v1 = rnorm(100), v2 = rnorm(100, 0, 2))
#保存绘图参数
op <- par("bty", "mfrow")
#设置子图布局形式为 2 行 2 列
par(mfrow = c(2, 2))
#设置包括上侧及右侧的边框线（形状类似“7”）
par(bty = "7")
#绘制水平方向的箱形图
boxplot(data, col = "paleturquoise", horizontal = TRUE)
#设置包括左侧及下侧的边框线（形状类似“l”）
par(bty = "l")
```

```
#选择不绘制离群点，指定变量名
boxplot(data, col = "navajowhite", outline = FALSE, names = c("var1", "var2"))
#设置包括左侧、下侧及右侧的边框线（形状类似“u”）
par(bty = "u")
#指定箱盒采用不同的宽度和颜色
boxplot(data, width = c(0.25, 0.4), col = c("transparent", "steelblue"))
#指定无边框线
par(bty = "n")
#设置箱盒使用不同的上下边缘线宽度和颜色
boxplot(data, staplewex = c(0.2, 0.8), col = c("tomato1", "sienna"))
#恢复原有的参数
par(bty = op$bty, mfrow = op$mfrow)
```

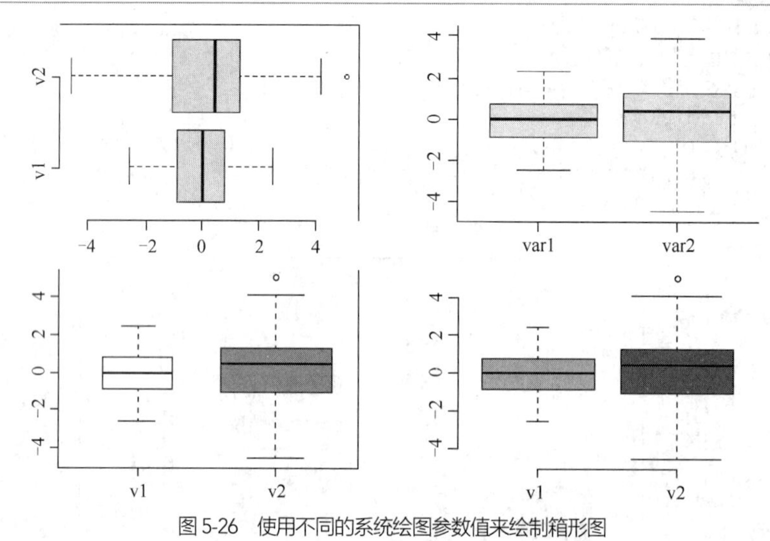

图 5-26　使用不同的系统绘图参数值来绘制箱形图

5.3.3 柱状图

柱状图也称为条形图，与用于连续（数值）型随机变量的直方图不同，它适用于分类的随机变量。R 函数 barplot( )可以创建具有垂直或水平条柱的柱状图，其调用形式如下：

```
barplot(height, width, space, names.arg, legend.text, beside, horiz, density,
angle, col, border, main, sub, xlab, ylab, xlim, ylim, xpd, log, axes, axisnames,
cex.axis, cex.names, inside, plot, axis.lty, offset, add, ann, args.legend, ...)
```

其中的省略号代表了用于构成列表的对象，这些对象可以带有名称。表 5-5 列出了 barplot( )函数的部分参数说明。

表 5-5　barplot( )函数的部分参数说明

参数名	默认值	说明
height	—	描述图中条柱的向量或矩阵。如果输入的是一个向量，则绘图由一系列矩形条组成，其高度由向量中的值给出。如果是一个矩阵，而 beside 为 FALSE，则每行对应一列高度，列中的值表示堆叠的子条的高度。如果是一个矩阵，而 beside 是 TRUE，那么每列中的值代表并置而不是堆叠的条柱
width	1	可选的表示条柱宽度的向量
space	NULL	在每个条柱之前留下的空白，以条柱宽度的比例形式给出
names.arg	NULL	绘制在每个条柱或一组条柱下方的名称向量。如果省略且输入的是向量，则从 height 的 names 属性中取名称；如果是矩阵，则从列名称中获取名称

续表

参数名	默认值	说明
legend.text	NULL	用于为柱状图构造图例的字符型向量或指示是否应包含图例的逻辑值。仅当高度为矩阵时，该参数才有用。在这种情况下，给定的图例标签应该对应于 height 的行数；如果 legend.text 为 TRUE，height 的行名非空则将用作标签
beside	FALSE	逻辑值。如果为 FALSE，height 列被描绘为堆叠的条柱；如果为 TRUE，height 列被描绘为并置的条柱
horiz	FALSE	逻辑值。如果为 FALSE，条形图将垂直绘制，第一个条柱在左；如果为 TRUE，则横向绘制，第一个条柱在下
density、angle	NULL、45	用于填充的阴影线密度和角度
col	NULL	条柱的颜色向量。默认情况下，如果 height 是一个向量，则使用 grey；如果 height 是一个矩阵，则使用伽玛校正的灰色调色板

很多参数既可用于 barplot( )，也可用于其他绘图函数，因此在表 5-5 中并未全部列出。示例 5-27 是一个使用默认参数值绘制柱状图的例子，其代码执行结果如图 5-27 所示。

示例 5-27 使用默认参数值绘制柱状图。

```
#创建一个数据框
data <- data.frame(name = LETTERS[1:8],value = sample(seq(3, 18), 8))
#绘制简单的柱状图
barplot(height = data$value, names = data$name)
```

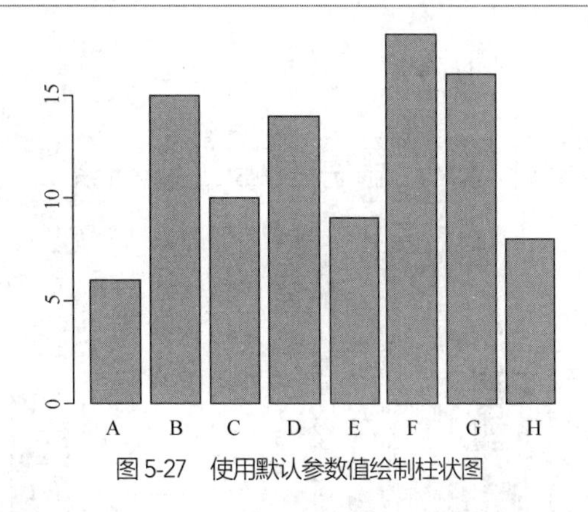

图 5-27 使用默认参数值绘制柱状图

读者可以使用自定义方式选择为条柱填充直线或颜色。示例 5-28 中代码绘制的结果（见图 5-28）中展示了柱状图两种填充方式的效果。

示例 5-28 柱状图两种填充方式的效果。

```
#保存参数
op <- par("mfrow")
#设置子图布局为 1 行 2 列
par(mfrow = c(1, 2))
#创建一个数据框
data <- data.frame(name = LETTERS[1:8],value = sample(seq(3, 18), 8))
#绘制不同填充方式的柱状图
barplot(height = data$value, names = data$name,
        main = "颜色填充", cex.main = 1.2,col = rgb(0.2,0.4,0.6,0.6))
barplot(height = data$value, names = data$name,
        main = "直线填充", cex.main = 1.2, density = 10, angle = 51)
#恢复原参数
par(mfrow = op)
```

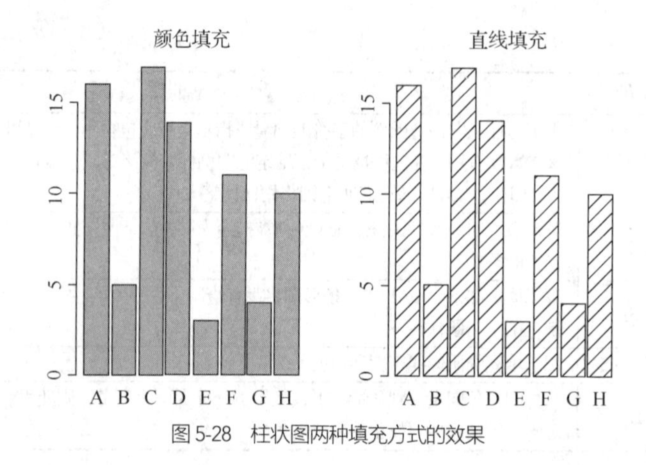

图 5-28　柱状图两种填充方式的效果

此外，还可以给不同的条柱单独配色。示例 5-29 中的代码用调色板 RColorBrewer 中的颜色依次给条柱填色，其执行结果如图 5-29 所示。

示例 5-29　用调色板 RColorBrewer 中的颜色依次给条柱填色。

```
#加载扩展颜色包
library(RColorBrewer)
#创建一个数据框
data <- data.frame(name = LETTERS[1:8],value = sample(seq(3, 18), 8))
#使用调色板给颜色向量赋值
myCol <- brewer.pal(8, "Set1")
#绘制柱状图
barplot(height = data$value, names = data$name,
col = myCol, xlab = "因子级别对应的颜色", cex.lab = 1.5)
```

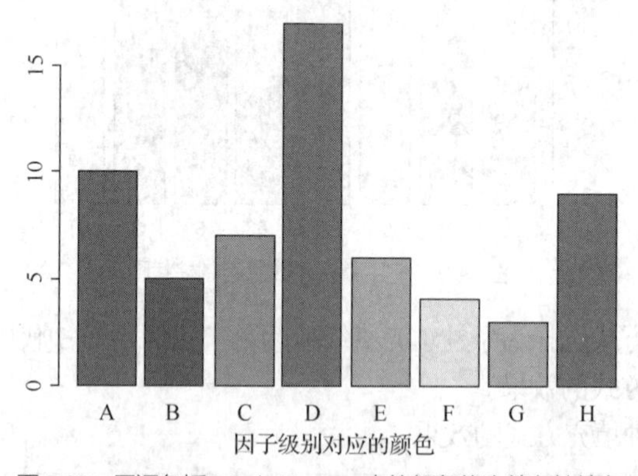

图 5-29　用调色板 RColorBrewer 中的颜色依次给条柱填色

柱状图的另一个应用场景是比较一组复杂对象的统计差异。分组柱状图中将数据划分成若干组（每一组对应于一个对象），每一组包含一些条柱（其高度对应于对象的不同属性值）。在使用 barplot( )函数绘制分组柱状图时，输入数据需要以数组形式提供：数组的每一列代表一个分组（对象），每一行是一个变量（对应于对象的一个属性）的高度值。在绘制柱状图时，根据参数 beside 的逻辑值，既可以把不同组的柱状图并置在一幅大图中（设置参数 beside = TRUE），也可以将同一组内的高度值堆叠在一个条柱中（设置参数 beside = FALSE）。

示例 5-30 的代码用于绘制一个组内条柱并置的分组柱状图，执行结果如图 5-30 所示。

示例 5-30　绘制组内条柱并置的分组柱状图。

```
#随机生成一个 4 行 7 列的矩阵
```

```
set.seed(312112)
mat <- matrix(sample(1:32, 28), nrow = 4)
colnames(mat) <- LETTERS[1:7]
rownames(mat) <- c("变量1","变量2","变量3","变量4")
#分组绘制并置式柱状图
barplot(mat,
        density = c(10, 15, 15, 10), angle = c(0, 90, 45, -60),
        col = "tomato3",
        border = "steelblue2",
        font.axis = 1.2,
        beside = TRUE,
        legend.text = rownames(mat),
        xlab = "分组编号",
        cex.lab = 1.5)
```

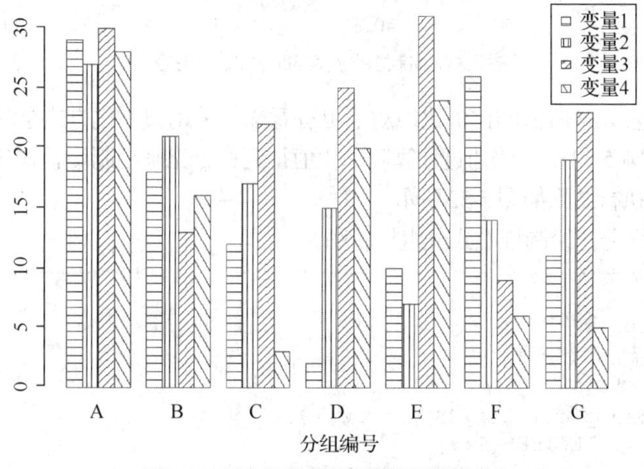

图5-30 绘制组内条柱并置的分组柱状图

堆叠式分组柱状图与并置式分组柱状图的区别在于组内只有一个条柱，不同变量的高度值层叠在一起，而不是相邻并列。R基础绘图系统的函数barplot( )默认参数为beside = FALSE，因此在绘制堆叠式分组柱状图时非常简单。示例5-31中的代码用于绘制一个水平放置的堆叠式分组柱状图，其执行结果如图5-31所示。

示例5-31 绘制水平放置的堆叠式分组柱状图。

```
#加载扩展颜色包
library(RColorBrewer)
#随机生成一个4行7列的矩阵
set.seed(312112)
mat <- matrix(sample(1:32, 28), nrow = 4)
colnames(mat) <- LETTERS[1:7]
rownames(mat) <- c("变量1","变量2","变量3","变量4")
#分组绘制堆叠式柱状图
barplot(mat, horiz = TRUE,
        col = brewer.pal(4, "Set3"),
        border = "white",
        font.axis = 1.2,
        legend = rownames(mat),
        ylab = "分组编号",
        cex.lab = 1.3)
```

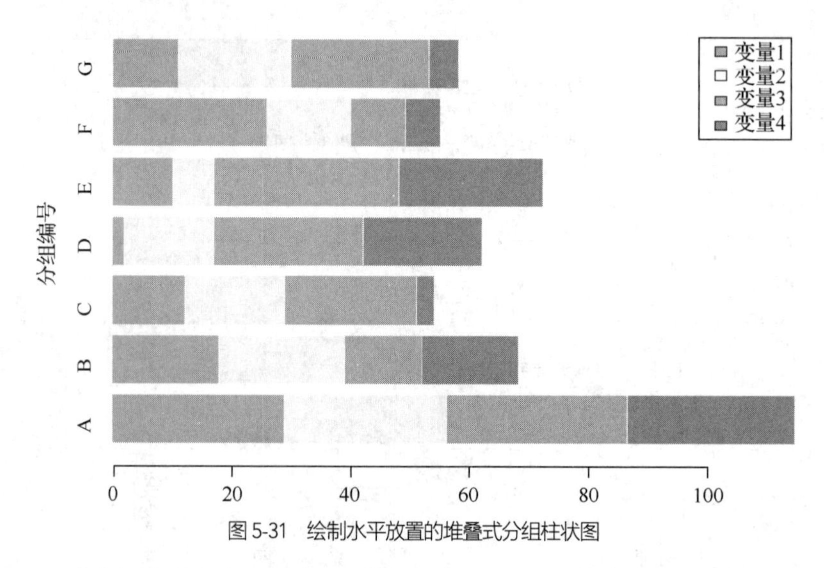

图 5-31　绘制水平放置的堆叠式分组柱状图

某些情况下组内各元素所占的比例比绝对值更有意义，采用归一化方式绘制堆叠式分组柱状图可以满足这一需要。示例 5-32 中代码通过计算归一化值得到百分比来绘制堆叠式分组柱状图，方便读者进行直观比较，代码执行结果如图 5-32 所示。

示例 5-32　使用百分比绘制堆叠式分组柱状图。

```
#加载扩展颜色包
library(RColorBrewer)
#随机生成一个 4 行 7 列的矩阵
set.seed(312112)
mat <- matrix(sample(1:32, 28), nrow = 4)
colnames(mat) <- LETTERS[1:7]
rownames(mat) <- c("变量 1","变量 2","变量 3","变量 4")
#计算每列的百分比，参数值 2 指定函数应用到列
percentage <- apply(mat, 2, function(x) {x*100/sum(x)})
#分组绘制堆叠式柱状图
barplot(percentage,
col = brewer.pal(4, "Pastel1"), border = "transparent",
xlab = "分组编号", cex.lab = 1.3)
```

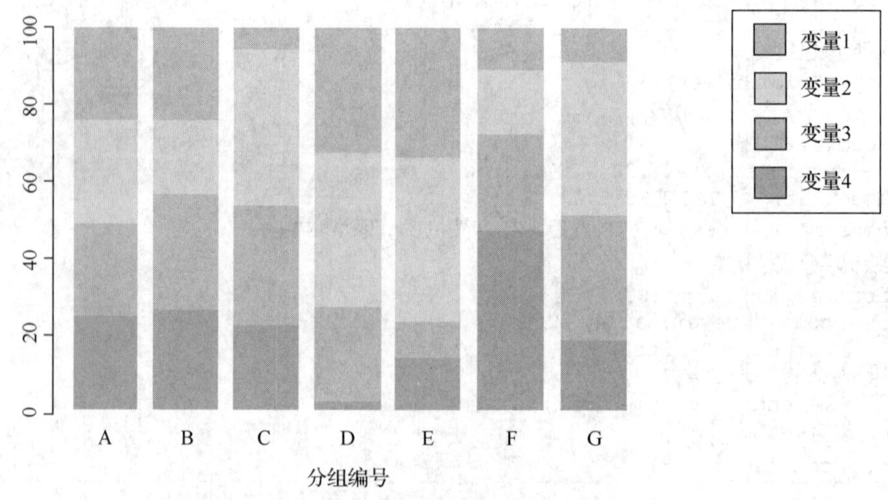

图 5-32　使用百分比绘制堆叠式分组柱状图

5.3.4 热图

热图是二维表格数据的一种图形化表示，用单元格中的颜色变化来表示数据的信息。热图方便二维数据的对比，可以使混淆矩阵和其他表格数据形象化。R 语言函数 heatmap( )（该函数定义在 stats 包中）所绘制的热图是一个伪彩色的矩形图像，默认在其左侧和顶部各添加了一个树状图。通常，根据树状图的限制还对行和列进行了重新排序。调用 heatmap ( )的形式如下：

```
heatmap (x, Rowv, Colv, distfun, hclustfun, reorderfun, add.expr, symm, revC, scale,
na.rm, margins, ColSideColors, RowSideColors, cexRow, cexCol, labRow, labCol, main,
xlab, ylab, keep.dendro, verbose, …)
```

表 5-6 中列出了函数 heatmap( )的参数及其默认值。

表 5-6　heatmap( )函数的参数及其默认值

参数名	默认值	说明
x	—	图中要绘制的数值矩阵
Rowv	NULL	确定是否及如何计算和重新排序行树状图。它可以是一个树状图或一个值向量，用于重新排序行树状图，NA 和默认值 NULL 会抑制任何行树状图及重新排序
Colv	if(symm)"Rowv" else NULL	确定是否以及如何重新排列列树状图。其选项与上面的 Rowv 参数相同。另外，当 x 是一个方阵时，Colv = "Rowv"意味着列应该与行相同处理
distfun	dist	用于计算行和列之间距离（不相似性）的函数
hclustfun	hclust	当 Rowv 或 Colv 不是树状图时，该参数提供用于计算层次聚类的函数
reorderfun	function(d, w) reorder(d,w)	生成树状图和用于重新排序行和列树状图的权重的函数
add.expr	—	在调用 image 之后计算的表达式，可以用来为绘图添加组成要素
symm	NULL	逻辑值，指示是否应对称处理 x，仅当 x 是方阵时才能设置为 TRUE
revC	identical(Colv, "Rowv")	逻辑值，指示在绘图时列顺序是否颠倒
scale	c("row","column","none")	指示数值是否应按行或列规范后处理（中心归零、归一化）。如果 symm 为 FALSE，默认值为"row"，否则为"none"
na.rm	TRUE	逻辑值，指示是否应该删除缺失值
margins	c(5, 5)	长度为 2 的数值型向量，指定列名和行名的边距
ColSideColors	—	长度为 ncol(x)的可选字符型向量，可用于标注 x 列的水平边栏的颜色名称
RowSideColors	—	与上面的参数相同，用于在垂直边上标注 x 的行
cexRow、cexCol	0.2 + 1/log10(nr)、0.2 + 1/log10(nc)	用作 cex.axis 的一个正数，用于行或列轴标签
labRow、labCol	NULL、NULL	设置待使用的行和列标签的字符型向量
main、xlab、ylab	NULL、NULL、NULL	主标题、*x* 轴标签和 *y* 轴标签
keep.dendro	FALSE	逻辑值，指示树状图是否应作为结果的一部分（若 Rowv 或 Colv 不是 NA）
verbose	getOption("verbose")	逻辑值，指示是否要打印信息

使用 R 基础绘图包绘制简单的热图时可以直接把一个矩阵作为输入传递给 heatmap( )函数。如果需要处理的是一个数据框，则可以用 as.matrix( )将其转换为矩阵（只需要数值变量）。

示例 5-33 的代码使用默认参数生成简单的热图，其执行结果如图 5-33 所示。

示例 5-33　使用默认参数生成简单的热图。

```
#设置随机种子
set.seed(430074)
#生成随机数值型数据
```

```
data <- sample(1:6, 100, replace = TRUE) + rnorm(100)
#将数据放入矩阵，为矩阵行、列名赋值
mat <- matrix(data, nrow = 10,
        dimnames = list(rownames = paste("R ", 1:10),
                        colnames = paste("C ", 1:10)))
#使用默认参数生成热图
heatmap(mat)
```

在所生成的图 5-33 中，每一列都表示一个变量，而每一行则是一个观察对象。热图中的每个单元格代表了一个数值，颜色越深表示的热量越高，意味着数值越大。由于数值变量可能表示量纲不同的测量值，为了避免热量被数值过高的变量吸收，热图已经对数据按行进行了规范化处理（见表 5-6，默认值是按行处理的，因此矩阵为非对称形式）。

而且，在图 5-33 所示的热图中，行和列的顺序与输入矩阵的并不相同。函数 heatmap( )在生成热图的同时还默认使用了层次聚类算法，通过对变量和对象的观察结果进行相似度的计算，用户可以设置实现每对行和列之间的距离计算的函数，根据相似性对行和列重新排序，并且在左侧和顶部分别画出了行与列聚类的树状结果。

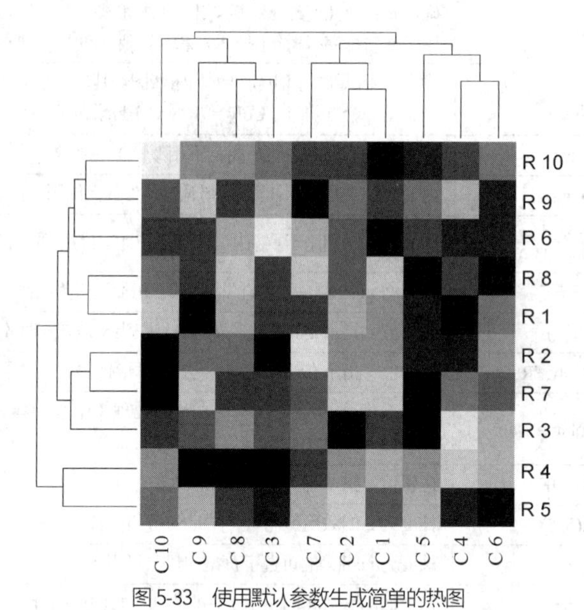

图 5-33　使用默认参数生成简单的热图

如果希望图形不要过于复杂，要得到和原始矩阵一致的可视化表示，调用函数 heatmap( )时则需设置 Rowv 和 Colv 参数。示例 5-34 中通过设置参数 Rowv 和 Colv 来按照原矩阵绘制热图，代码执行结果如图 5-34 所示。

示例 5-34　设置参数 Rowv 和 Colv 按照原矩阵绘制热图。

```
#设置随机种子
set.seed(430074)
#生成随机数值型数据
data <- sample(1:6, 100, replace = TRUE) + rnorm(100)
#将数据放入矩阵，为矩阵行、列名赋值
mat <- matrix(data, nrow = 10,
        dimnames = list(rownames = paste("R ", 1:10),
                        colnames = paste("C ", 1:10)))
#使用自定义参数生成热图，不对行、列重新排序，不做规范化处理，反转列顺序以保持和矩阵索引一致
heatmap(mat, Colv = NA, Rowv = NA, scale="none", revC = TRUE)
```

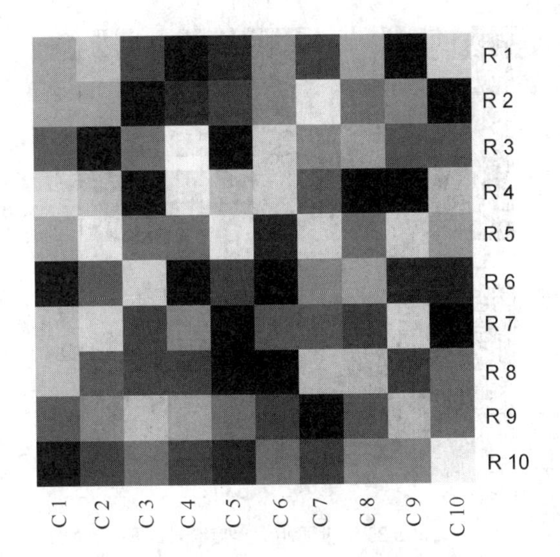

图 5-34 设置参数 Rowv 和 Colv 按照原矩阵绘制热图

我们可以将图 5-34 的效果与原始矩阵中的数值进行比较（为了显示整齐，我们只取小数点后 2 位数）。

```
> round(mat, 2)
        colnames
rownames  C  1 C  2 C  3  C  4 C  5 C  6 C  7 C  8 C  9  C  10
   R  1   2.02 1.33 4.48  5.65 5.04 2.97 4.55 1.85 5.86  0.65
   R  2   2.43 2.11 6.36  5.48 4.96 2.70 0.30 3.08 3.03  6.08
   R  3   4.14 5.71 3.64 -0.26 5.80 1.13 2.53 2.20 3.81  4.33
   R  4   0.94 1.68 5.62  0.18 1.68 0.81 3.76 5.63 6.18  1.52
   R  5   2.25 0.16 3.56  3.37 0.23 5.38 0.78 3.12 0.77  1.92
   R  6   6.49 4.29 0.67  5.90 4.91 5.81 2.45 2.21 4.99  5.21
   R  7   1.17 0.99 4.84  2.84 6.88 4.18 3.71 4.34 1.03  6.23
   R  8   1.62 4.14 4.51  4.36 6.36 6.08 1.51 1.68 4.68  3.32
   R  9   4.01 2.74 1.80  2.01 3.16 4.47 6.33 3.93 1.29  3.17
   R  10  6.26 4.35 3.17  4.78 5.46 3.28 4.86 2.56 2.55 -0.73
```

用户还可以使用自定义的颜色来绘制热图。示例 5-35 中使用了颜色透明度作为变化的因子来创建一个新的调色板，并且将它作为绘制热图的选项，代码执行结果如图 5-35 所示。

示例 5-35 使用颜色透明度绘制热图。

```
#设置随机种子
set.seed(430074)
#生成随机数值型数据
data <- sample(1:6, 100, replace = TRUE) + rnorm(100)
#将数据放入矩阵，为矩阵行、列名赋值
mat <- matrix(data, nrow = 10,
        dimnames = list(rownames = paste("R ", 1:10),
                        colnames = paste("C ", 1:10)))
#自定义调色板
myCol <- colorRampPalette(c(rgb(1,0.1,0.0,1), rgb(1,0.1,0.0,0.0)),
          alpha = TRUE)(20)
#使用自定义颜色绘制热图
heatmap(mat, Colv = NA, Rowv = NA, cexRow = 2, cexCol = 2,
scale = "none", revC = TRUE, col = myCol)
```

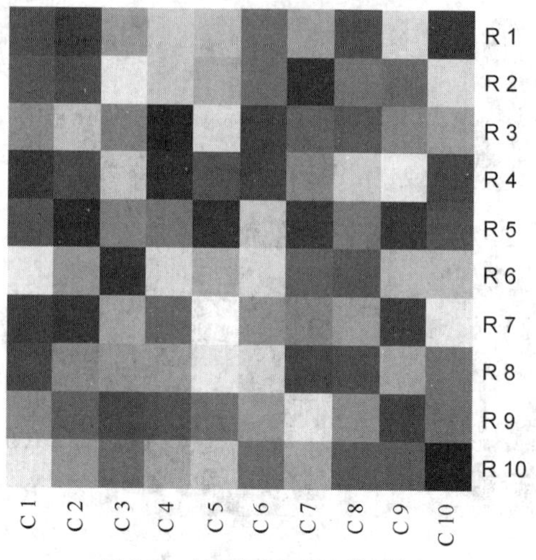

图 5-35　使用颜色透明度绘制热图

在图 5-35 中，由于我们在定义调色板的命令 colorRampPalette( )中指定透明度是从低到高变化的，因此数值较小的单元格对应的是透明度低、较深的颜色。如果改变设置命令中透明度的顺序，显示结果正好相反。示例 5-36 中使用 RColorBrewer 中的调色板绘制热图，代码执行结果如图 5-36 所示。

示例 5-36　使用 RColorBrewer 中的调色板绘制热图。

```
#加载扩展颜色包
library(RColorBrewer)
#设置随机种子
set.seed(430074)
#生成随机数值型数据
data <- sample(1:6, 100, replace = TRUE) + rnorm(100)
#将数据放入矩阵，为矩阵行、列名赋值
mat <- matrix(data, nrow = 10,
        dimnames = list(rownames = paste("R ", 1:10),
                    colnames = paste("C ", 1:10)))
#使用扩展包中的调色板绘制热图，按列规范化以减少列之间数值变化范围的区别
heatmap(mat, Colv = NA, Rowv = NA, cexRow = 2, cexCol = 2,
scale = "column", revC = TRUE,
col = colorRampPalette(brewer.pal(8, "Blues"))(20))
```

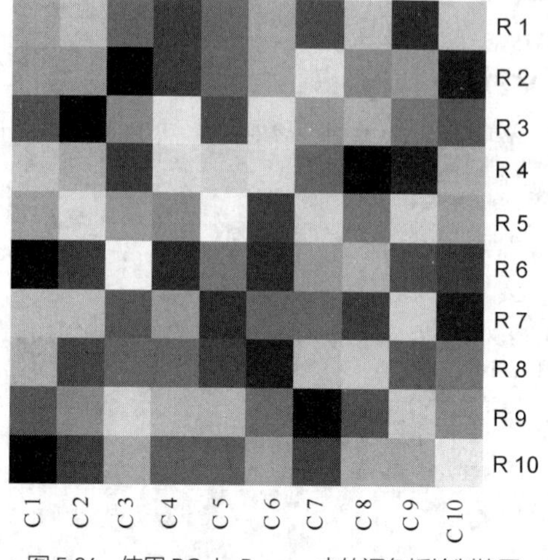

图 5-36　使用 RColorBrewer 中的调色板绘制热图

注意，在使用 RColorBrewer 中调色板绘制的热图（见图 5-36）中，仍然是颜色越深代表的数值越大。

5.3.5 马赛克图

马赛克图与热图类似，也是使用平面方式表示矩阵或数组数据中变量关系的一种可视化方法。在马赛克图中，与热图中均匀分布的单元格不一样，矩形区域的大小是可以变化的。马赛克图是列联表的形象表示，由特殊的堆叠式柱状图组合而成，可用于直观地比较分类变量的观察数据。一个马赛克图通常包含位于左侧和顶部的分类变量坐标轴，面积、颜色具有各自含义的矩形块，以及用于说明颜色含义的图例。

在 R 基础绘图系统中，生成马赛克图的函数是 mosaicplot( )，其调用形式如下：

```
mosaicplot (x, main, sub, xlab, ylab, sort, off, dir, color, shade, margin, cex.axis,
las, border, type, …)
```

此外，还可以针对公式类使用下列形式：

```
mosaicplot(formula, data = NULL, …, main, subset, na.action)
```

表 5-7 中列出了该函数的部分参数说明。

表 5-7 mosaicplot( )函数的部分参数说明

参数名	默认值	说明
x	—	以数组形式出现的列联表，可以在 dimnames(x)属性中指定类别标签。最好使用 table( )来创建表
main	deparse1(substitute(x))	表示马赛克标题的字符串
sub、xlab、ylab	NULL、NULL、NULL	分别表示在图底部的马赛克副标题的字符串、用于绘图的 *x* 轴和 *y* 轴标签（默认情况下是 names(dimnames(x))的第一个和第二个元素，即 x 中的第一个和第二个变量的名称）
sort	NULL	表示变量排序的向量。默认是一个 1:length(dim(x))的排列
off	NULL	用于确定马赛克每一层间距百分比的偏移向量
dir	NULL	用于分割马赛克每一层的方向向量（“v” 表示垂直方向，“h” 表示水平方向），列联表的每个维度对应一个方向。默认情况下由交替的方向组成，从垂直分割开始
color	NULL	用于表示颜色阴影的逻辑或颜色向量，仅当 shade 为 FALSE（默认情况）时使用。默认情况下，绘制灰色框。当 color = TRUE 时，使用伽玛校正的灰色调色板；当 color = FALSE 时，给出没有底纹的空方框
shade	FALSE	逻辑值，指示是否生成扩展的马赛克图，还是一个不超过 5 个不同正数的数字向量，给出残差截断的绝对值。默认情况下为 FALSE，即创建简单的马赛克图。使用 shade= TRUE 在绝对值为 2 和 4 处划分
margin	NULL	在对数线性模型中拟合其边际总和的向量列表。默认情况下，拟合一个独立模型
cex.axis	0.66	用于数轴标注的放大倍数，即 par("cex")的倍数
las	par("las")	数值型。轴标签的样式
border	NULL	区域边框的颜色
type	c("pearson","deviance","FT")	要表示的残留类型的字符串，是"pearson"、"deviance"或"FT"之一
formula	—	形如 y ~ x 的公式
data	NULL	一个数据框、列表或列联表，公式中的变量应从其中取出
subset	—	指定用于绘图的数据框中观测数据子集的可选向量

示例 5-37 中的代码使用默认参数绘制马赛克图，其执行结果如图 5-37 所示。

示例 5-37 使用默认参数绘制马赛克图。

```
#生成一个随机矩阵，代表两个分类变量的联合计数值
set.seed(1101)
x <- sample(1:100, 25, replace = TRUE)
#为行名和列名赋值
obs <- matrix(x, nrow = 5,
        dimnames = list(paste("分组", 1:5), paste("类别", 1:5)))
#使用默认参数绘制马赛克图
mosaicplot(obs, main = "样本数", cex.axis = 1.4)
```

注意图 5-37 所示的马赛克图中纵向排列的实际是 obs 中的行，因为一般而言每一行的数据代表一个分组中的样本观察结果。在此可以将各矩形区域与 obs 的数值比较：图中的列宽与各列的样本总数成正比，每一列中各矩形的高度与对应样本数的大小成正比。为方便起见，还可以将参数 color 设置为颜色向量来为各区域着色，但是这里颜色只代表变量分类的不同，而热图中的颜色与数值大小有关。

```
> obs
      Cat 1 Cat 2 Cat 3 Cat 4 Cat 5
Grp 1    77    49    40    69    76
Grp 2    25    91    89    54    47
Grp 3    64    67    66    11    23
Grp 4    63    70    26    90    76
Grp 5    33    63    97    74     9
```

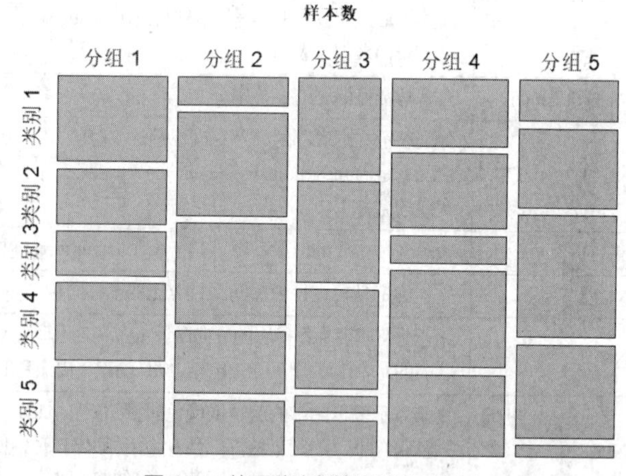

图 5-37　使用默认参数绘制马赛克图

在示例 5-38 中，设置 shade = TRUE 可以起到按数值大小对马赛克图中各矩形区域用颜色分类的作用。示例 5-38 的代码还改变了轴的标注字号的大小，其执行结果如图 5-38 所示。

示例 5-38 对马赛克图中各矩形区域数值大小用颜色分类。

```
#生成一个随机矩阵，代表一个统计表
set.seed(1101)
x <- sample(1:100, 25, replace = TRUE)
#为行名和列名赋值
obs <- matrix(x, nrow = 5,
        dimnames = list(paste("分组", 1:5), paste("类别", 1:5)))
#绘制马赛克图，设置 shade = TRUE
mosaicplot(obs, shade = TRUE, main = "样本数", cex.axis = 1.5)
```

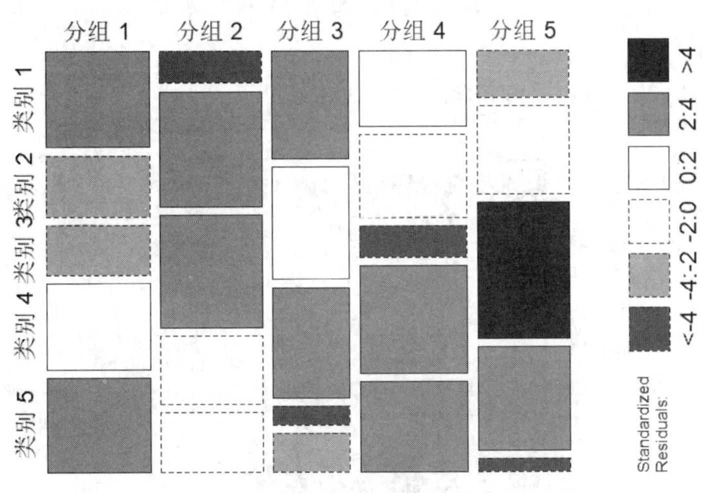

图 5-38　对马赛克图中各矩形区域数值大小用颜色分类

5.3.6 饼图

在饼图中，每个数据值的大小以一个圆形或其他封闭多边形中扇形面积的占比来表示。R 基础安装中提供了绘制饼图的函数 pie( )，其调用形式如下：

```
pie(x, labels, edges, radius, clockwise, init.angle, density, angle, col, border,
lty, main, ...)
```

表 5-8 中列出了 pie( )函数的参数及其默认值。

表 5-8　pie( )函数的参数及其默认值

参数名	默认值	说明
x	—	非负的数值型向量。x 中的数值显示为饼图的切片区域
labels	names (x)	为切片提供名称的一个（或多个）表达式或字符串
edges	200	饼图的圆形轮廓近似于以该参数指定的多边形
radius	0.8	饼图所在方框的边长，范围是-1～1。如果标记切片的字符串很长，则需要使用较小的半径
clockwise	FALSE	逻辑值，指定切片是顺时针还是逆时针绘制的
init.angle	if (clockwise) 90 else 0	指定切片的起始角度的数字（以度数为单位）
density	NULL	阴影线的密度，以每英寸的线数为单位。默认值为 NULL，表示不绘制阴影线。非正密度值也不会绘制阴影线
angle	45	阴影线的斜率，用逆时针方向的角度表示
col	NULL	用于填充或为切片着色的颜色向量。如果缺失，则使用 6 种柔和色彩，除非指定了密度（使用 par ("fg")）
border、lty	NULL、NULL	参数传递给绘制每个切片的多边形
main	NULL	绘图的主标题

相比其他图形，饼图的绘制要简单一些，所用的很多绘图参数与其他函数相似。示例 5-39 使用默认参数绘制一个简单的饼图，代码执行结果如图 5-39 所示。

示例 5-39 使用默认参数绘制简单的饼图。

```
#保存原参数
op <- par("mar")
#使用默认边界参数时，pie()绘制饼图会产生很大的白边
par(mar = c(1,1,1,1))
#生成随机数
values <- sample(2:6, 8, replace = TRUE)
#使用默认参数绘制饼图
pie(values, main = "简单的饼图")
#恢复参数
par(mar = op)
```

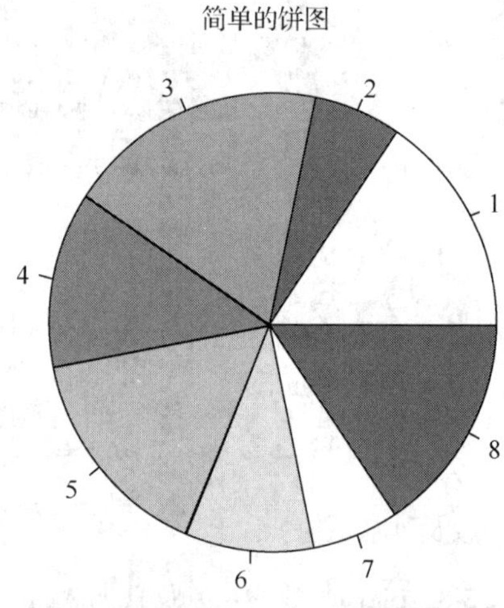

图 5-39 使用默认参数绘制简单的饼图

从图 5-39 中可以看出，由于示例 5-39 在代码中并没有指定参数 col，默认的颜色值只有 6 种，因此在前 6 个切片用完后被循环使用。在示例 5-40 中，我们设置自定义标签和颜色来绘制饼图，代码执行结果如图 5-40 所示。

示例 5-40 设置自定义标签和颜色绘制饼图。

```
#生成随机数
values <- sample(2:6, 8, replace = TRUE)
#生成标签
myLab <- as.character(1:8)
#生成调色板
myCol <- colorRampPalette(c(rgb(0.2,0.4,0.6,1), rgb(0.2,0.4,0.6,0.1)),
       alpha = TRUE)(8)
#使用自定义标签、颜色绘制饼图
pie(values, labels = paste("第", myLab, "组"), col = myCol,
    radius = 1,
    border = "white")
```

图 5-40 所示饼图中各切片的颜色可以替换为用户所指定的任意颜色，例如使用一些扩展包中的调色板来设置颜色值。除了绘制圆形的饼图，pie()函数还可以画出多边形的饼图。这是通过参数 edges 控制实现的，edges 值越大，得到的边数就越多。示例 5-41 代码通过设置参数 edges 绘制多边形饼图（所用到的 edges 值为 20），执行结果如图 5-41 所示。

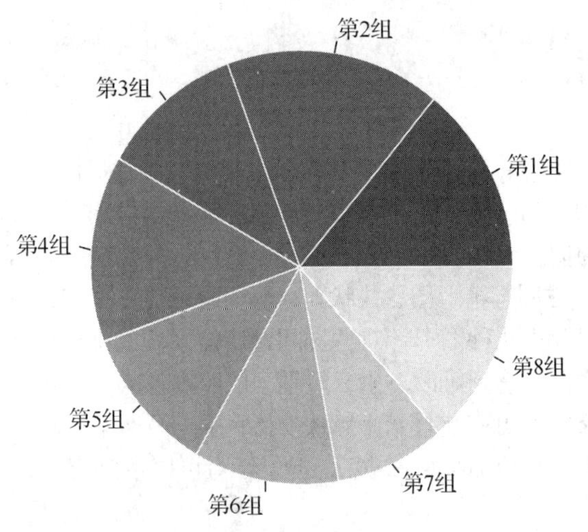

图 5-40 设置自定义标签和颜色绘制饼图

示例 5-41 设置参数 edges 绘制多边形饼图。

```
#生成随机数
set.seed(202108)
values <- sample(2:6, 8, replace = TRUE)
#生成标签
myLab <- as.character(1:8)
#生成阴影线倾斜角度
myAng <- seq(15, 330, 45)
#使用自定义标签、填充方式绘制多边形饼图
pie(values, labels = paste("第", myLab, "组"), col = "tomato",
    radius = 1, edges = 20, density = 10:18, angle = myAng,
    border = "tomato4")
```

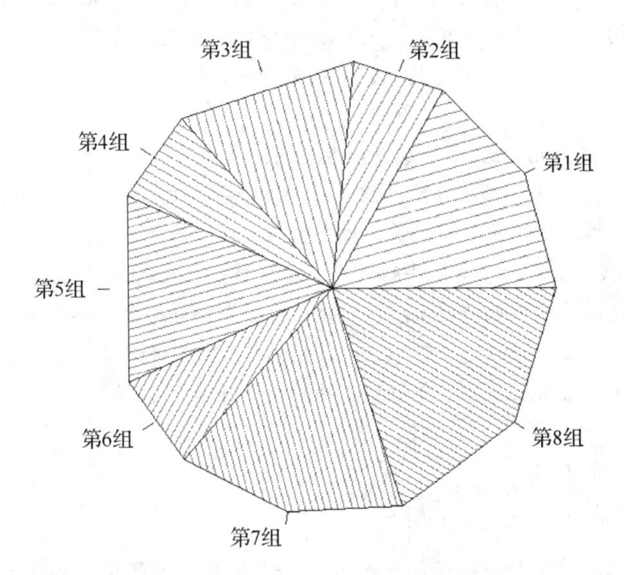

图 5-41 设置参数 edges 绘制多边形饼图

实际上，图 5-41 中使用阴影线填充取代了给切片着色的方式，可以增加读者绘制印刷版图形时的选择。

5.4 本章小结

在本章中我们介绍了使用 R 语言基础图形系统绘制的一些常见图形。其中，散点图用于观察数据之间的相关性，序列图用于描述变量随时序的演化过程：这两类图都可以使用基本绘图函数 plot( ) 实现。R 基础绘图工具还包括一些特殊的函数，如 hist( )、boxplot( )、barplot( )、heatmap( )、mosaicplot( ) 和 pie( )，分别用于绘制直方图、箱形图、柱状图、热图、马赛克图和饼图。本章所讲述的只是这些函数的基本使用方法，以及这几种图形针对特殊问题所能采用的一些变换手段。初学者可能会因 R 绘图函数参数形式的多样性而感到难以下手，但是，依照本章的一些示例加以练习，读者应该能循序渐进地掌握如何使用 R 语言可视化技术来解决实际问题。虽然本章示例中使用的都是一些随机生成的数据（需要时，读者还必须加载 stats 包），但是读者可以按照第 2 章介绍的方法将它们替换为实际数据。

习题 5

5-1 在原数值上增加小的随机噪声可以在散点图上产生抖动的作用，以避免或减小数据对象之间的遮挡。使用抖动方法绘制下列分类数据的散点图。

```
set.seed(123)
df <- data.frame(x = c(1 + rnorm(50), 2 + rnorm(100), 1.2 + rnorm(20)),
                 y = rep(c("A", "B", "C"), times = c(50, 100, 20)))
```

5-2 将习题 5-1 中的数据分组分布用箱形图绘制出来，要求箱盒的宽度用于表示每组元素的数量多少，对每组设置不同的颜色。

5-3 归一化堆叠条柱图可以显示在不同分组内相对数值的变化。tidyverse 包中的 tibble 是一种与数据框类似的数据结构。R 系统内置数据集 midwest 中包含美国中西部各州按县统计的面积和一些人口数据。请从中筛选 state 为“IL”的各县的记录，用归一化堆叠式柱状图表示不同统计项的分布，并添加文字标注。

5-4 R 系统内置数据集 faithful 记录了美国老忠实间歇泉的持续喷发与间歇时间的统计数据。请使用第 3 章介绍的聚类方法将这些数据分为两组，并用多子图方式分别画出各组的时间分布直方图。请分析是否能用正态分布描述各组的时间变量？如果可以，请在直方图上添加概率密度图。

5-5 混淆矩阵可以用于表示分类算法的性能，它的每一行代表真实的分类，每一列表示预测的结果。使用逻辑回归对 R 系统内置数据集 iris 进行分类，并绘制一个表示所生成的混淆矩阵的热图。

5-6 使用下列代码生成数据，并绘制散点图。使用多项式回归得出以 y 为因变量的模型。使用 anova( ) 分析所得到的模型。在散点图上添加拟合值组成的曲线，并绘制 95%置信区间。

```
set.seed(1)
x <- seq(0, 10, length.out = 100)
y <- -1 + x + 2*x^2 - 0.2*x^3 + rnorm (100, 5, 2)
plot(x, y, pch = 16, col = "red")
```

5-7 有些应用中用户希望把一幅子图嵌入当前图形中。R 中的多边形函数 polygon( ) 可以画出子图的边框。使用习题 5-6 中的数据把拟合曲线缩放后作为子图添加到散点图的左上角。

5-8 仍使用习题 5-6 中的数据，如果模型中多项式的阶数选择不恰当，模型的残差会发生什么情况。请绘制 Q-Q 图说明现象并加以分析。

5-9 R扩展包VennDiagram支持绘制维恩图，下载并安装这个扩展包。绘制3个子集A、B、C的元素个数分别为20、40、30，交集$A \cap B$、$B \cap C$、$A \cap C$的元素个数分别为12、5、6，交集$A \cap B \cap C$的元素个数为3的维恩图，并使用不同颜色表示不同子集。

5-10 扩展包circlize支持对整型值矩阵数据绘制弦图，下载安装这个扩展包，为下列数据绘制弦图。请合理安排颜色级文字标签。

```
set.seed(1)
mat <- matrix(sample (15, 20, replace = TRUE), 5, 4)
rownames(mat) <- paste0("Row", 1:5)
colnames(mat) <- paste0("Column", 1:4)
df <- data.frame(from = rep(rownames(mat), ncol(mat)),
              to = rep(colnames(mat), each = nrow(mat)),
              value = as.vector(mat))
```

5-11 请使用网络搜索Titanic数据集。使用可视化方法探索数据集中变量的关系，对Titanic数据集实现生存的逻辑回归分类，并分析分类的结果。

第3部分

第6章 ggplot2 绘图

ggplot2 是一个功能强大、使用简便、扩展性充分的 R 语言可视化工具包。由于提供了适用于探索性数据分析的精美绘图和优雅简洁的操作风格，ggplot2 成为最成功的 R 语言数据可视化工具之一。为了奖励 ggplo2 的作者哈德利·威克姆（Hadley Wickham）在统计应用领域中做出的突出贡献，在 2019 年国际统计学年会（Joint Statistical Meetings，JSM）上，他被授予了国际统计学领域的最高奖项统计学会主席委员会奖（The Committee of Presidents of Statistical Societies Awards，COPSS）。

与第 4 章介绍的 R 语言基础绘图系统不同，ggplot2 是一个基于图形语法（gg 表示的是图形语法，the Grammar of Graphics）的声明式图形系统，允许用户通过设置一些独立部分的组合完成最终的绘图任务。图形语法的概念在 2005 年由利兰·威尔金森（Leland Wilkinson）提出，用来描述包含所有统计图形内在的本质特征。图形语法包含一组简单的规定与核心原则：根据图形语法，用户只需要提供数据，并且声明如何将变量映射到美学特征，至于使用什么图形原语来实现之类的细节就交由 ggplot2 负责处理。

经过 10 多年的发展，ggplot2 已经成功地帮助成千上万用户绘制出不计其数的数据可视化图形。总的来说，ggplot2 本身的演变相对较小。凡是需要做出改变时，ggplot2 通常会添加新的函数或参数，而非改变已有函数的行为。正是由于这种稳定性，老用户很容易掌握 ggplot2 中的新特征。

本章首先介绍图形语法中的核心概念和基本规则，然后分别说明如何在 ggplot2 中添加不同的图层，以构成典型的数据可视化图形。虽然 ggplot2 的核心规则并不复杂，但是与基础图形系统在命令格式上有较大差异。一旦没有了这种陌生感，用户就会得心应手地使用 ggplot2。

为了能正常运行本章的代码示例，用户需安装并加载相应的工具包，在 R 控制台中执行命令：

```
install.packages ("ggplot2")
```

随后选择合适的镜像地址下载，R 系统即会自动完成包的下载与安装。在使用 ggplot2 之前，请在控制台中执行加载指令：

```
library (ggplot2)
```

图形语法

6.1 图形语法

图形语法是一种用来描述和创建一般化的统计图形的语法。简而言之，图形语法是对回答什么是统计图形这个问题的一次尝试。威尔金森试图通过引入图形语法来抽象出所有统计图形的共性并概括其基本特征。在 ggplot2 对图形语法的实现中，图层的概念具有重要地位。所有图形都是使用分层方法构建的，ggplot2 通过构建层来创建最终的图形。

实际上，图形语法可以让用户与 R 系统进行规范性的沟通，告知图形应将数据映射为具有美学属性（如颜色、形状、大小等）的几何对象（也叫作图元，如点、线、条柱等）等，而且生成的图形还可以包括关于坐标系的信息以及数据需要的统计变换。此外，ggplot2 中提供了一种叫作分面的做法（我们将在 6.2.4 小节讨论分面技术），分面可用于按条件选择并绘制不同的数据子集。这些独立部分的组合构成了一个图形。

虽然图形语法是一个抽象概念，但掌握之后用户就可以使用图形语法来方便地描述及构造带有丰富信息的图形。

6.1.1 图形的组成

在 ggplot2 体系中，所有的图形都由数据、需要可视化的目标和实现可视化的映射关系组成。映射描述的是如何将数据变量和其他内容映射到美学属性的方式。ggplot2 共有以下 5 个组成部分。

1．图层

图层包括几何元素和统计变换。几何元素（geom）代表人们在绘图中看到的对象，如点、线、形状等。统计变换（stats）对数据进行统计处理与概括，例如将观察数据进行分类和计数，用来创建一个直方图，或者拟合出一个线性模型。

2．比例尺

比例尺将数据空间中的值映射到美学属性空间，包括所使用的颜色、形状和大小。比例尺还负责绘制图例和数轴，可以形成反向映射来帮助读者从图中读取原始数据的数值。

3．坐标系

坐标或坐标系描述数据坐标如何映射到图形所在的平面上。坐标系还可以提供坐标轴和网格线来进一步帮助读者阅读图形。通常使用的是笛卡儿坐标系，但特殊情况下也会用到其他坐标系，如极坐标和地图投影坐标系。

4．分面

分面指定了把数据集划分为数据子集的方式，并且分别将这些子集中的数据绘制为一个小图，再将一组小图按指定布局联合显示。这种方式也被称为条件选择或网格化。

5．主题

主题用于控制数据之外的图形细节，如字体大小和背景色。虽然用户可以信任 ggplot2 中的默认值，但有时也要根据具体需求设计更有吸引力和说服力的个性化形式与风格。

先看示例 6-1，这是一个绘制简单散点图的例子，代码执行结果如图 6-1 所示。

示例 6-1 一个绘制简单散点图的例子。

```
#加载 ggplot2 包，后面的代码示例中将省略这一步
library(ggplot2)
#创建数据：分别生成 x 坐标和 y 坐标向量
set.seed(1)
x <- rnorm(200)
y <- x + rnorm(200)
#创建数据框
df <- data.frame(var1 = x, var2 = y)
#绘制基本的散点图
ggplot(df, aes(x = var1, y = var2)) + geom_point()
```

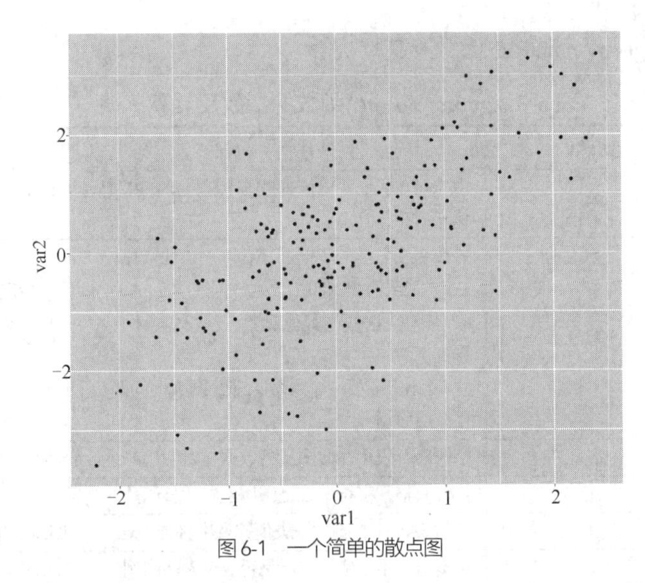

图 6-1 一个简单的散点图

为了生成图 6-1，我们在示例 6-1 中实际用到了两个图层：首先，我们使用函数 ggplot( )指定了数据来源是数据框 df，使用映射函数 aes( )（aes 指的是 aesthetics）把 *x*-*y* 轴设置为表示变量 var1 和 var2 的坐标系；然后，用 geom_point( )指明了用于可视化数据的几何对象，即用坐标系内的数据散点。

6.1.2 绘图的步骤

在 ggplot2 绘图中，主要的数据输入形式是数据框。给定了数据来源和希望表达的可视化目标，用户可能会面对众多的选项来实现具体的数据可视化。例如，用户可以选择不同的形状来绘制数据在 *x*-*y* 空间中的散点图，也可以用连线方式画出折线图。点和线只是表示数据对象的几何形状，并不代表数据本身。可视化的过程就是从数据出发，在不同层次的绘图选项中做出选择。分层形式的图形语法让用户在几何元素、比例尺和坐标系等图层中分别选出较合理的选项，组合出最终的可视化结果。

函数 ggplot( )用于实现一个 ggplot 对象的初始化。一般情况下，用户需要在 ggplot( )中声明作为图形输入数据来源的数据帧，并且指定在所有后续层中绘图通用的美学映射的集合。调用 ggplot( )的一般形式如下：

```
ggplot(data, mapping, …)
```

该函数返回一个 ggplot 对象，可以在后续操作中在该对象上添加新图层。ggplot( )的参数及其默认值如表 6-1 所示。

表 6-1 ggplot( )函数的参数及其默认值

参数名	默认值	说明
data	NULL	表示用于绘图的默认数据集。如果输入类型不是 data.frame，则将被函数 fortify( )转换为 data.frame。如果没有指定 data，则必须在后续添加到绘图的每一层中提供
mapping	aes( )	用于绘图的默认美学映射列表。如果没有指定，则必须在添加到绘图的每一层中提供

由于 ggplot( )只决定了数据源和通用的美学属性，并没有关注任何代表数据对象的几何元素，这时，用户还无法完成绘图。用户至少还需要考虑选择一种几何对象来描述数据。图 6-1 选择使用的几何对象是点，因此用户在调用 ggplot( )后，增加 geom_point( )来指定添加的几何对象图层。函数 geom_point( )的调用形式如下：

```
geom_point(mapping, data, stat, inherit.aes)
```

表 6-2 中列出了 geom_point( )的参数及其默认值。

表 6-2　geom_point( )函数的参数及其默认值

参数名	默认值	说明
mapping	NULL	由 aes( )或 aes_( )创建的美学映射集。如果指定 inherit.aes = TRUE，则与顶层的默认映射相结合
data	NULL	要在本层显示的数据，其有以下 3 种选择。 • 如默认值为 NULL，则数据继承 ggplot ( )调用中指定的绘图数据。 • 若为数据框或其他对象，将覆盖绘图数据。所有对象都将被强制组合为数据框。 • 调用只需要一个参数，即绘图数据的函数。返回值必须是数据框，并且将被用作层数据
stat	"identity"	字符串，表示在此图层的数据上要使用的统计变换
position	"identity"	位置调整，字符串或是调用位置调整函数的结果
na.rm	FALSE	若为 FALSE，删除缺失值并发出警告。若为 TRUE，则悄悄删除缺失值
show.legend	NA	逻辑值，用于确认本层是否应包含在图例中
inherit.aes	TRUE	若为 FALSE，覆盖美学属性默认值，而不是与其组合来用

下面来看示例 6-2，其中使用 geom_point ( )来添加图层，其代码的执行结果如图 6-2 所示。

示例 6-2　使用 geom_point ( )添加图层。

```
#创建数据：分别生成 x 坐标和 y 坐标向量，以及属性 z
set.seed(12345)
x <- rnorm(100)
y <- x + rnorm(100)
z <- sample(1:5, 100, replace = TRUE)
#创建数据框
df <- data.frame(v1 = x, v2 = y, v3 = z)
#首先调用 ggplot()指定数据框和基本美学属性，注意命令末尾的“+”
ggplot(df, aes(x = v1, y = v2)) +
#再添加图层 geom_point()，指定新的美学属性：颜色、大小和透明度
   geom_point(aes(color = z, size = 5, alpha = 0.6)) +
#改变主题：取消图例，加大字号
theme(legend.position = "none", text = element_text(size = 18))
```

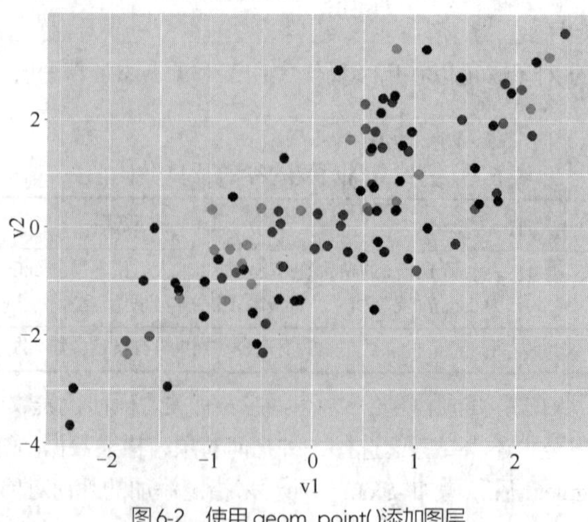

图 6-2　使用 geom_point( )添加图层

如图 6-2 所示，示例 6-2 的代码使用颜色表示数据除 x 和 y 之外的第三个维度（一般情况下，比例

尺以图例形式显示在图的右侧；示例 6–2 通过设置参数 legend.position = "none"强制图例不被显示），并且调整了点的大小。使用图形语法，用户可以灵活地实现图层的叠加。示例 6–3 在图 6–2 的基础上使用 geom_smooth()函数增加一个新的图层，绘制出 y~x 的线性回归结果，执行结果如图 6-3 所示。

示例 6-3 使用 geom_smooth( )函数增加一个新的图层。

```
#创建数据：分别生成 x 坐标和 y 坐标向量，以及属性 z
set.seed(12345)
x <- rnorm(100)
y <- x + rnorm(100)
z <- sample(1:5, 100, replace = TRUE)
#创建数据框
df <- data.frame(v1 = x, v2 = y, v3 = z)
#首先调用 ggplot()指定数据框和基本美学属性，得到一个初始化的 ggplot 对象
P <- ggplot(df, aes(x = v1, y = v2))
#在 p 中添加图层 geom_point()，指定新的美学属性，注意命令末尾的“+”
P + geom_point(aes(color = z), size = 5, alpha = 0.6) +
#继续添加新图层 geom_smooth()，指定用线性回归方法进行平滑化
geom_smooth(method = lm, formula = y ~ x, size = 2, colour = "tomato2") +
#改变主题：取消图例，加大字号
theme(legend.position = "none", text = element_text(size = 18))
```

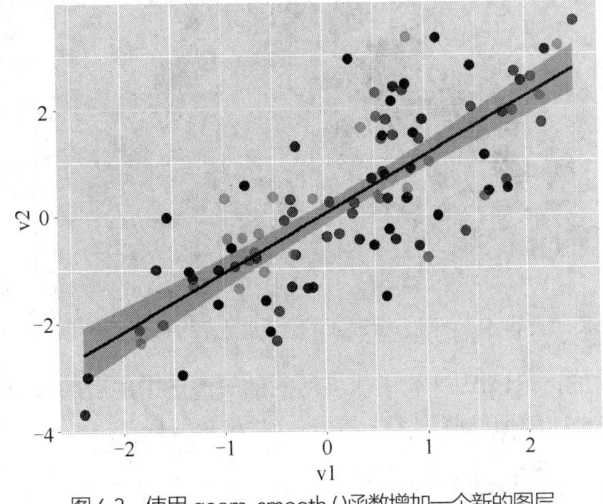

图 6-3 使用 geom_smooth ()函数增加一个新的图层

图 6-3 中线性回归的结果表明了变量 v1 和 v2 之间的强线性相关性。再来看一下其他类型的图层。在图 6-2 中，我们使用了不同颜色来表示第三维坐标里变量的值，但是很多情况下人们对大小的感知强于对颜色的感知。为了让效果更加直观，我们可以使用点的大小来表示第三维变量的值。变量的大小可能变化悬殊，这时就需要我们控制所显示的点大小处于一个合理的范围。

ggplot2 提供了比例尺的定制方法来调整比例尺，以达到更好的大小区分效果：我们可以用函数 scale_size ()对面积进行缩放，也可以用 scale_radius ()对半径进行缩放。比例尺的尺度缩放属性同时适用于点和文本。在示例 6-4 中，我们通过对点的面积进行缩放来绘制气泡图，执行结果如图 6-4 所示。

示例 6-4 通过对点的面积进行缩放来绘制气泡图。

```
#随机创建一组数据 x、y、z
set.seed(12345)
x <- rnorm(100)
y <- x + rnorm(100)
z <- sample(1:5, 100, replace = TRUE)
#创建数据框
```

```
df <- data.frame(v1 = x, v2 = y, v3 = z)
#首先调用 ggplot()指定数据框和基本美学属性，注意命令末尾的“+”
ggplot(df, aes(v1, v2, size = z)) +
#再添加图层 geom_point()，指定新的美学属性
geom_point(colour = "steelblue", alpha = 0.6) +
#增加平滑处理的结果，对 y~x 使用线性回归
geom_smooth(method = lm, formula = y ~ x, size = 2, colour = "tomato2")  +
#设定比例尺缩放范围
scale_size(range = c(3, 15)) +
#改变主题：取消图例，加大字号
theme(legend.position = "none", text = element_text(size = 18)) +
#添加标题
ggtitle("气泡图")
```

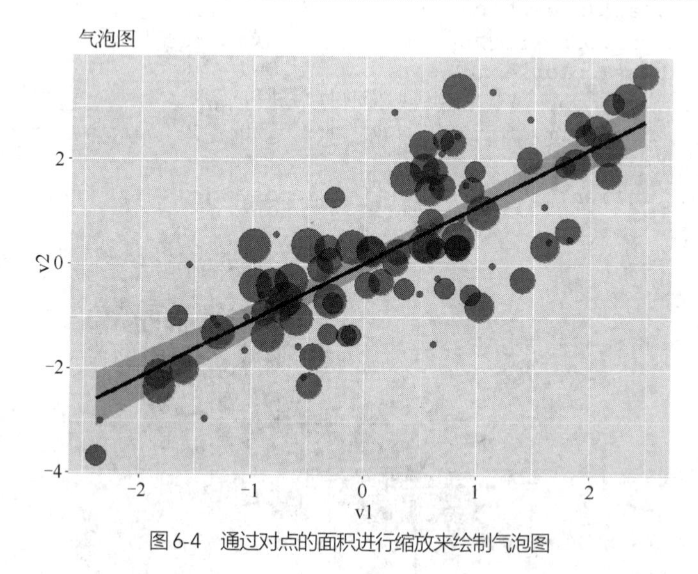

图 6-4　通过对点的面积进行缩放来绘制气泡图

与我们在 5.1.4 小节中的讨论情况一样，图 6-4 所示的气泡图中用点的大小表示 *x-y* 坐标系无法展示的其他维度，得到了与图 5-11 类似的气泡图。

6.2 图形要素

本节介绍的是如何使用 ggplot2 来构造图形的有关要素，包括图层、比例尺、坐标系、分面和主题等。这些要素既可以独立设计，也可以协同完成复杂和精细的绘图，更好地完成可视化效果。

6.2.1 图层

几何对象是构建 ggplot2 绘图的基本部分。每一种几何对象既可以独立发挥作用，也可以联合起来去构造更复杂的对象。一般的几何对象都带有一个特殊的名称，例如我们已经使用过的 geom_point( ) 和 geom_smooth( )等。表 6-3 中列出了部分几何对象的名称、用途与说明。这些对象都是二维的，因此需要 *x* 轴和 *y* 轴上的映射。此外，几何对象还可以具有颜色和大小的属性，或是使用填充方式替代着色。

表 6-3 几种主要的几何对象

名称	用途	说明
geom_point ( )	生成散点图	可设置形状属性
geom_line ( )	生成折线图	从左到右顺序连接点，可以设置线的属性，将分类变量映射到实线、虚线和虚实线等
geom_path ( )	生成路径图	与 geom_line ( )类似，但点的连接顺序是它们在数据中出现的顺序
geom_bar (stat = "identity")	生成柱状图	需要设置 stat = "identity"，因为默认的 stat 会自动计数。"identity"表示保持数据不变。出现在同一位置的多个条柱将互相堆叠
geom_boxplot ( )	生成箱形图	箱形图显示一个连续变量分布的 5 个统计摘要，含中间值、两条铰链和两条须线，以及离群点
geom_histogram ( )	生成直方图	用于显示单个连续变量分布。geom_histogram ( )用条柱来显示计数值，geom_freqpoly ( )用线显示计数值
geom_violin ( )	生成小提琴图	小提琴图给出连续分布变量的一种紧凑显示形式
geom_area ( )	生成面积图	得到一个填充到 *y* 轴的线图，可以相互堆叠
geom_polygon ( )	生成多边形	多边形的每个顶点都需要用数据中单独的一行表示，代表了多边形填充的路径
geom_rect ( )、geom_tile ( )、geom_raster ( )	生成矩形	geom_rect ( )由矩形的 4 个角参数化，即 xmin、ymin、xmax 和 ymax。geom_tile ( )与 geom_rect ( )作用完全相同，只是参数形式不同。geom_tile ( )的参数由矩形的中心和它的大小组成，即(x, y, width, height)。geom_raster( )是一个高性能的特例，在所有的矩形大小相同时使用

如果想查看所有的几何对象，可以执行下列命令：

```
> ls(pattern = '^geom_', env = as.environment('package:ggplot2'))
 [1] "geom_abline"            "geom_area"             "geom_bar"
 [4] "geom_bin_2d"            "geom_bin2d"            "geom_blank"
 [7] "geom_boxplot"           "geom_col"              "geom_contour"
[10] "geom_contour_filled"    "geom_count"            "geom_crossbar"
[13] "geom_curve"             "geom_density"          "geom_density_2d"
[16] "geom_density_2d_filled" "geom_density2d"        "geom_density2d_filled"
[19] "geom_dotplot"           "geom_errorbar"         "geom_errorbarh"
[22] "geom_freqpoly"          "geom_function"         "geom_hex"
[25] "geom_histogram"         "geom_hline"            "geom_jitter"
[28] "geom_label"             "geom_line"             "geom_linerange"
[31] "geom_map"               "geom_path"             "geom_point"
[34] "geom_pointrange"        "geom_polygon"          "geom_qq"
[37] "geom_qq_line"           "geom_quantile"         "geom_raster"
[40] "geom_rect"              "geom_ribbon"           "geom_rug"
[43] "geom_segment"           "geom_sf"               "geom_sf_label"
[46] "geom_sf_text"           "geom_smooth"           "geom_spoke"
[49] "geom_step"              "geom_text"             "geom_tile"
[52] "geom_violin"            "geom_vline"
```

在示例 6-5 中，我们通过使用 geom_bar( )绘制柱状图来说明几何对象的作用，代码的执行结果如图 6-5 所示。

示例 6-5 使用 geom_bar( )绘制柱状图。

```
#随机创建一组数据
set.seed(123)
x <- sample(5:15, 20, replace = TRUE)
n <- LETTERS[1:20]
#组合为数据框
df <- data.frame(x, n)
#创建 ggplot，使用数据 n 作为填充的颜色
```

```
ggplot(df, aes(n, x, fill = as.factor(n)))
#添加图层，表明几何对象为柱状图
+ geom_bar(stat = "identity") +
#不显示数轴标签
     labs(x = NULL, y = NULL) +
#不显示图例
     theme(legend.position = "none")
```

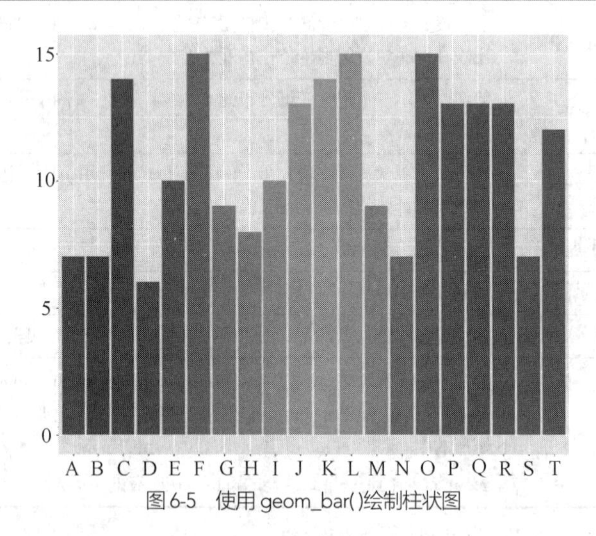

图 6-5　使用 geom_bar()绘制柱状图

再来看示例 6-6，使用多个图层的组合绘制带面积填充的折线图，其代码的执行结果如图 6-6 所示。

示例 6-6　使用多个图层的组合绘制带面积填充的折线图。

```
#创建随机序列 x
set.seed(123123)
x <- sample(1:15, 20, replace = TRUE)
#将 x 和索引组合成数据框
df <- data.frame(v1 = x, v2 = seq_along(x))
#创建 ggplot，x、y 坐标轴分别表示索引和 x
ggplot(df, aes(x = v2, y = v1)) +
#不显示数轴标签
  labs(x = NULL, y = NULL) +
#采用自定义颜色填充区域，使用较高的透明度，即 alpha 值较小
  geom_area(fill = rgb(0.2, 0.4, 0.6), alpha = 0.3) +
#添加折线
  geom_line(color = rgb(0.2, 0.4, 0.6), size = 2) +
#添加点
  geom_point(size = 4, color = rgb(0.2, 0.4, 0.6)) +
#不显示图例
  theme(legend.position = "none")
```

几何对象可以划分为个体对象和集合对象。个体对象指每个观察样本，即数据框中的一行，用户一般将其绘制为一个单独的图形对象。例如，在绘制柱状图（见图 6-5）时，我们使用 geom_bar( )把数据框中的每一行绘制为平面上的一个条柱。与之对照的是，集合对象则把不同的观察样本作为一个独立的整体对象来显示。例如，针对数据框内所有样本的统计摘要结果，可以绘制箱形图。另外，ggplot2 还提供了对观测样本集合的分组控制，针对每一个分组可以构成一个单独的几何对象，使用与之对应的分组属性映射来完成绘制几何对象的任务。

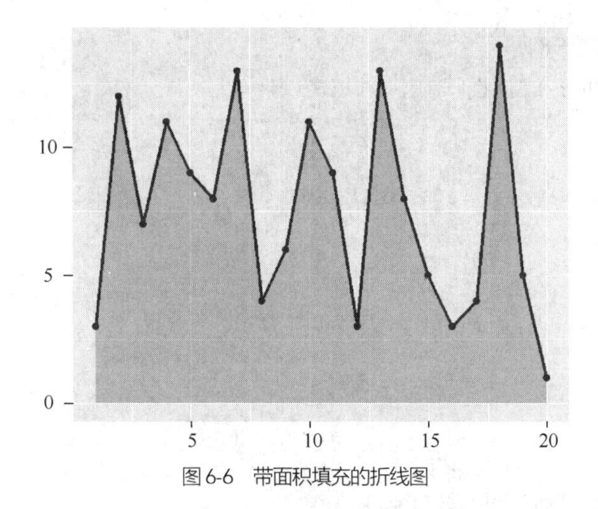

图 6-6 带面积填充的折线图

下面来看示例 6-7，这是一个分组绘制折线图的例子，代码执行结果如图 6-7 所示。

示例 6-7 分组绘制折线图。

```
#随机生成样本数据
set.seed(121)
x <- rep(seq(1,15,3), 20) + rnorm(100)
#划分成不同组
y <- rep(LETTERS[1:5], 20)
#生成分组的索引
z <- c(sapply(1:20, function(i) rep(i, 5)))
#合成数据框
df <- data.frame(id = y, v1 = z, v2 = x)
#创建 ggplot 对象，在属性映射中设置分组
p <- ggplot(df, aes(v1, v2, colour = factor(id)))
p + geom_point(size = 5) +
#分组对应的几何对象以整体形式出现：按组选择线型，绘制折线
    labs(colour  = '标识符', linetype = '标识符') +
    geom_line(aes(linetype = factor(id)), size = 2)
```

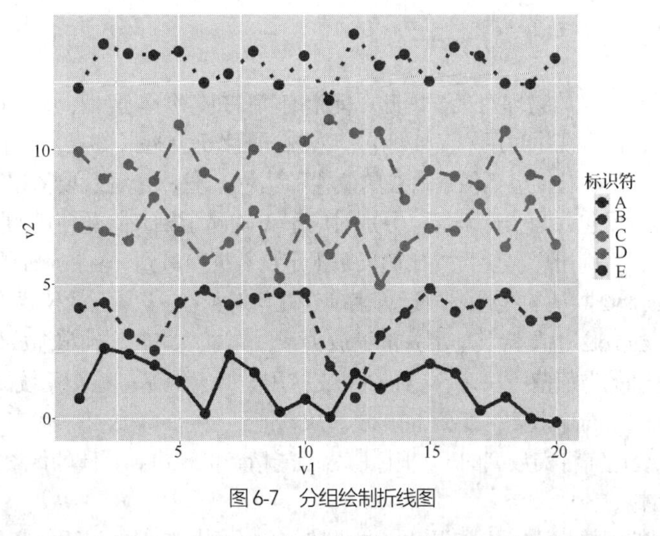

图 6-7 分组绘制折线图

如果不设置分组的属性映射，geom_line( )会从整体角度解释所需绘制的几何对象。作为示例 6-7 的对照，在示例 6-8 中，我们在 geom_line( )的属性映射中未设置分组，因此所有的点被依次连成一条折

线，代码的执行结果如图 6-8 所示。

示例 6-8　在 geom_line( )的属性映射中不设置分组。

```
#随机生成样本数据
set.seed(121)
x <- rep(seq(1,15,3), 20) + rnorm(100)
#划分成不同组
y <- rep(LETTERS[1:5], 20)
#生成分组的索引
z <- c(sapply(1:20, function(i) rep(i, 5)))
#合成数据框
df <- data.frame(id = y, v1 = z, v2 = x)
#创建 ggplot 对象
p <- ggplot(df, aes(v1, v2))
p + geom_point(size = 5, aes(colour = v2)) +
#geom_line()对应的几何对象以整体形式出现
geom_line(colour = 'tomato2', size = 2) +
#使用极简主题，去掉背景标注
theme_minimal()
```

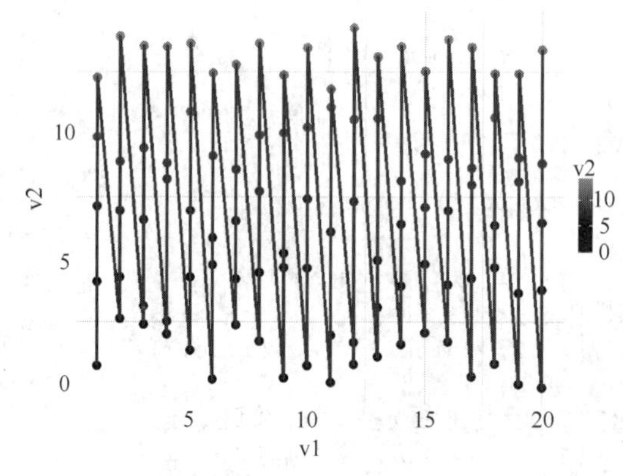

图 6-8　在 geom_line( )的属性映射中不设置分组

6.2.2 比例尺

观测变量通常具有一定的物理意义，因此可能带有特殊的量纲。但是，数据的观测值对计算机而言并没有具体的含义，在可视化时用户需要把它们从数据的物理单位（如长度、重量和时间等的单位）转换成计算机显示的图形单位（包括像素所在的位置和颜色）。这一过程就要依据比例尺进行缩放以实现转换。在绘图中至少要包含两个比例尺，分别对应于 x 轴和 y 轴。除非使用的图层可以自动计算变量到显示对象的映射，否则用户需要设置比例尺来指定从数据变量到 x 轴和 y 轴的映射关系。

很多用户采用 ggplot2 默认的线性缩放运算来确定几何对象在 x-y 平面的位置，这种方式容易理解，也易于实现。同时，ggplot2 也支持其他形式的缩放关系，如对数缩放。确定缩放形式之后，数据对象的位置就可以由坐标轴的取值范围决定，ggplot2 既支持用类似于 R 基础绘图系统的 xlim 和 ylim 来设置范围，也支持用 expand_limits( )函数实现范围扩展。从数值到坐标的缩放并不代表绘图中的位置已完全确定，ggplot2 绘图系统还需将实数型的 x-y 坐标值尽可能精确地转换到具体的像素，其原因在于显示器中像素的位置只能是整数。

与位置坐标空间的缩放相比，更加复杂一些是按颜色比例尺映射的过程。究其原因，颜色并非一个单纯的数值。在 RGB 编码理论中，颜色被认为由 3 个成分组成，分别对应于人眼中 3 种颜色的感受细胞，因此构成了一个三维的色彩空间。颜色的缩放则是指将数据合理地映射为这个空间中的某个点。

1．*x-y* 轴范围设置

首先，我们来看示例 6-9，实现 *x-y* 轴范围的自动设置，其代码的执行结果如图 6-9（a）所示。

示例 6-9 自动设置 *x-y* 轴的范围。

```
#随机生成数据样本
set.seed(10001)
x <- c(rep(1,100), rep(4, 100), rep(7,100)) + rnorm(300)
y <- c(rep("A", 100), rep("B", 100), rep("C", 100))
z <- runif(min = 0, max = 10, 300)
#组合为数据框
df <- data.frame(v1 = x, v2 = as.factor(y), v3 = z)
#创建 ggplot 对象
p <- ggplot(df, aes(x = v3, y = v1))
#添加折线图图层，使用类别作为颜色映射
p + geom_line(aes(colour = v2), size = 1.5) +
#设置主题，使用较大的字号
theme(legend.position = "none", text = element_text(size = 30))
```

阅读示例 6-9 中的代码可知，其中没有用于设置数轴范围的操作，因此图 6-9（a）所示的折线图是根据 ggplot2 自动使用的比例尺绘制的。现在我们在示例 6-10 中使用 expand_limits( )手动设置坐标范围，可以得到坐标缩放后的图形，如图 6-9（b）所示。

示例 6-10 使用 expand_limits( )手动设置坐标范围。

```
#随机生成数据样本
set.seed(10001)
x <- c(rep(1,100), rep(4, 100), rep(7,100)) + rnorm(300)
y <- c(rep("A", 100), rep("B", 100), rep("C", 100))
z <- runif(min = 0, max = 10, 300)
#组合为数据框
df <- data.frame(v1 = x, v2 = as.factor(y), v3 = z)
#创建 ggplot 对象
p <- ggplot(df, aes(x = v3, y = v1))
#添加折线图图层，使用类别作为颜色映射
p + geom_line(aes(colour = v2), size = 1.5) +
theme(legend.position = "none", text = element_text(size = 30)) +
#扩展数轴范围
    expand_limits(x = c(0, 15), y = c(0, 12))
```

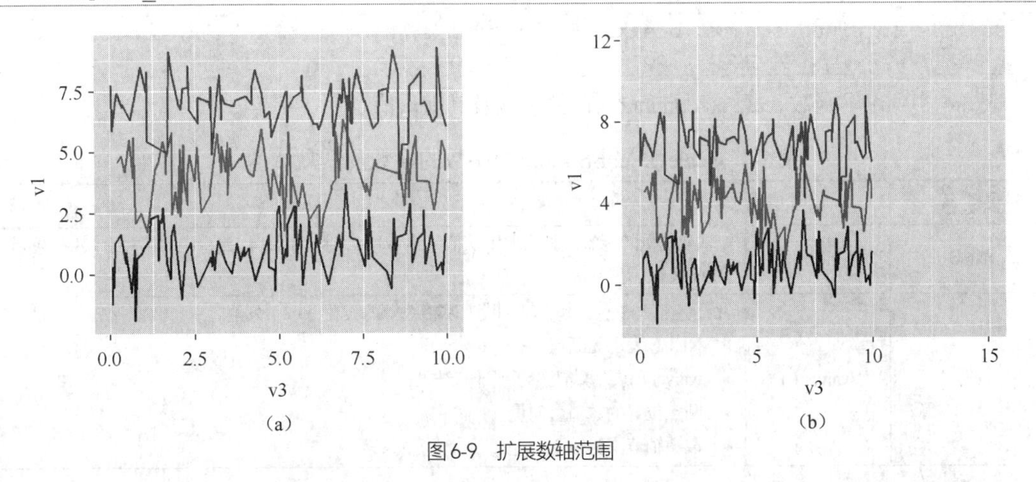

图6-9 扩展数轴范围

与R语言基础绘图系统一样，ggplot2也可以使用xlim和ylim直接设置数轴的上下界。在示例6-11中，我们继续使用示例6-9中生成随机数的方法，直接设置数轴的上下界来绘制箱形图，代码的执行结果如图6-10所示。

示例 6-11 直接设置数轴的上下界。

```
#随机生成数据样本
set.seed(10001)
x <- c(rep(1,100), rep(4, 100), rep(7,100)) + rnorm(300)
y <- c(rep("A", 100), rep("B", 100), rep("C", 100))
z <- runif (min = 0, max = 10, 300)
#组合为数据框
df <- data.frame(v1 = x, v2 = as.factor(y), v3 = z)
#创建ggplot对象
q <- ggplot(df, aes(x = v2, y = v1, colour = factor(v2)))
q + geom_boxplot(size = 1.5) + ylim(10, -2) +
    theme(legend.position = "none", text = element_text(size = 20))
```

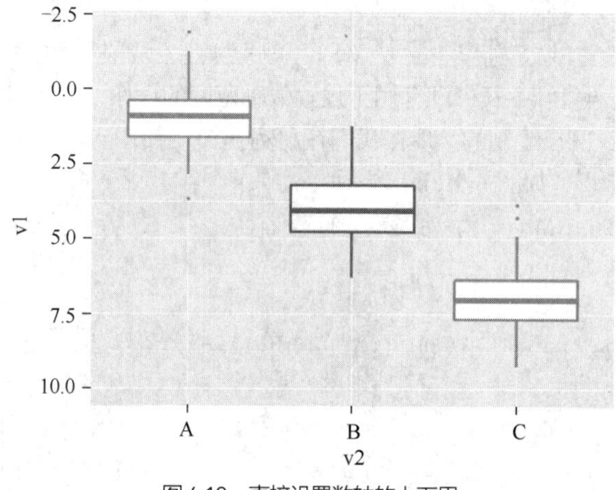

图6-10 直接设置数轴的上下界

2．连续数轴缩放

除了前面介绍的方法之外，ggplot2还提供了专用于连续值数轴缩放的函数scale_continous()。该函数支持为常用比例尺转换设置参数，包括log10、sqrt和reverse。该函数还支持对*x*、*y*轴的独立操作（分别用*x*和*y*指定数轴），以*x*轴为例说明函数的使用方法如下：

```
scale_x_continuous(name, breaks, minor_breaks, n.breaks, labels, limits, expand,
oob, na.value, trans, guide, position, sec.axis)
```

表6-4中列出了函数scale_x_continuous()的参数及其默认值。

表 6-4 scale_x_continuous()函数的参数及其默认值

参数名	默认值	说明
name	waiver ()	x轴或图例的标签。如果取默认值waiver ()，则名称取自aes ()中的第一个映射。如果值为NULL，则省略
breaks	waiver ()	用于控制大断点，如数轴刻度、网格线等的设置。取下列值之一： • NULL表示无断点； • waiver ()表示默认的断点计算结果； • 断点位置的数值型向量； • 以数轴范围为输入，返回断点位置的函数

续表

参数名	默认值	说明
minor_breaks	waiver ()	用作小刻度线断点设置，形式同上
n.breaks	NULL	指定大断点个数的整数。算法可能会选择一个稍微不同的数字，以确保良好的断点标签。只有当 breaks = waiver ()时才有效果。若值为 NULL，则使用转换给出的默认断点数
labels	waiver ()	数轴刻度线的标签。允许的值为： • NULL 表示无标签； • waiver( )表示默认标签； • 用于中断标签的字符向量； • 以断点为输入，返回标签的函数
limits	NULL	指定 *x* 轴范围(min, max)的数值型向量。NULL 表示使用默认范围
expand	waiver ()	对于位置缩放，一个范围扩展常数向量，用于在数据周围添加一些填充，以确保它们被放置在离轴有一定距离的地方。使用方便的函数 expansion( )来生成 expand 参数的值。默认情况下，连续变量每边扩大 5%，离散变量每边扩大 0.6 个单位
oob	censor	用于处理超出比例尺范围数值的函数
na.value	NA_real	用于替换缺失值
trans	"identity"	对于连续缩放，变换对象或对象本身的名称。内置的转换包括"asn""atanh""boxcox""date""exp""hms""identity""log""log10""log1p""log2""logit""modulus""probability""probit""pseudo_log""reverse""reciprocal""sqrt"和"time"
guide	waiver ()	用于创建指南或其名称的函数
position	"bottom"	轴的位置。*x* 轴为上或下，*y* 轴为左或右
sec.axis	waiver ()	用于指定次级数轴

注意，对于 scale_y_continuous( )函数，position 的默认值是"left"。

在示例 6-12 中，我们分别使用标签和范围设置、刻度线标签设置和缩放变换等参数来绘制散点图，以展示数轴缩放函数的用法，代码的执行结果如图 6-11 所示。

示例 6-12　使用连续数轴缩放函数。

```
#生成随机分布的数据
set.seed(12345)
#为方便后续的坐标变换，取绝对值
x <- abs(rnorm(100))
y <- x + abs(rnorm(100))
#组合成数据框
data <- data.frame(v1 = x, v2 = y)
#生成 ggplot 对象
p <- ggplot(data, aes(v1, v2))
#添加图层，使用默认比例尺的散点图，见图 6-11(a)
p + geom_point(size = 3, colour = 'steelblue') +
theme(text = element_text(size = 30))
#加上自定义数轴标签，设置数轴范围，见图 6-11(b)
windows()
p + geom_point(size = 3, colour = 'steelblue') +
     scale_x_continuous(name = "自变量", limits = c(-3, 3)) +
       scale_y_continuous(name = "因变量", limits = c(-4, 4)) +
       theme(text = element_text(size = 30))
#设置数轴的对数变换，设置 x 轴刻度值，将 y 轴标注移到右侧，见图 6-11(c)
windows()
p + geom_point(size = 3, colour = 'steelblue') +
       scale_x_continuous(trans = 'log2', breaks = c(0.05, 0.25, 1.25)) +
       scale_y_continuous(trans = 'log2', position = 'right') +
```

```
      theme(text = element_text(size = 30))
#使用其他形式的scale()函数，设置x轴为平方根变换，y轴为log10变换，且y轴上下倒置
#见图6-11(d)
windows()
p + geom_point(size = 3, colour = 'steelblue') +
      scale_x_sqrt() +
      scale_y_log10() + scale_y_reverse() +
      theme(text = element_text(size = 30))
```

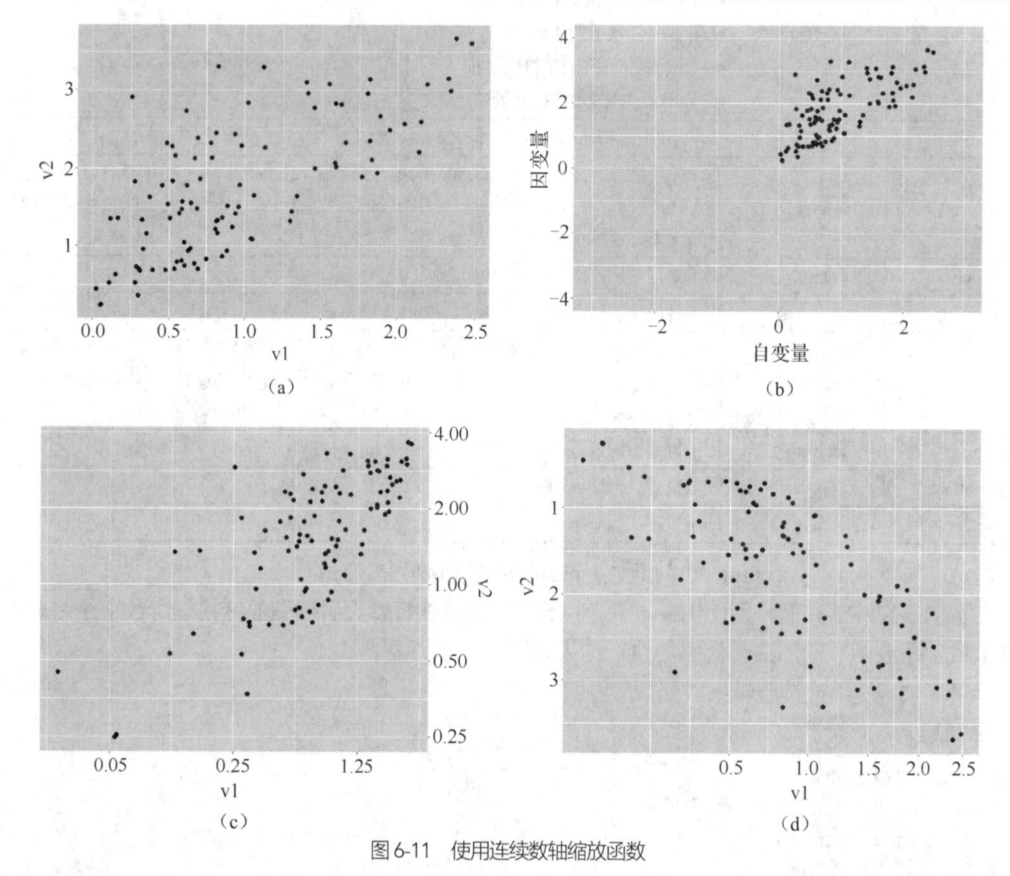

图6-11　使用连续数轴缩放函数

3．颜色缩放

在前面的几章中，我们已经使用过颜色空间的RGB编码，通过产生颜色所需的红、绿和蓝色的光强来定义颜色。但是光强的数值大小与人的感知强弱并不对等，这样就造成了从连续变量到一组颜色的映射非常困难的现象。

目前，比RGB更好地符合人类视觉的是HCL色彩空间映射，由色相、色度和亮度3个部分组成：色相值是0～360的角度值，给出颜色的色码；色度是一种表示颜色的纯度值，范围为0到随亮度变化的最大值；亮度是颜色的亮度，范围为0（黑色）～1（白色）。

ggplot2提供两种颜色比例尺方法，即离散映射和连续缩放。先看示例6-13，这是一个用于说明离散颜色映射的例子，所绘制的柱状图如图6-12所示。

示例6-13　离散颜色映射。

```
#生成数据框
df<- data.frame(x = 1:6, y = (1:6)*200)
#创建ggplot对象，在美学映射中指定x轴和y轴对应的变量，设置使用因子化的y变量值填充
q <- ggplot(df, aes(x, y, fill = factor(y))) +
```

```
#添加柱状图图层，使用 stat="identity"得到计数
  geom_bar(stat = "identity") +
#设置标签为空
  labs(x = NULL, y = NULL, fill = "y 的因子\n 级别")
#使用离散颜色填充，设置极简主题
q + scale_fill_discrete() + theme_minimal() +
#设置主题文字元素为较大字号
   theme(text = element_text(size = 20))
```

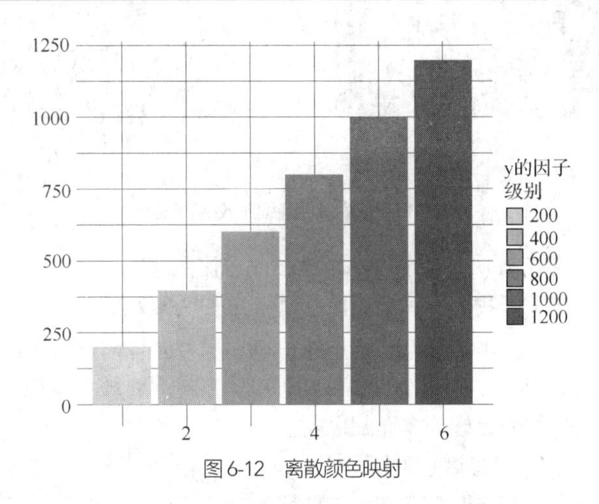

图 6-12 离散颜色映射

颜色缩放的效果取决于所使用的调色板，在函数 scale_fill_discrete ()中使用默认调色板缩放的效果如图 6-12 所示。再看示例 6-14，这是一个使用颜色连续缩放绘制热图的例子，代码执行结果如图 6-13 所示。

示例 6-14 使用颜色连续缩放绘制热图。

```
#生成随机数
set.seed(330)
x <- LETTERS[1:15]
#函数 paste0()把输入向量转换为字符型，然后连接成一个字符串（不同参数间不使用分隔符）
y <- paste0("v", seq(1, 15))
data <- expand.grid(X = x, Y = y)
data$Z <- runif(225, 0, 50)
#创建 ggplot 对象
p <- ggplot(data, aes(X, Y, fill = Z)) +
#添加方块图图层
  geom_tile() +
#取消 x-y 轴标签
  xlab("") + ylab("") +
#使用极简主题，加大字号
  theme_minimal() + theme(text = element_text(size = 20))
#绘制热图，见图 6-13(a)
p + scale_fill_continuous(breaks = NULL)
#使用指定的调色板
p + scale_fill_distiller(palette = "Reds") +
#倒置 y 轴，使元素顺序与矩阵一致，见图 6-13(b)
  scale_y_discrete(limits = rev) +
  theme(legend.position = "none")
```

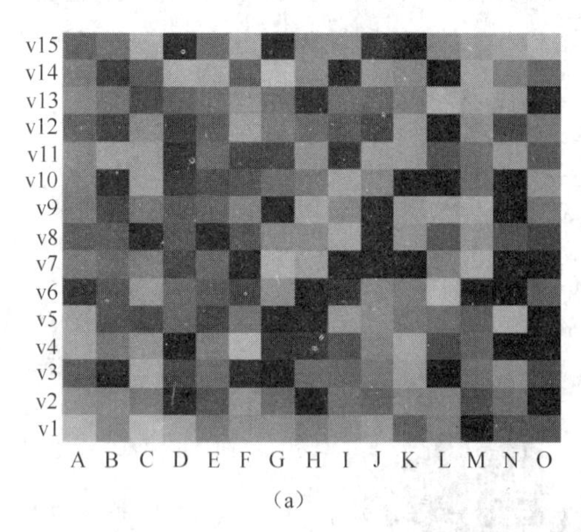

（a）

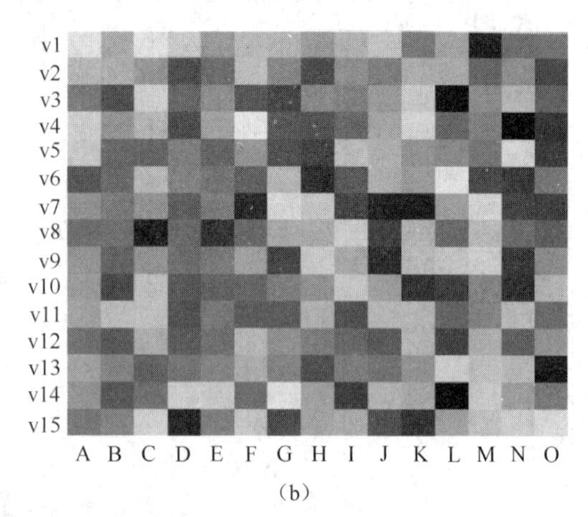

（b）

图 6-13 使用颜色连续缩放绘制热图

图 6-13 所示的热图中各个方块的颜色展示了连续颜色比例尺的效果，也就是将矩阵的数值作为颜色的连续值生成了热图。接下来我们看一个相比示例 6-14 更为复杂的示例 6-15，代码首先生成两组二维高斯分布的数据，使用 stat_density_2d()得出数据点的密度分布，再设置不同的连续颜色缩放方案填充密度图，执行结果如图 6-14 所示。除了直接使用梯度方式填充，还可以通过不同的调色板（可能需要使用一些扩展包）来获得效果更好的填充配色。

示例 6-15 使用密度分布设置连续颜色缩放。

```
#生成随机分布的数据
set.seed(345)
x <- c(rep(5, 500), rep(10, 300)) + rnorm(800, 0, 2)
y <- c(rep(20, 500), rep(50, 300)) + x + rnorm(800, 0, 4)
#组合为数据框
data <- data.frame(v1 = x, v2 = y)
#创建 ggplot 对象，指定坐标轴分别为 v1 和 v2 变量
p <- ggplot(data, aes(v1, v2))
#使用梯度填充，见图 6-14(a)
p + stat_density_2d(aes(fill = level), geom = "polygon", colour = "white") +
  scale_x_continuous(expand = c(0, 0)) +
  scale_y_continuous(expand = c(0, 0)) +
  scale_fill_gradient(low = "steelblue", high = "indianred")
#使用取消轮廓线的梯度填充，见图 6-14(b)
p + stat_density_2d(aes(fill = ..density..), geom = "raster", contour = FALSE) +
  scale_x_continuous(expand = c(0, 0)) +
  scale_y_continuous(expand = c(0, 0)) +
  theme(legend.position='none') +
  scale_fill_gradient(low = "white", high = "red")
#使用调色板 scale_fill_viridis_c()填充，见图 6-14(c)
p + stat_density_2d (aes(fill = ..density..), geom = "raster", contour = FALSE) +
  theme(legend.position='none') +
scale_x_continuous(expand = c(0, 0)) +
scale_y_continuous(expand = c(0, 0)) +
scale_fill_viridis_c()
#使用调色板 scale_fill_distiller(palette = "RdPu")填充，见图 6-14(d)
p + stat_density_2d(aes(fill = ..density..), geom = "raster", contour = FALSE) +
  theme(legend.position='none') +
  scale_x_continuous(expand = c(0, 0)) +
  scale_y_continuous(expand = c(0, 0)) +
  scale_fill_distiller(palette = "RdPu")
```

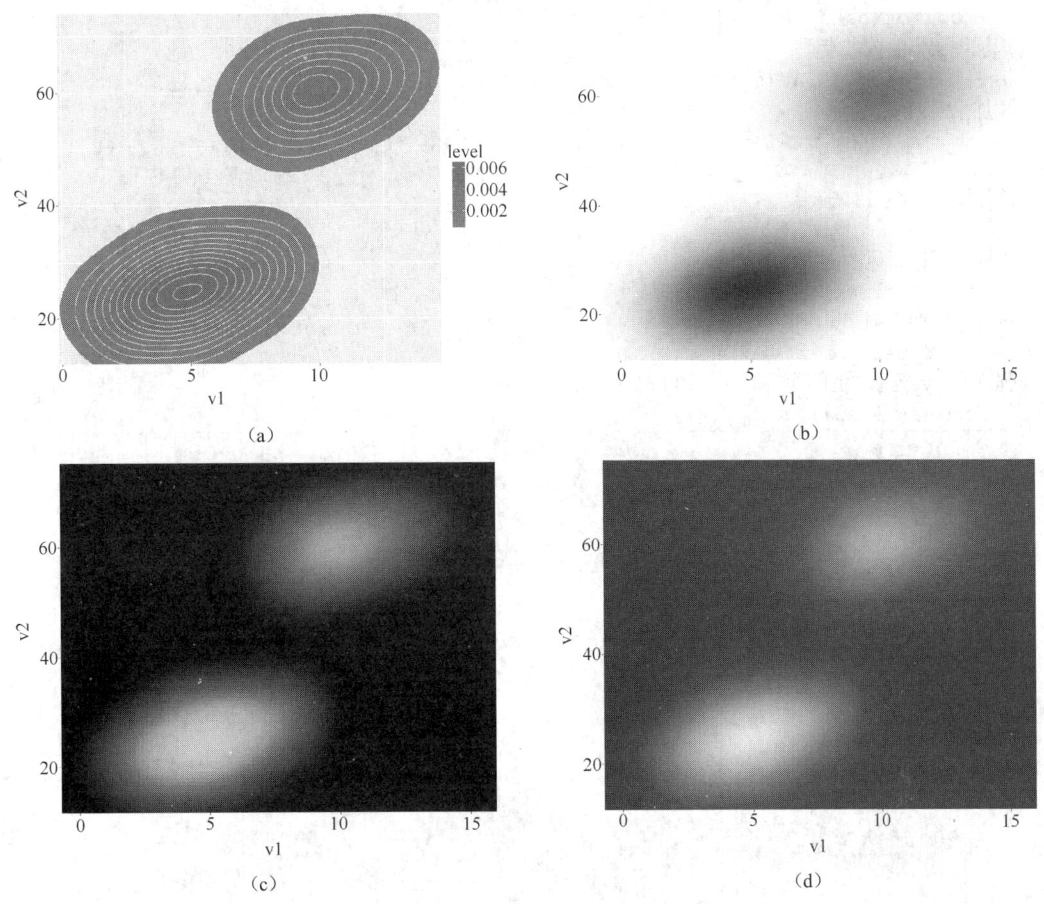

图 6-14 使用密度分布设置连续颜色缩放

注意：由于图 6-14（a）对应的代码中没有设置 legend.position='none'，因此在图的右侧显示了自动生成的图例。

6.2.3 坐标系

坐标系为数据和与之相对应的几何对象提供参照。首先，坐标系可以把 *x*、*y* 轴上的值组合为二维空间中的一个位置，其中 *x*、*y* 轴可以是笛卡儿坐标系中的水平与垂直数轴，也可以是极坐标系中的赋值和角度，还可以是地图投影坐标系中的经纬度。其次，坐标系通过数轴和网格，直观地表示数值到位置的映射关系。

ggplot2 支持对坐标系的几种主要操作。先看示例 6-16，使用笛卡儿坐标系实现位置关系映射，其代码的执行结果如图 6-15 所示。

示例 6-16 使用笛卡儿坐标系实现位置关系映射。

```
#生成随机分布的数据
set.seed(123)
#为方便后续的坐标变换，取绝对值
x <- abs(rnorm(100))
y <- x + abs(rnorm(100))
#组合成数据框
data <- data.frame(v1 = x, v2 = y)
```

```
#生成 ggplot 对象
p <- ggplot(data, aes(v1, v2))
#添加图层，生成散点图
p <- p + geom_point(size = 3, colour = 'steelblue') +
#添加平滑曲线
  geom_smooth(method = loess, formula = y ~ x, size = 2, colour = "navy") +
  theme(text = element_text(size = 30))
#原始图，见图 6-15(a)
p
#坐标轴翻转，见图 6-15(b)
p + coord_flip()
#选择坐标轴范围，见图 6-15(c)
p + coord_cartesian(xlim = c(0.5, 2))
#强制 x、y 坐标轴的间距相等，见图 6-15(d)
p + coord_fixed()
```

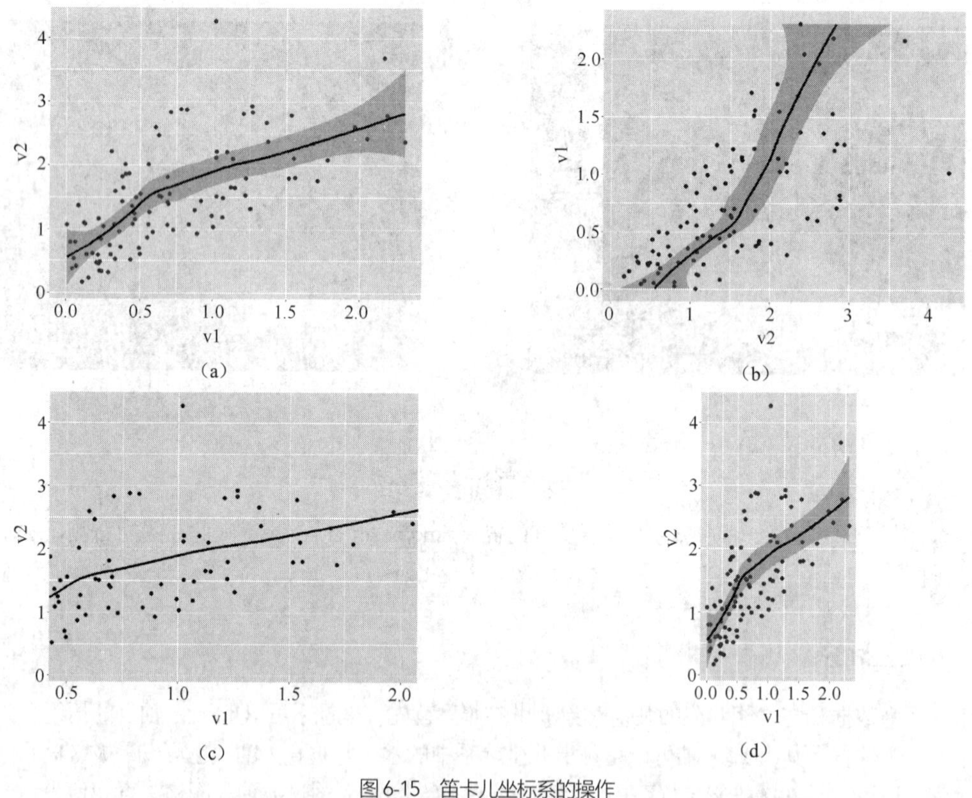

图 6-15　笛卡儿坐标系的操作

再来看示例 6-17，使用坐标系操作函数 coord_polar( )实现极坐标变换，所生成的极坐标系如图 6-16 所示。

示例 6-17　使用坐标系操作函数 coord_polar( )实现极坐标变换。

```
#生成随机分布的数据
set.seed(123)
#为方便坐标变换，取绝对值
x <- abs(rnorm(100))
y <- x + abs(rnorm(100))
#组合成数据框
data <- data.frame(v1 = x, v2 = y)
```

```
#生成 ggplot 对象
p <- ggplot(data, aes(v1, v2))
#添加图层，生成散点图
p <- p + geom_point(size = 3, colour = 'steelblue') +
#添加平滑曲线
  geom_smooth(method = loess, formula = y ~ x, size = 2, colour = "navy") +
  theme(text = element_text(size = 30))
#将 x 变量映射为角度，见图 6-16(a)
p + coord_polar("x")
#打开新的绘图窗口
windows()
#将 y 变量映射为角度，见图 6-16(b)
p + coord_polar("y")
```

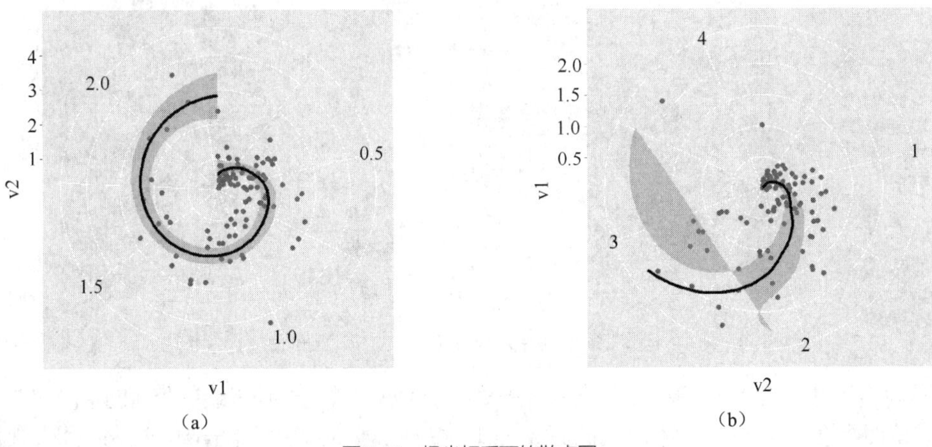

图 6-16 极坐标系下的散点图

6.2.4 分面

对一个数据集使用分面可以生成若干分面网格，每个分面网格显示不同的数据子集。使用分面的目的是为探索性数据分析提供更多的视角，让数据分析师快速地比较数据不同部分的模式，通过差异分析得出结论。

ggplot2 包含 3 种类型的分面形式：默认值是 facet_null( )，即用单一图形显示数据集；facet_wrap( )把一维的分面网格序列封装为二维面板；facet_grid( )生成一个二维面板，其中网格由构成行和列的变量所定义。

首先来看示例 6-18，这是一个使用 facet_wrap( )函数生成二维面板的例子，代码执行结果如图 6-17 所示。

示例 6-18 使用 facet_wrap( )函数生成二维面板。

```
#生成随机分布的数据
set.seed(345)
x <- rnorm(200)
y <- x + rnorm(200)
#生成类别变量
cl <- c(sapply(1:4, function(i) rep(LETTERS[i], 50)))
#组合成数据框
data <- data.frame(v1 = x, v2 = y, v3 = cl)
#生成 ggplot 对象
p <- ggplot(data, aes(v1, v2)) +
```

```
#添加图层，使用更大的字号
  theme(text = element_text(size = 20)) +
#添加平滑曲线
  geom_smooth() +
#添加带抖动的散点图，避免点的重叠
  geom_jitter(width = 0.1, height = 0.1) +
#使用 v3 变量生成序列
  facet_wrap(~v3)
#显示绘图对象
p
```

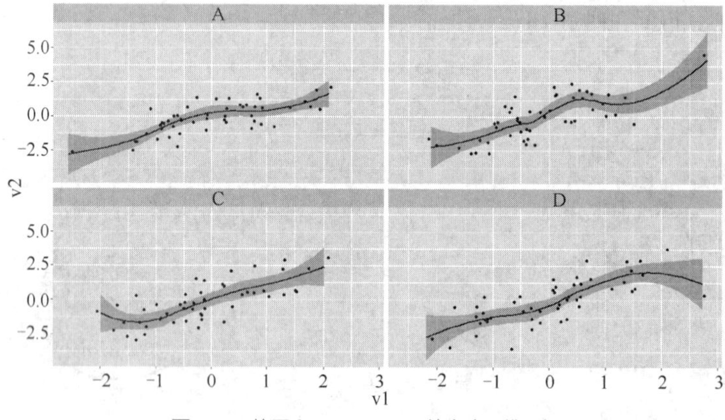

图 6-17　使用 facet_wrap( )函数生成二维面板

在示例 6-18 中，变量 v3 选择了数据 data 中对应于不同字母的子集来绘制分面网格。如图 6-17 所示，这些分面网格组成了一个 2 行 2 列的面板。如果在 facet_wrap( )中指定 nrow 或 ncol 参数，则可以设置不同的显示布局。在处理不同数据子集时，数据的分布范围可能发生变化。为了使得显示出来的几何对象具有更恰当的位置映射，用户在 facet_wrap( )中可以按需要把 scales 设置为 fixed 或 free，free 表示自动调整比例尺以获得更好的显示效果。示例 6-19 中，我们将 facet_wrap( )函数的参数 scales 设置为"free_y"来生成可自动调整分面网格中的 y 轴比例尺，代码执行结果如图 6-18 所示。

示例 6-19　设置函数 facet_wrap( )的参数 scales 自动调整分面比例尺。

```
#生成随机分布的数据
set.seed(345)
x <- rep(1:50, 4)
y <- x + c(sapply(1:4, function(i) rep(10*i, 50)))
y <- y + rnorm (200, 0, 3)
cl <- c(sapply (1:4, function(i) rep(LETTERS[i], 50)))
#组合成数据框
data <- data.frame(v1 = x, v2 = y, v3 = cl)
#生成 ggplot 对象
p <- ggplot(data, aes(v1, v2)) +
#添加主题，使用更大的字号，不显示图例
  theme(legend.position = "none", text = element_text(size = 15)) +
#添加折线图，颜色由 cl 变量决定
  geom_line(size = 2, aes(colour = factor(v3))) +
#按 v3 绘制数据子集的分图，y 轴比例尺不固定
  facet_wrap(~v3, scales = "free_y", nrow = 1)
#显示绘图对象，见图 6-18
p
```

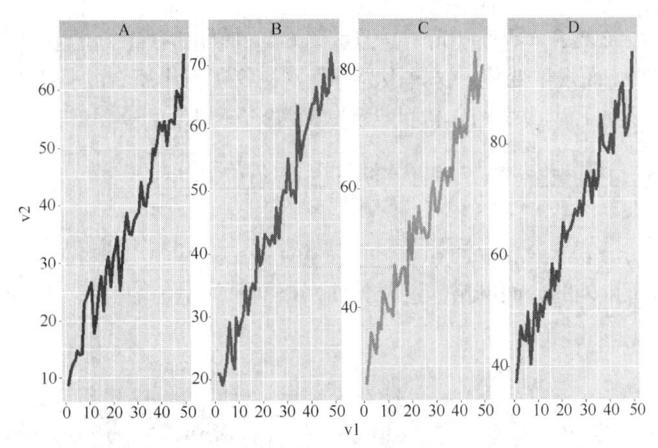

图6-18 分面网格中设置参数自动调整比例尺

函数 facet_grid()允许用户使用一个或两个分类变量来划分数据集创建分面网格。用户在 facet_grid()中输入“垂直~水平”形式的公式，控制分面网格水平或垂直的排列方式。在示例 6-20 中，我们使用 facet_grid()函数生成水平排列的分面网格，示例代码的执行结果如图 6-19 所示。

示例 6-20 使用 facet_grid()函数生成水平排列的分面网格。

```
#生成随机分布的数据
set.seed(345)
x <- rep(1:50, 4)
y <- x + c(sapply(1:4, function(i) rep(10*i, 50)))
y <- y + rnorm(200, 0, 3)
cl <- c(sapply(1:4, function(i) rep(LETTERS[i], 50)))
#组合成数据框
data <- data.frame(v1 = x, v2 = y, v3 = cl)
#生成 ggplot 对象
ggplot(data, aes(v1, v2)) +
#添加主题，使用更大的字号，不显示图例
  theme(legend.position = "none", text = element_text(size = 15)) +
#添加直线，给定截距，默认斜率为 1。为坐标系的数轴范围提供参考
  geom_abline(intercept = 10, colour = "grey70", size = 2) +
#添加散点图
  geom_point(size = 2, aes(colour = factor(cl))) +
#分面由 v3 划分
  facet_grid(.~v3, scales = "free", space = "free")
```

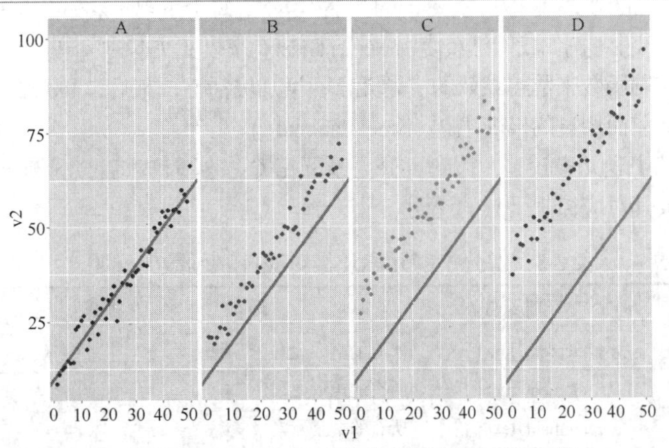

图6-19 使用 facet_grid()函数生成水平排列的分面网格

虽然示例 6-20 已经设置了 scales = "free"，但是图 6-19 中的参考直线位置固定，这表明数轴的范围并没有随数据子集的变化而发生变化。这是因为分面网格每一行中所有的分面网格共享一个 y 轴，这就是与使用函数 facet_wrap ( )生成的图 6-17 的区别。如果将代码中的语句：

```
facet_grid(.~v3, scales = "free", space = "free")
```

改为：

```
facet_grid(v3~., scales = "free", space = "free")
```

则将生成图 6-20 中垂直排列的分面网格，这时分面网格共享的是 x 轴，而 y 轴也会随数据子集的不同而自动进行调整。

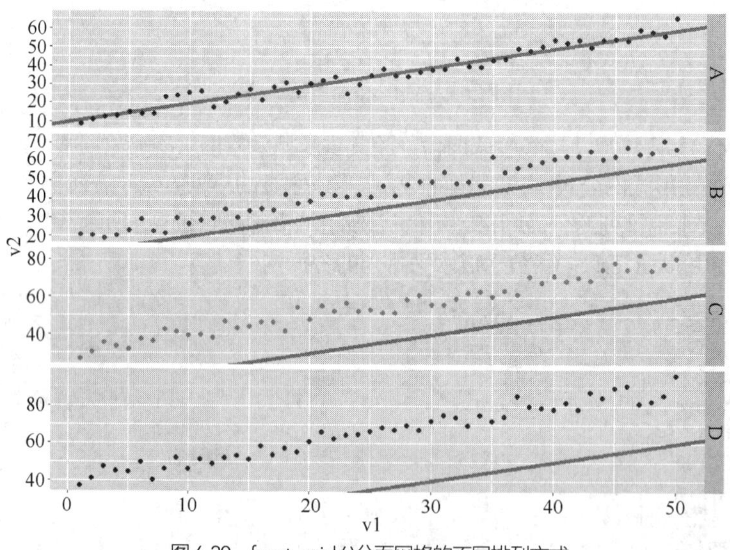

图 6-20　facet_grid ( )分面网格的不同排列方式

6.2.5　主题

与 R 语言基础绘图系统不同，ggplot2 绘图时采用的是数据元素与非数据元素相分离的原则，两者分别使用不同的要素体现。用户通过设置 ggplot2 的主题可实现对绘图中的非数据部分的精准控制。虽然主题要素改变不了绘图的感知属性，它却能够增加绘图的美感，使字体、刻度、面板和背景形成统一的风格。

主题在绘图中可以发挥多重作用：首先，通过自定义的主题元素可以调整绘图中的非数据元素，如绘图的标题、数轴上的刻度和图例中关键词的大小；其次，每个主题元素都可以用相应的函数控制，用来设置该元素的视觉属性，例如我们已经使用 element_text ( )来改变文本的字体大小，同时，使用 theme ( )函数可以调用元素控制函数来覆盖默认的主题元素，增加灵活性；最后，ggplot2 提供一些可选的预定义主题风格，例如在前面用过的极简主题 theme_minimal ( )。

控制绘图外观的主题元素较多，大致可分为以下几类：绘图、数轴、图例、面板和分面。表 6-5 是对部分主题元素及其对应控制函数的说明。

表 6-5　部分主题元素及其对应控制函数的说明

主题元素	控制函数	说明
line	element_line ( )	所有的直线元素
rect	element_rect ( )	所有的矩形元素
text	element_text ( )	所有的文字元素
title	element_text ( )	所有的标题，包括绘图、数轴、图例，继承自 text

续表

主题元素	控制函数	说明
aspect.ratio	—	面板的长宽比
legend.background、panel.background、plot.background、strip.background	element_rect ()	图例的背景、面板的背景、绘图的背景、分面网格标签的背景，继承自 rect
panel.border	element.rect ()	围绕绘图区域的边界，加在绘图区域之上，因此会覆盖网格线和刻度线。如果不希望覆盖，应设置 fill = NA
panel.grid	element_line ()	网格线，使用 major、minor 指定大、小网格线

在示例 6-21 中，我们使用 theme ()来设置绘图和面板的背景，代码的执行结果如图 6-21 所示。接下来，我们将用不同的示例来介绍如何使用主题要素实现对主题元素的控制。由于 geom_histogram 默认使用计数值来绘制直方图，系统自动添加了标签“count”。

示例 6-21 使用 theme ()设置绘图和面板的背景。

```
#生成随机分布的数据
set.seed(345)
x <- rnorm(100)
y <- x + rnorm(100, 0, 3)
data <- data.frame(v1 = x, v2 = y)
#创建 ggplot 对象
p <- ggplot(data, aes(v2)) +
#添加直方图图层
    geom_histogram(bins = 15, colour = "steelblue2", fill = "lightblue3")
#设置绘图背景和边框，见图 6-21(a)
p + theme(plot.background = element_rect(colour = "aquamarine2", size = 2,
      fill = "antiquewhite3"))
#设置面板背景，见图 6-21(b)
windows()
p + theme(panel.background = element_rect(fill = "white"))
#设置大网格线背景，见图 6-21(c)
windows()
p + theme(panel.grid.major = element_line(color = "sienna3", size = 1))
#设置水平大网格线背景，见图 6-21(d)
windows()
p + theme(panel.grid.major.y = element_line(color = "dodgerblue3", size = 1))
```

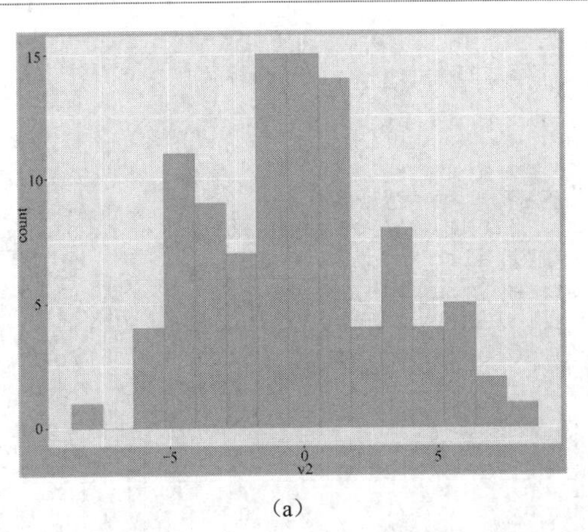

(a)

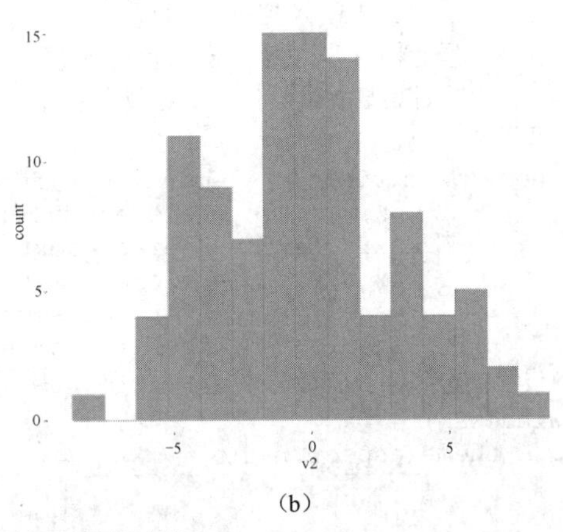

(b)

图 6-21 使用 theme ()设置绘图和面板的背景

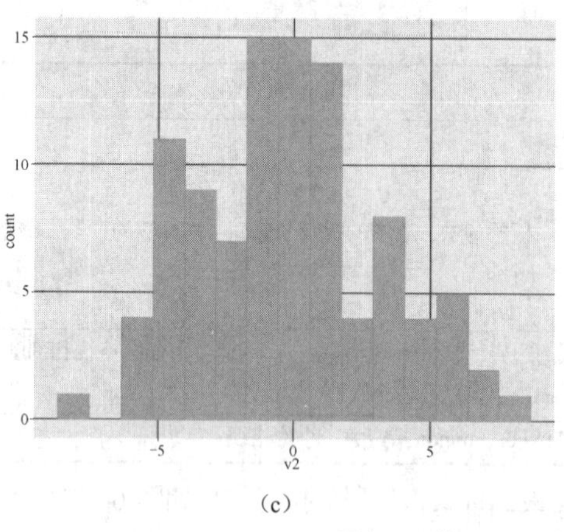

(c)

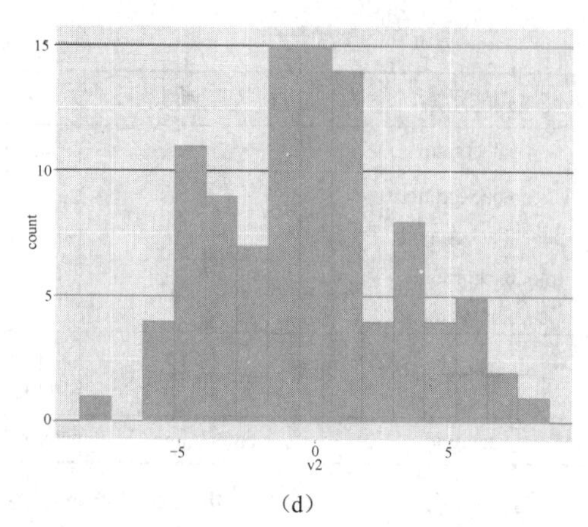

(d)

图 6-21　使用 theme ( )设置绘图和面板的背景（续）

除了设置绘图和面板的背景，用户还可以通过 theme ( )定制轴线、刻度线、标题、标签等文字的属性。示例 6-22 中的代码使用 theme ( )函数设置数轴、标题和长宽比等，所产生的主题变化效果如图 6-22 所示。

示例 6-22　使用 theme ( )函数设置数轴、标题和长宽比等。

```
#生成随机分布的数据
set.seed(345)
x <- rnorm(100)
y <- x + rnorm(100, 0, 3)
data <- data.frame(v1 = x, v2 = y)
#创建 ggplot 对象
q <- ggplot(data, aes(v1, v2)) +
#添加图层二维密度图，设置线型、大小和颜色
        geom_density_2d(linetype = "solid", size = 1.8, colour = "indianred2")
#设置主题元素：改变轴线的颜色和大小，见图 6-22(a)
q + theme(axis.line = element_line(colour = "indianred ", size = 1.5))
#设置主题元素：改变数轴刻度线文字的颜色和大小，见图 6-22(b)
windows()
q + theme(axis.text = element_text(color = "darkblue", size = 30))
#设置标签和标题
windows()
q + labs(x = "变量 x",
         y = "变量 y",
         title = "图形标题") +
#设置主题元素：标题文字、数轴标题和刻度线，改变文字字体与大小
#同时设置刻度线的颜色与大小，以及面板网格线
#见图 6-22(c)
theme(plot.title = element_text(face = "bold", size = 20),
         axis.title = element_text(face = "italic", size = 18),
         axis.text = element_text(face = "italic", size = 15),
         axis.ticks = element_line(colour = "grey70", size = 1),
         panel.grid.major = element_line(colour = "grey70", size = 0.8),
         panel.grid.minor = element_line(colour = "white", size = 0.8))
#设置主题元素：长宽比，见图 6-22(d)
windows()
q + theme(aspect.ratio = 1)
```

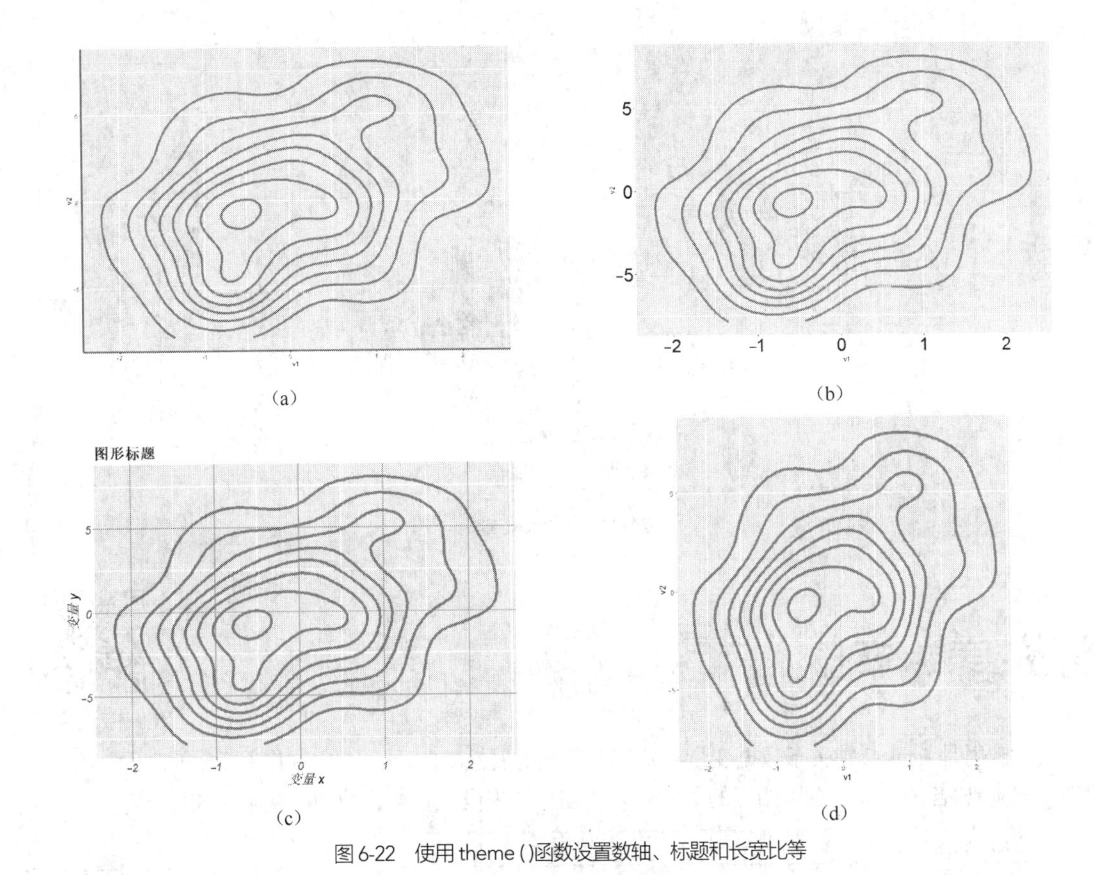

图 6-22 使用 theme ()函数设置数轴、标题和长宽比等

此外，ggplot2 还提供了一些预设的主题，这些主题的风格包括使用白色背景和细灰色网格线的 theme_bw( )、白色背景上只有不同宽度的黑色线条的 theme_linedraw( )、黑色背景突出彩色细线条的 theme_dark( )和没有网格线的 theme_classic( )等。用户可以根据需要选择适合的预定义主题，减少自定义主题元素所需的工作量。

示例 6-23 展示了使用预置主题的过程，其代码的执行结果如图 6-23 所示。

示例 6-23 使用预置主题。

```
#生成随机数
set.seed(10101)
x <- rep(1:5, 40) + rnorm(200)
y <- rep(LETTERS[1:5], 40)
#组合维数据框
data <- data.frame(value = x, name = y)
#创建 ggplot 对象
p <- ggplot(data, aes(name, value)) +
#添加小提琴图
geom_violin(colour = "steelblue", fill = "lightblue2", size = 1.5) +
#添加带抖动效果的散点图
geom_jitter(height = 0, width = 0.2, size = 3, colour = "tomato2")
#使用空主题，见图 6-23(a)
p + theme_void()
#使用白色背景和细灰色网格线主题，见图 6-23(b)
p + theme_bw()
```

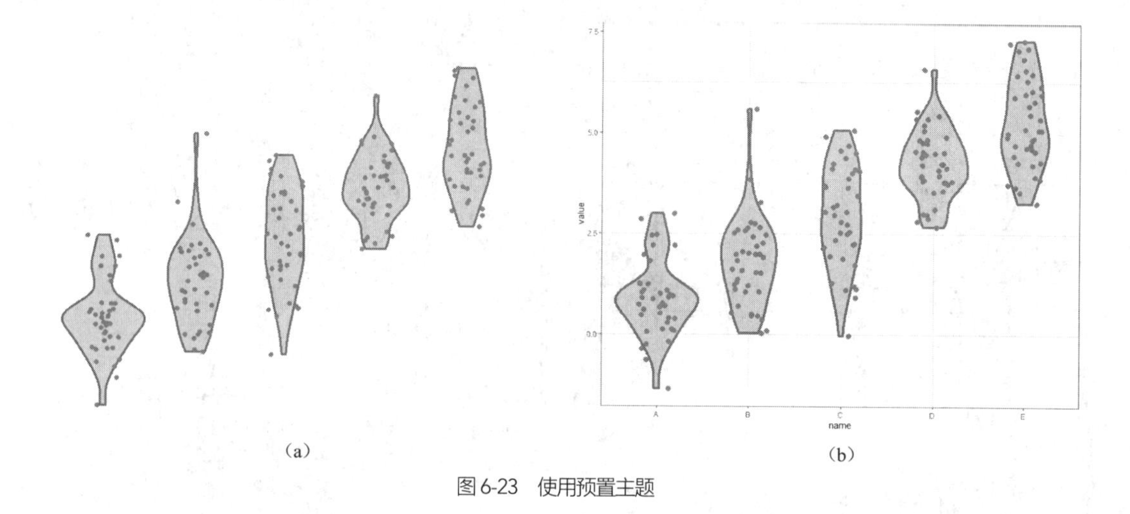

（a）　　　　（b）

图 6-23　使用预置主题

6.3 美学映射

美学映射是 ggplot2 中关于数据变量到几何对象视觉属性（在 ggplot2 中称作美学）的映射。用户可以在 ggplot( )和各个图层中设置相应的美学映射。在图层中设置映射，使用的基本形式如下：

```
aes(x, y, ...)
```

其参数以 aesthetic = variable 的形式给出名称-值对，指定图层中的相关数据变量应该如何映射到相应的 geom/stat 美学属性。由于表达式变量的计算利用本层数据实现，因此不需要引用原始数据集，例如，使用 ggplot (df, aes (variable))而不是 ggplot (df, aes (df$variable))。通常会省略 x 和 y 美学属性名称，而其他美学属性则必须命名。

此外，ggplot2 对一些术语采用了规范性约定，因此在 aes( )中用到的属性参数名与 R 基础绘图系统中的叫法有所区别。例如，在 ggplot2 中 color 被拼写为 colour，pch 改称为 shape，而 cex 变为 size。

6.3.1 轮廓颜色与填充颜色

在 ggplot2 的美学映射中，参数 colour 指的是几何对象的轮廓颜色，而 fill 是指几何形状使用的填充颜色。如果轮廓颜色和填充颜色需要随数据而变化，则必须在 aes ( )中设置。如对同一图层的几何对象都采用固定的轮廓颜色或填充颜色，用户可以在 geom 中直接指定，无须把轮廓颜色和填充颜色的赋值放在 aes( )里。示例 6-24 展示了在 aes( )内外设置轮廓颜色与填充颜色的区别，其代码的执行结果如图 6-24 所示。

示例 6-24　在 aes( )内外设置轮廓颜色与填充颜色的区别。

```
#生成随机分布的数据
set.seed(345)
x <- rep(1:5, 40) + rnorm(200)
y <- rep(LETTERS[1:5], 40)
#合成数据框
data <- data.frame(value = x, name = y)
#创建初始 ggplot 对象，指定数据和 x、y 坐标轴映射
q <- ggplot(data, aes(name, value)) +
```

```
#设置标签名称
labs(x = "变量", y = "数值", colour = "轮廓\n 颜色", fill = "填充\n 颜色",
alpha = "透明度") +
#加大字号
theme(text = element_text(size = 25))
#在 aes() 内设置轮廓颜色，轮廓颜色依赖于数据，默认会在图例中列出轮廓颜色与变量的映射关系
#见图 6-24(a)
q + geom_boxplot(aes(colour = name), size = 2)
#在 aes() 内设置填充颜色，填充颜色依赖于数据，默认会在图例中列出填充颜色与变量的映射关系
#见图 6-24(b)
#虽然透明度 alpha 固定，但是放在 aes() 中也会产生图例
windows()
q + geom_boxplot(aes(fill = name, alpha = 0.8))
#在 aes() 外设置轮廓颜色，轮廓颜色为常数值，不会生成图例，见图 6-24(c)
windows()
q + geom_boxplot(colour = "steelblue", size = 2)
windows()
#在 aes() 外设置填充颜色，填充颜色为常数值，不会生成图例，见图 6-24(d)
q + geom_boxplot(fill = "tomato4", alpha = 0.5)
```

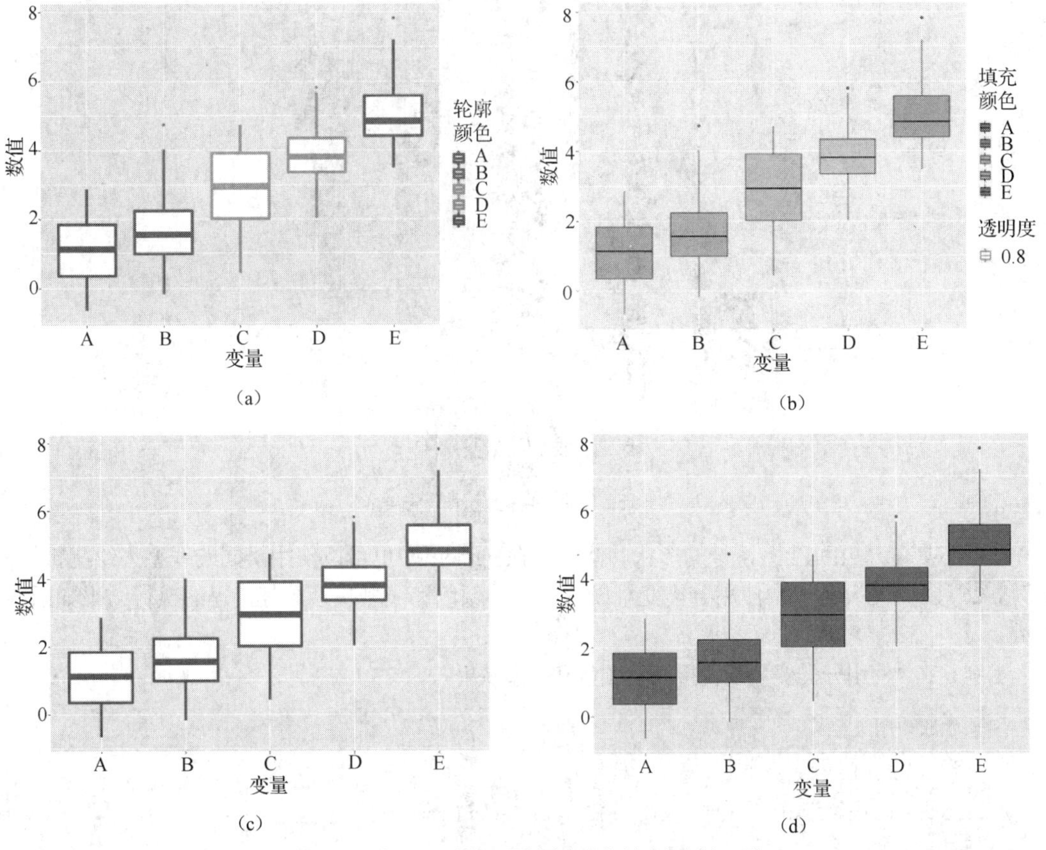

图 6-24 在 aes ()内外设置轮廓颜色与填充颜色的区别

6.3.2 形状与线型

与基础绘图系统类似，ggplot2 中也可以使用不同的形状符号来表示单个数据点。如果在美学映射

中指明了形状和数据之间的对应关系，则在绘制该图层时将根据这种映射对不同的数据使用不同的形状绘图。在示例 6-25 中，我们用分类变量来选择符号，示例代码的结果如图 6-25 所示。

示例 6-25 使用分类变量设置符号类型。

```
#生成随机数
set.seed(10101)
x <- rep(1:5, 40) + rnorm(200)
y <- rep(LETTERS[1:5], 40)
#组合为数据框
data <- data.frame(value = x, name = y)
#创建 ggplot 对象，x、y 坐标轴分别对应分类变量和连续变量
q <- ggplot(data, aes(name, value)) +
#设置标签名称
    labs(x = "变量", y = "数值", shape = "形状") +
#加大字号
     theme (text = element_text(size = 25))
#添加带抖动的散点图图层，指定形状与分类变量对应
q + geom_jitter(height = 0, width = 0.2, size = 3, aes(shape = name))
```

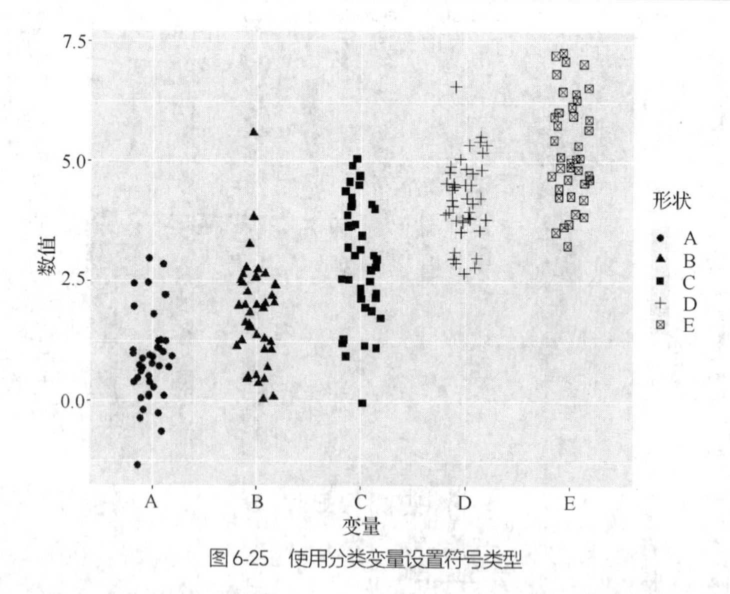

图 6-25 使用分类变量设置符号类型

图 6-25 展示了几种绘图符号的形状。此外，在 ggplot2 中也可以使用不同的线型来绘制折线图。示例 6-26 展示了在 aes ()中使用分类变量设置折线的颜色和线型映射，其代码的执行结果如图 6-26 所示。

示例 6-26 使用分类变量设置折线的颜色和线型映射。

```
#随机生成数据
set.seed(100)
x <- c(1:50, 1:50)
y <- sqrt(c(x[1:50], 30 + x[51:100])) + rnorm(100)
#设置分类变量
z <- c(rep('A', 50), rep('B', 50))
#组合为数据框
df <- data.frame(class = z, v1 = x, v2 = y)
#创建 ggplot 对象，设置坐标轴和分组映射对应的变量
p <- ggplot(df, aes(v1, v2)) +
```

```
#设置标签名称
      labs(x = "变量1", y = "变量2", linetype = "类别", colour = "类别") +
#在主题中设置线宽、字号，取消小网格线，将面板背景置为白色
      theme(line = element_line(size = 1.5),
            text = element_text(size = 25),
            panel.grid.minor = element_blank(),
            panel.background = element_rect(colour = "white"))
#添加折线图图层，在映射中指明线型和颜色的映射关系
p + geom_line(size = 2, aes(linetype = class, colour = class))
```

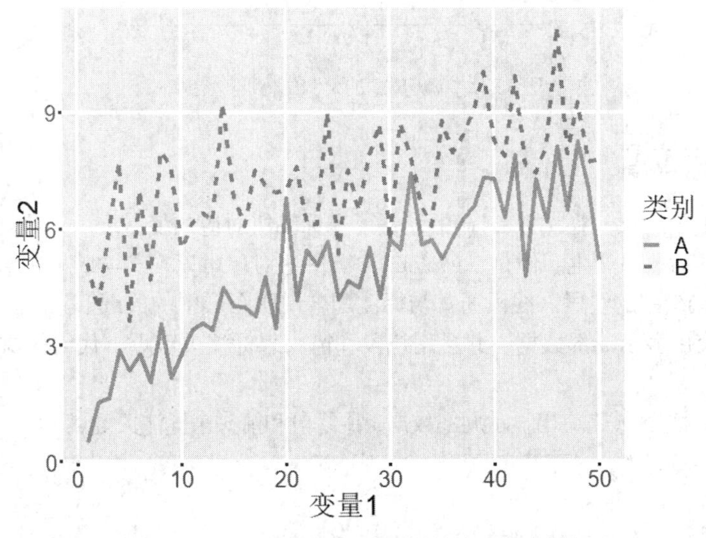

图6-26　使用分类变量设置折线的颜色和线型映射

从图 6-26 中可以看出线型和颜色随分类变量 class 而变化。下面再来看示例 6-27，这是一个将几何对象的大小映射到连续变量的例子，执行代码产生的缩放效果如图 6-27 所示。

示例 6-27　将几何对象的大小映射到连续变量。

```
#随机生成数据
set.seed(100)
x <- rnorm(100)
y <- c(sapply(seq(2, 11, 3), function(i) rep(i, 25))) + rnorm(100)
z <- sample(LETTERS[1:5], 100, replace = TRUE)
#组合为数据框
df <- data.frame(class = z, v1 = x, v2 = y)
#创建 ggplot2 对象，指定坐标轴对应的变量
p <- ggplot(df, aes(v1, v2)) +
      #加大字号，取消图例，设置面板边框和背景
      theme(text = element_text(size = 25),
            legend.position = "none",
            panel.border = element_rect(size = 1, colour = "black", fill = NA),
            panel.background = element_rect(fill = "white"))
#添加散点图图层，指定大小映射到变量 v2，颜色映射到变量 class
p + geom_point(aes(size = v2, colour = class), alpha = 0.8) +
#指定大小的缩放范围为 1～10，见图 6-27
 scale_size(c(1, 10))
```

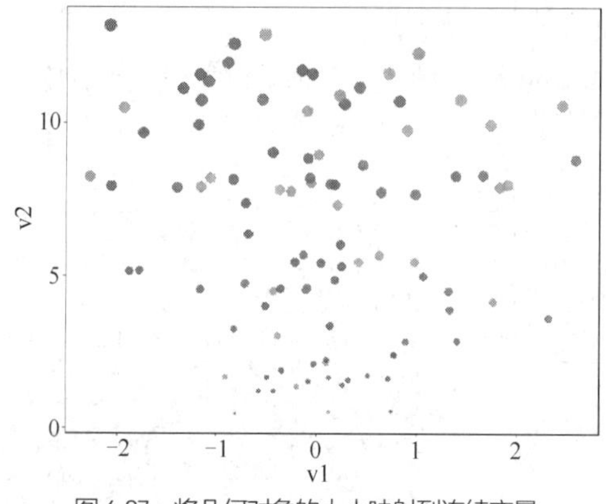

图 6-27　将几何对象的大小映射到连续变量

6.3.3 标注与位置

当在 ggplot ()或 geom( )函数的 aes ()中设置了坐标轴所对应的变量之后，几何对象在平面中的位置自动从变量的缩放中产生。但是，ggplot2 中有一些对象可以在美学映射中直接指定位置，例如 geom_segement( )绘制的线段。线段通常与标注配合说明图形中的关键信息。在示例 6-28 中，我们用附注区域来突出显示局部数据，并且用线段和箭头来标注关键点，代码的执行结果如图 6-28 所示。

示例 6-28　用附注区域来突出显示局部数据，用线段和箭头来标注关键点。

```
#生成随机分布的数据
set.seed(12345)
x <- runif(100, min = 0, max = 10)
y <- 0.2*x^2 + rnorm(100)
#组合为数据框
df <- data.frame(x, y)
#创建 ggplot 对象
p <- ggplot(df, aes(x, y)) +
#添加折线图
  geom_line(size = 2, colour = "tomato") +
#添加散点图，颜色缩放使用 y 值的连续映射
  geom_point(size = 5, aes(colour = y)) +
  scale_fill_gradient()
#添加附注框，使用坐标范围设置位置，见图 6-28(a)
p + annotate("rect", xmin = 5, xmax = 8, ymin = 5, ymax = 15,
  alpha = 0.1, color = "royalblue", fill = "steelblue")
#添加线段，使用起点和终点位置坐标设置，见图 6-28(b)
windows()
p + geom_segment(aes(x = 2.5, y = 15, xend = 3.9, yend = 6), size = 2,
  colour = "coral", arrow = arrow(length = unit(0.5, "cm"))) +
#添加水平线，使用 y 轴截距设置
  geom_hline(yintercept = 5, color = "coral", size = 1, alpha = 0.5) +
#添加垂直线，使用 x 轴截距设置
  geom_vline(xintercept = 4.1, color = "coral", size = 1, alpha = 0.5)
```

在一些特殊应用中，用户需要直接将标签置于几何对象旁边，甚至放在几何形状中。在 geom_text( ) 的美学映射中指定标签的放置坐标，可以灵活地把标签与几何对象衔接在一起。而 geom_text( )的参数 position 则可进一步调节位置关系。示例 6-29 通过设置标签位置来关联标签与几何对象，所产生的效果如图 6-29 所示。

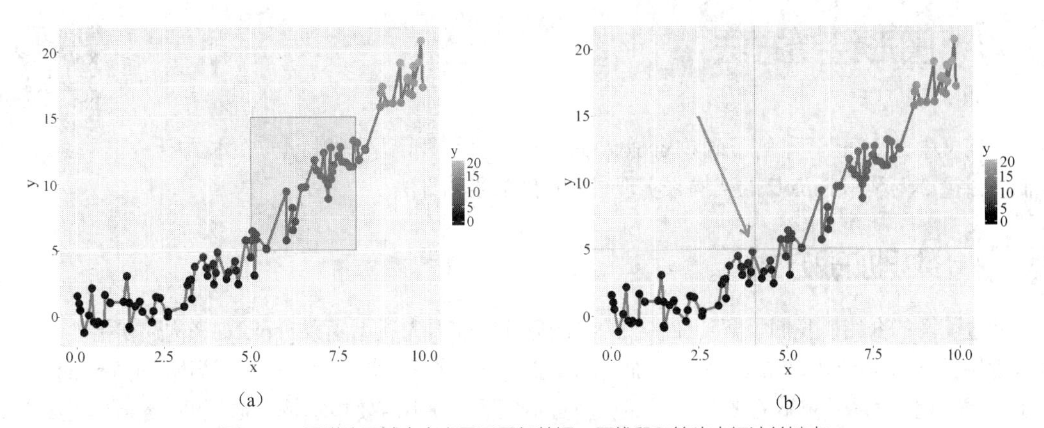

图6-28 用附注区域来突出显示局部数据，用线段和箭头来标注关键点

示例 6-29 设置标签位置关联标签与几何对象。

```
#为数据框赋初值
set.seed(3455)
df <- data.frame (x = factor(rep (1:3, each = 2)),
                  y = sample(1:5, 6, replace = TRUE),
                   class = rep(LETTERS[1:2], 3))
#创建 ggplot 对象，映射中指定 x、y 坐标轴对应的变量，以及分组依据的变量
p <- ggplot(df, aes(x, y, group = class))
#添加色块图，使用 position = "dodge"让色块以并置而非层叠方式绘制，见图 6-29(a)
p + geom_col(aes(fill = class), position = "dodge") +
    labs(fill = "类别") +
#添加文字标注，映射关系 y = y + 0.1 让标注位置置于色块顶部
     geom_text(aes(label = y, y = y + 0.1), size = 10,
               position = position_dodge(0.9), vjust = 0) +
     ylim(c(0, 5.5))
#添加色块图，默认 position = "stack"让色块以层叠方式绘制，见图 6-29(b)
windows()
p + geom_col(aes(fill = class)) + labs(fill = "类别") +
#添加文字标注，position_stack(vjust = 0.5)表示调节垂直位置为 y 值的一半，达到居中效果
    geom_text(aes(label = y), size = 10, colour = "#FFFE88",
              position = position_stack(vjust = 0.5))
```

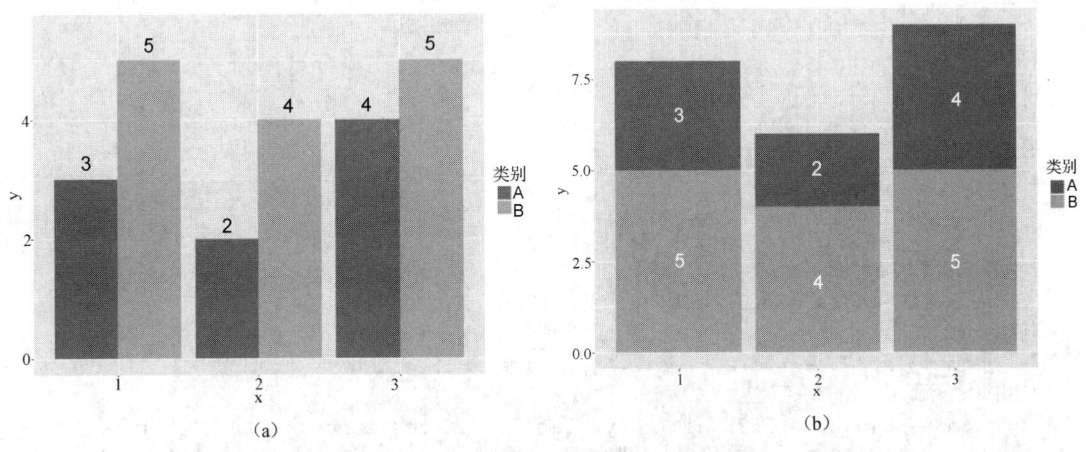

图6-29 设置标签位置关联标签与几何对象

6.4 图形绘制方法

在前文中，我们已经了解了函数 ggplot()的基本用途和图形语法的特点。在本节中，我们将讨论如何利用 ggplot2 的架构来实现一些特殊的绘图方法。

6.4.1 数据加载方式

通过前面的介绍，我们了解到在一般的绘图方式中需要先调用函数 ggplot ()来构建初始绘图对象，随后使用“+”逐渐向已有的绘图中添加新的要素。虽然在示例中，我们初次调用 ggplot()时已经载入了数据，并且设置了初步的美学映射，但是 ggplot2 还支持不需要指定输入数据的 ggplot()调用方式。针对不同的绘图目标，用户可以采用不同的 ggplot ()数据加载方式。

（1）如果所有图层都使用相同的数据和美学映射，则可以使用下列形式调用：ggplot( ):ggplot (df, aes (x, y,…))。实际上，采用这种方法并不阻止在其他图层中使用另一个数据框中的数据来绘制几何对象。

（2）当各个图层共享一个数据框中的数据，而不同图层需要的美学效果不尽相同时，可以不预设通用的美学映射。其调用形式为 ggplot (df)，然后在各个图层定义各自的美学映射。

（3）如不同的图层分别需要不同的数据框来生成各自的几何对象，初次使用 ggplot( )的唯一目的就是初始化 ggplot 框架，则可以不加参数调用 ggplot( )。添加图层时再逐渐指定用于绘图的默认数据框。

当使用不同来源的数据绘制图形时，上述的方法（3）会更有实用价值，其为创建复杂图形提供了条件。示例 6-30 是一个在不同图层中分别使用独立数据框的例子，其代码的执行结果如图 6-30 所示。

示例 6-30 在不同图层中使用独立的数据框。

```
#随机生成数据并创建两个数据框
set.seed(101)
df1 <- data.frame(x = 1:5, y = sample(10:30, 5, replace = TRUE))
df2 <- data.frame(x = 1:5, y = seq(15, 27, 3) + rnorm(5, 0, 2))
#创建初始 ggplot 框架
ggplot() +
#使用黑白主题
theme_bw() +
#加大字号
theme(text = element_text(size = 20)) +
#不绘制数轴标签
xlab("") + ylab("") +
#使用 df1 绘制柱状图
   geom_bar(data = df1, aes(x, y), stat = "identity",
            colour = "black", fill = "grey90", size = 2) +
#使用 df2 添加折线图
   geom_line(data = df2, aes(x, y), colour = "red", size = 3) +
#使用 df2 添加点图
   geom_point(data = df2, aes(x, y), size = 6, colour = "red") +
#使用 df2 添加折线的文字标注
   geom_text(data = df2, aes(x, y, label = paste(round (y, 1), "%")),
            size = 6, colour = "red", nudge_x = 0.1, nudge_y = -2)
```

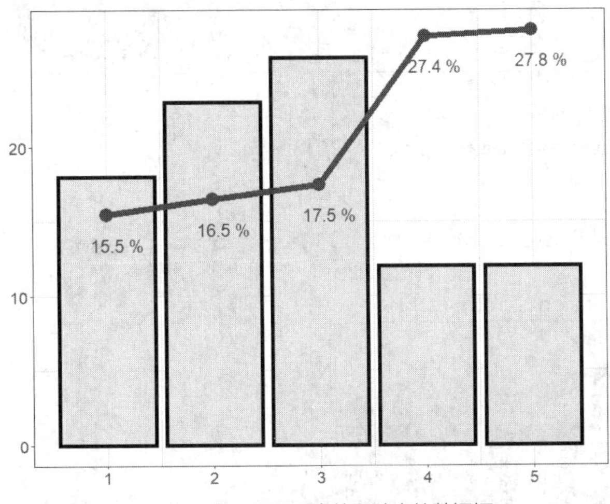

图 6-30 在不同图层中使用独立的数据框

图 6-30 展示了用不同几何对象绘制不同来源独立数据的效果。

6.4.2 快速绘图函数

针对已经熟悉基础绘图系统中的 plot( )函数的用户，ggplot2 提供了一个类似的快捷函数 qplot( )，将 ggplot 中的主要功能封装到同一个接口。程序员使用一致的模式调用 qplot ( )，可以快速创建许多不同类型的图形。

```
  qplot(x, y, ..., data, facets, margins, geom, xlim, ylim, log, main, xlab, ylab,
asp, stat, position)
```

表 6-6 列出了函数 qplot( )的参数及其默认值。

表 6-6 qplot( )函数的参数及其默认值

参数	默认值	说明
x、y、…		传递到图层的美学属性
data		待使用的可选数据框。如未指定，将从当前环境中提取向量创建
facets	NULL	将使用的分面公式
margins	FALSE	是否显示边界分面
geom	"auto"	指定要绘制的几何对象的字符向量。如指定了 x 和 y，其默认值为 “point”；如果只指定了 x，默认为 “histogram”
xlim、ylim	c (NA, NA)、c(NA, NA)	*x*、*y* 轴的范围
log	""	指定对哪些变量进行对数变换（设置为"x"、"y"或"xy"）
main、xlab、ylab	NULL、NULL、NULL	分别给出绘图标题、*x* 轴标签和 *y* 轴标签的字符向量或表达式
asp	NA	面板的长宽比
stat,、position	NULL、NULL	已不再使用

在示例 6-31 中，我们分别调用 qplot( )来绘制直方图和箱形图，结果如图 6-31 所示。

示例 6-31 调用 qplot( )绘制直方图和箱形图。

```
#随机生成数据
set.seed(1023)
df <- data.frame(x = rnorm(400), z = rep(LETTERS[1:4], each = 100))
```

```
#绘制直方图
qplot(x, data = df, xlab = "", fill = factor(z), bins = 10,
  geom = c("histogram")) +
  labs(fill = "符号") +
  theme(text = element_text(size = 20))
#绘制箱形图
windows()
qplot(z, x, data = df, xlab = "", fill = factor(z), geom = c("boxplot")) +
  labs(fill = "符号") +
  theme(text = element_text(size = 20))
```

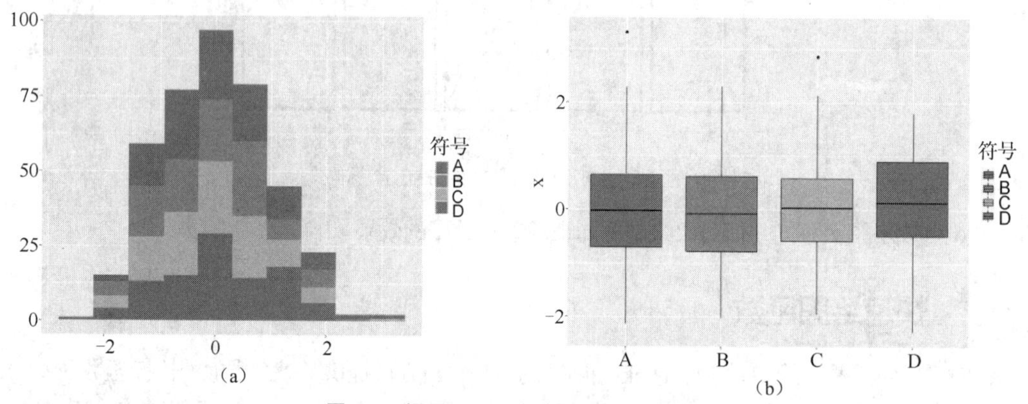

图 6-31　调用 qplot()绘制直方图和箱形图

从图 6-31 中可以看到，fill = factor(z)起到了在 aes()中对数据分组的作用。在示例 6-32 中，我们调用 qplot()，通过参数 facets 绘制出分面网格，示例代码的执行结果如图 6-32 所示。

示例 6-32　调用 qplot()绘制分面网格。

```
#随机生成数据
set.seed(1023)
df <- data.frame(x = rnorm(400), y = rnorm(400), z = rep(LETTERS[1:4],
 each = 100))
#绘制散点图与二维密度图
qplot(x, y, data = df, facets = .~z, main = "调用 qplot()绘制分面网格",
xlab = "x", colour = factor(z), geom = c("point", "density_2d")) +
      theme(legend.position = "none", text = element_text(size = 20))
```

虽然 qplot()函数使用简单，但是由于它缺乏 aes()中对映射的精确控制，难以实现复杂的绘图。正如图 6-32 所示，在图形的美观程度上，qplot()绘图要逊色于采用多个图层叠加的 ggplot()方式。

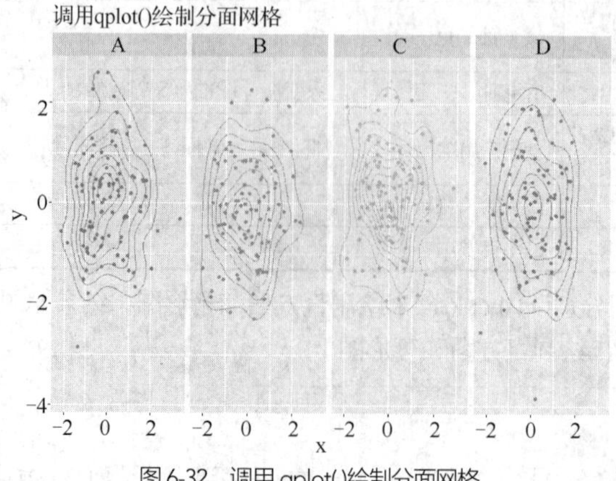

图 6-32　调用 qplot()绘制分面网格

6.4.3 分组绘图

用户可以在美学映射中指定对分类变量的映射方式，例如在轮廓颜色和填充颜色设置中以数据中的某个分类变量为依据，这样就能达到数据分组处理的效果。考虑下面代码中的情况，数据包括两个分类变量 y 和 z，我们如果希望了解连续变量 x 随之变化的分布，可以将其中的一个设置为 aes( )中的一个坐标轴，而将另一个分类变量用作绘制分面网格的依据。不过，这种方法会占用较大的绘图空间，很多场合下显得不够紧凑。在示例 6-33 中，我们将 y 变量置为坐标轴，而把 z 用于填充映射，实现了在同一幅箱形图中的数据分组效果，示例代码的执行结果如图 6-33 所示。

示例 6-33 在同一幅箱形图中实现数据分组。

```
#随机生成数据，x 为连续变量，y 和 z 为分类变量
set.seed(212)
x <- sample(100:200, 200, replace = TRUE)
y <- sample(LETTERS[1:3], 200, replace = TRUE)
z <- rep(1:4, each = 50)
#组合为数据框
df <- data.frame(x, y, z)
#创建 ggplot 对象，坐标轴对应于 y-x，使用 z 设置填充映射
ggplot(df, aes(y, x, fill = factor(z))) +
#添加箱形图
geom_boxplot() +
#设置标签名称
labs(fill = "类别") +
#加大字号
theme(text = element_text(size = 20))
```

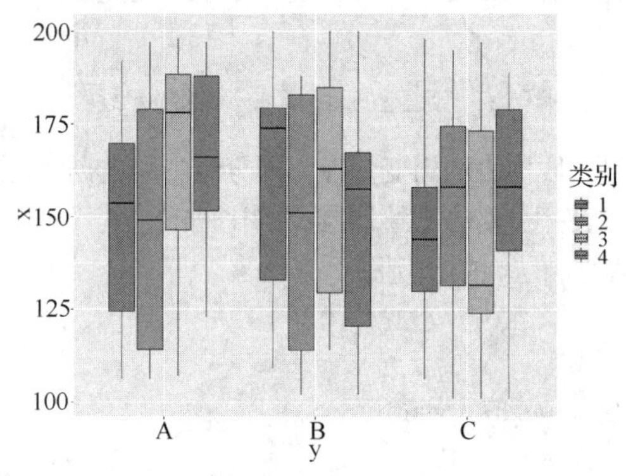

图 6-33 在同一幅箱形图中实现数据分组

下面再看示例 6-34，为了实现分组绘制的折线图，我们利用层叠的面积填充表示占比关系，代码的执行结果如图 6-34 所示。

示例 6-34 用层叠的面积填充实现分组绘制的折线图。

```
#随机生成数据，x 和 y 为连续变量，z 为分类变量
set.seed(770)
x <- as.numeric(rep(seq(1,10), each = 6))
y <- runif(60, 10, 100)
#划分为 6 个类别
z <- rep(LETTERS[1:6], 10)
#计算百分比
y <- matrix(y, nrow = 10, byrow = TRUE)
s <- c(sapply(1:10, function(i) sum(y[i,])))
```

```
y <- c(sapply(1:10, function(i) y[i,]/s[i]))
#组合为数据框
data <- data.frame(x, y, z)
#创建ggplot对象，按照分组填充
ggplot(data, aes(x, y, fill = z)) +
#设置黑白主题
theme_bw() +
#加大字号
theme(text = element_text(size = 20)) +
#设置标签名称
labs(fill = '类别') +
#选择调色板进行离散颜色映射
scale_fill_brewer(palette = 'YlOrBr') +
#添加面积图层
geom_area(alpha = 0.7, size = 1, colour = 'whitesmoke')
```

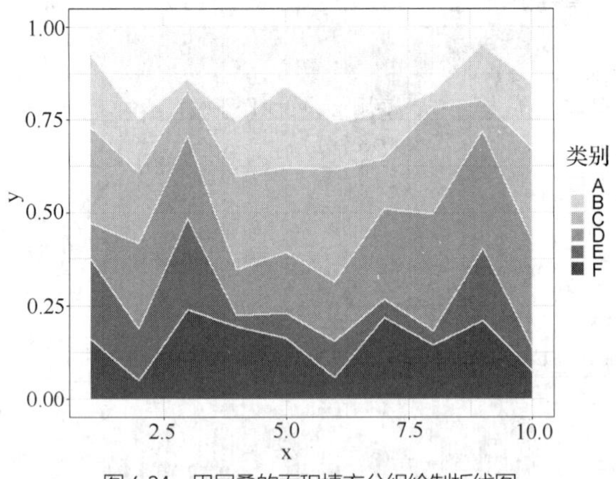

图6-34　用层叠的面积填充分组绘制折线图

利用分组的灵活性，可以方便地表示出变量在不同分组中所占据的比例，将变量的重要性与相关性直观地呈现出来。示例6-35使用分组方式绘制层叠的比例图，其代码的执行结果如图6-35所示。

示例6-35　使用分组方式绘制层叠的比例图。

```
#生成随机数集
set.seed(927)
x <- as.factor(rep (seq(1,5), each = 5))
y <- runif(25, 10, 100)
#划分为5组
cat <- rep(LETTERS[1:5], 5)
#计算百分比
y <- matrix(y, nrow = 5, byrow = TRUE)
s <- c(sapply(1:5, function(i) sum(y[i,])))
y <- c(sapply(1:5, function(i) y[i,]/s[i]))
#组合为数据框
data <- data.frame(x, y, cat)
#创建ggplot对象，使用类别分组，同时类别也用于设置填充颜色
ggplot(data, aes(x, y, fill = cat)) +
theme_minimal() +
xlab('') + ylab('') +
scale_x_discrete(labels  = c("1" = "类别 1", "2" = "类别 2",
"3" = "类别 3", "4" = "类别 4", "5" = "类别 5")) +
#加大字号，取消图例和网格线
```

```
theme(text = element_text(size = 20), legend.position = 'none',
         axis.text.x = element_blank(),
         panel.grid = element_blank()) +
#添加色块图
geom_col(width = 0.75, colour = 'white') +
#设置离散填充映射
scale_fill_brewer(palette = 'YlGn') +
#添加标签，显示类别
geom_text(aes(label = paste(round(100*y), '%')),
position = position_stack(vjust = 0.5),
               size = 5, colour = 'gray10') +
#翻转坐标轴，横向排列色块
coord_flip()
```

图 6-35　使用分组方式绘制层叠的比例图

6.4.4 定制绘图函数

用户可以将一些经常使用的 ggplot 操作打包、封装为一个自定义的绘图函数，这样一方面可以形成统一的绘图风格，另一方面可以通过代码复用提高效率。在示例 6-36 中，我们通过自定义绘图函数来绘制一个散点图，调用该函数得到的结果如图 6-36 所示。

示例 6-36　使用自定义绘图函数绘制散点图。

```
#自定义绘图函数
scatter_plot <- function(data, ...)
{
   #创建 ggplot 对象，本层不使用美学映射
   ggplot(data) +
   #设置经典主题
   theme_classic() +
   #加大字号，绘制面板边界
     theme(text = element_text(size = 20),
        panel.border = element_rect(size = 2, fill = NA)) +
   #添加散点图图层，使用函数输入美学映射
   geom_point(aes(...), size = 5, colour = "steelblue", alpha = 0.7) +
   #添加二维密度图图层，使用函数输入美学映射
   geom_density_2d(aes(...), colour = "grey50", size = 1.5, alpha = 0.3) +
   #固定相等的数轴间距
     coord_fixed()
}
#随机生成数据
set.seed(123)
```

```
df <- data.frame(x = 3 + rnorm(100, 0, 2), y = 3 + rnorm(100, 0, 1.5))
#调用自定义绘图函数生成散点图，见图 6-36
scatter_plot(df, x, y)
```

在生成的散点图中，我们还添加了一个密度图的图层。注意，在调用自定义的 scatter_plot()函数时，用户需要输入数据框以及相应的美学映射。

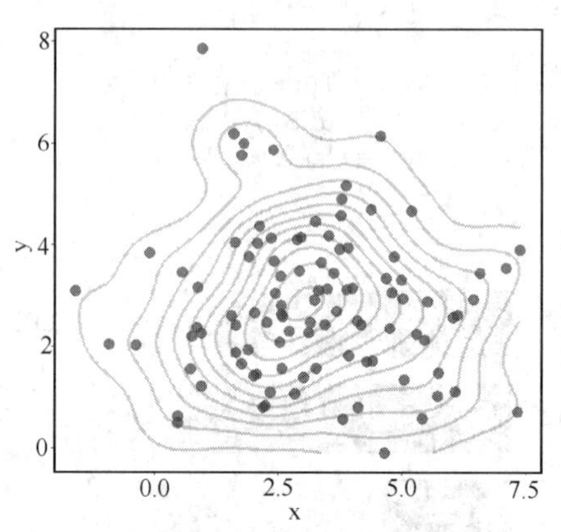

图 6-36　使用自定义绘图函数绘制散点图

再来看看绘制雷达图的示例 6-37。雷达图也称为网络图、蜘蛛图和星图，与平行坐标图类似，也是以二维的形式描述多变量数据的一种可视化方法。在雷达图中，轴是径向排列的，各轴之间的夹角不具有实际含义，而且通常以在轴上的相对位置表示数值的大小。雷达图可以直观地显示各维度变量数值的相关性，也便于比较不同对象的数据分布均衡性等特点。ggplot2 中并没有可直接调用的雷达图绘制函数，用户需要加载 ggradar 包才能创建雷达图。在下面的代码中，使用 geom_polygon()来绘制表示高维数据的多边形。

示例 6-37　使用自定义函数绘制雷达图。

```
radar_plot <- function(df, labs = NULL, naxes = 6, max = 5, ...)
{
  #设置各轴的偏置角
  theta <- seq(0, 2*pi - 2*pi/naxes, 2*pi/naxes) - pi/2 + pi/naxes
  #计算各轴端点位置坐标
  x_pos <- max*cos(theta)
  y_pos <- max*sin(theta)
  #组合为数据框
  frm <- data.frame(x_pos, y_pos, labs)

  #计算样本的坐标值，添加到样本数据框
  df$x <- df$s*cos(theta)
  df$y <- df$s*sin(theta)

  #创建 ggplot 对象，数据用于生成雷达图
  p <- ggplot(frm, aes(x_pos, y_pos)) +
        #添加多边形外框，填充底色
        geom_polygon(aes(x_pos, y_pos), linetype = 2, colour = "darkgray",
                     fill = "grey90", alpha = 0.5, size = 0.8) +
        #添加 0.5 和 0.75 轴长参考线，无须填充
        geom_polygon(aes(x_pos/2, y_pos/2), linetype = 2,
             colour = "darkgray", fill = NA, size = 0.8) +
        geom_polygon(aes(x_pos*.75, y_pos*.75), linetype = 2,
             colour = "darkgray", fill = NA, size = 0.8) +
```

```
            #添加轴线
            geom_segment(aes(x = 0, y = 0, xend = x_pos, yend = y_pos),
                colour = "darkgray", size = 1) +
            #添加各轴的标签
            geom_text(aes(x_pos,
                ifelse(y_pos > 0, y_pos + 0.4, y_pos - 0.4),
                label = labs), size = 6, hjust = "outward") +
            #不使用平面直角坐标系的轴标签
            xlab("") + ylab("") +
            #给径向轴标签增加空间
            xlim(c(-max - 1, max + 1)) +
            #使用空主题
            theme_void() +
            #取消图例
            theme(legend.position = "none")
    #绘制数据多边形，按样本类别分组
    p + geom_polygon(data = df, aes(x, y,
            colour = factor(type), fill = factor(type)), size = 2,
            alpha = 0.5) +
        geom_point(data = df,aes(x, y, colour = factor(type)), size = 6) +
        #设置调色板
        scale_fill_brewer(palette = "OrRd")
}
#随机生成数据
set.seed(1928)
s <- sample(seq(0.5, 5.5, 0.5), 7*2, replace = TRUE)
#设置类型，用于分组
t <- rep(1:2, each = 7)
#组合为数据框
S <- data.frame(s = s, type = t)
#设置各轴的标签
labs <- c("甲", "乙", "丙", "丁", "戊", "己", "庚")
#调用绘制雷达图函数，见图 6-37
radar_plot(S, labs, naxes = 7, max = 6)
```

注意，在调用自定义函数 radar_plot( )时，我们需要在输入数据框中准备分组的变量值，将各轴的标签以字符串向量的形式输入，而且这里的数据长度要是 naxes 的整数倍。图 6-37 显示的是使用两组随机数进行比较的效果。

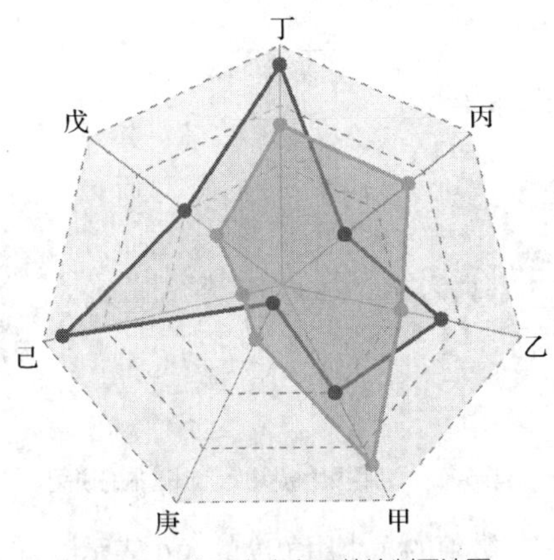

图 6-37 使用自定义函数绘制雷达图

6.4.5 极坐标变换

与笛卡儿坐标系相似，极坐标系也是一种二维平面坐标系。通过距离和角度计算，可以唯一地确定直角坐标系中的一点在相应的极坐标系中的极径和极角，实现极坐标的变换。在 ggplot2 中，用户可以用函数 coord_polar ()快速地实现从笛卡儿坐标到极坐标的变换。这种变换的一个直接应用就是把堆叠的矩形转换为饼图。饼图可以用来展示不同部分在整体中的占比，而极坐标变换后的角度关系易于实现归一化的目标。示例 6-38 从堆叠的柱状图出发，通过使用极坐标变换绘制了一个基本的饼图，代码的执行结果如图 6-38 所示。

示例 6-38 使用极坐标变换绘制基本的饼图。

```
#生成随机数集
set.seed(999)
data <- data.frame(cat = LETTERS[1:6], n = runif(6, 50, 100))
#计算百分比
data$frac <- data$n/sum(data$n)
#计算累计百分比，确定矩形框上界
data$ymax <- cumsum(data$frac)
#确定矩形框下界
data$ymin <- c(0, head(data$ymax, n = -1))
#计算标签位置
data$labelP <-(data$ymax + data$ymin)/2
#创建 ggplot 对象
p <- ggplot(data, aes(ymax = ymax, ymin = ymin, xmax = 5, xmin = 1,
       fill = cat)) +
#矩形框用于转换为扇形区域，高度对应于数值
       geom_rect() +
#添加文字标注
       geom_text(x = 3, aes(y = labelP, label = cat),
              color = "white", size = 10) +
#使用空主题
       theme_void() +
#取消图例
       theme(legend.position = "none")
#显示直角坐标系中的堆叠矩形，见图 6-38(a)
p
#以 y 轴坐标为极角实现极坐标变换，将矩形变为扇形区域，得到饼图，见图 6-38(b)
windows()
p + coord_polar(theta = "y")
```

图 6-38 使用极坐标变换绘制基本的饼图

在图 6-38（b）所示的饼图中，数值的大小用角度的大小表示。但是，与角度相比，人的视觉对长度更为敏感。在示例 6-39 中，我们使用极径的长短来取代极角的大小，用来显示数值的差异，绘制出

若干个半径不同的扇形区域，共同构成一张扇形图。示例代码的执行结果如图 6-39 所示，其中的每个扇形区域顶角都相等。

示例 6-39 绘制由半径不同的扇形区域组成的扇形图。

```
#生成随机数集
set.seed(999)
x <- LETTERS[1:6]
y <- runif(6, 50, 100)
#组合为数据框
data <- data.frame(x, y)
#创建 ggplot 对象，使用类别分组，同时类别也用于设置填充颜色
ggplot(data, aes(x, y, fill = x)) +
#添加柱状图图层，使用 stat = "identity"，条柱高度表示数据大小
geom_bar(stat = "identity", width = 1, color = 'whitesmoke') +
#添加文字标注，数值保留小数点后 2 位
    geom_text(aes(y = y + 15, label = round(y, 2)),
            colour = 'black', size = 6) +
#设置调色板实现离散颜色映射
scale_fill_brewer(palette = "Reds") +
#以 x 为极角实现极坐标变换
coord_polar('x', start = 0) +
#使用空主题
theme_void() +
#取消图例
theme(legend.position = "none")
```

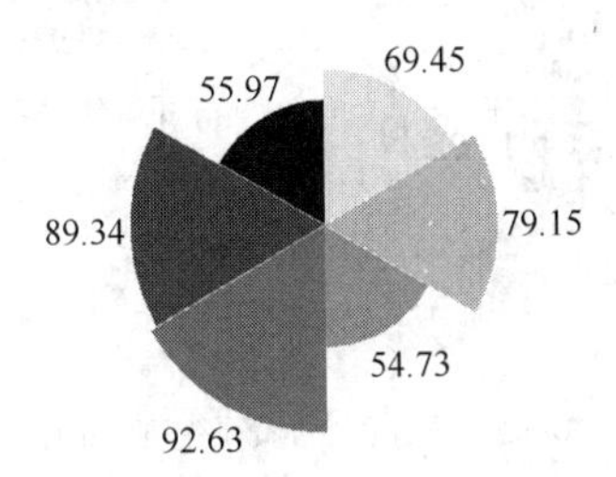

图 6-39　由半径不同的扇形区域组成的扇形图

环形图是饼图的一种变形。虽然仍以角度表示数据大小，但是与饼图相比，环形图可以节省一些绘图空间。示例 6-40 使用极坐标变换所绘制的环形图，如图 6-40 所示。示例中生成环形图的代码设置了笛卡儿坐标系中 x 轴的范围，使得矩形的宽度只占据整个 x 轴范围中较小的比例，与极坐标变换后环的宽度对应。

示例 6-40 使用极坐标变换绘制环形图。

```
#生成随机数
set.seed(101)
data <- data.frame(cat = LETTERS[1:6], n = sample(10:20, 6, replace = TRUE))
#计算百分比
data$frac <- data$n/sum(data$n)
#计算累计百分比，确定矩形框上界
data$ymax <- cumsum(data$frac)
#确定矩形框下界
data$ymin <- c(0, head(data$ymax, n = -1))
#计算标签位置
data$labelP <- (data$ymax + data$ymin)/2
```

```
#生成标签文字
data$lab <- paste0(data$cat, "\n", round(100*data$frac, 2), "%")
#创建 ggplot 对象
ggplot(data, aes(ymax = ymax, ymin = ymin, xmax = 5, xmin = 4, fill = cat)) +
#矩形框用于转换为环形区域，数据为矩形高度，对应于环的角度
geom_rect() +
#添加文字标注
   geom_text(x = 3.3, aes(y = labelP, label = lab),
            color = "darkgreen", size = 5) +
#颜色映射到类别，使用指定的调色板
   scale_fill_brewer(palette = "Greens") +
scale_color_brewer(palette = "Greens") +
#转换为极坐标，矩形框变为环形部分区域，见图 6-40
coord_polar(theta = "y") +
#设置 x 轴范围，用于确定环的宽度和文字相对位置
xlim(c(1, 5)) +
#使用空主题
theme_void() +
#取消图例
   theme(legend.position = "none")
```

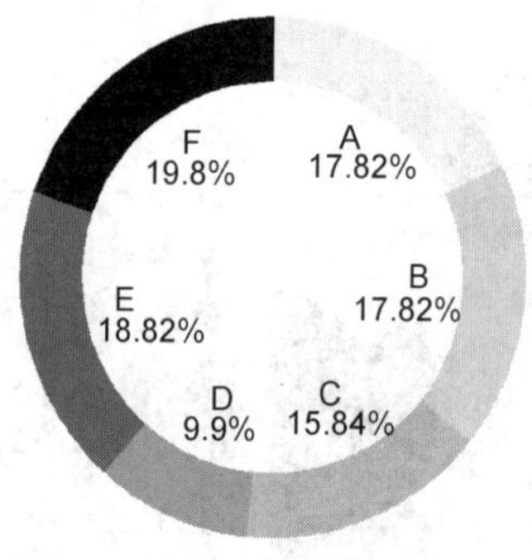

图 6-40　使用极坐标变换绘制环形图

6.5 本章小结

本章介绍了 R 语言可视化应用的一个重要工具——ggplot2 扩展包。ggplot2 显著的特点就是以图形语法为框架，在抽象出统计图形的共性特征之后，将图形分为几个功能各异又相互支撑的部分。其中的几何图层涵盖了数据可视化所用到的主要几何对象。通过将不同图层叠加起来，用户可以创建出复杂而有序的可视化结果。比例尺规定了空间和颜色与数据之间的缩放关系和映射形式。用户可以用不同形式将数据转换为几何对象的位置和美学属性。ggplot2 支持笛卡儿坐标系、极坐标系和地图投影坐标系等不同的坐标系，而且支持坐标系之间的转换，为一些图形的绘制提供了简便易行的方法。分面是 ggplot2 中特有的条件式数据筛选方式，把不同的数据子集按条件绘制在一些分面网格上，提供对数据多角度的观察。通过美学属性映射，数据可以被有效地呈现在图形空间之中，但是在可视化涉及的元素里，还存在一些独立于数据的部分。为此，ggplot2 使用主题要素允许用户根据需要调整主题的形式和风格。

本章提供了大量的示例代码，读者可以在这些代码的基础上进行修改，导入新的数据，尝试不同的绘图效果。限于篇幅，我们用到的部分函数没有给出详细的说明，读者可使用 R 的帮助系统来查阅相关文档。

习题6

6-1 使用R自带的数据集iris绘制散点图。要求横轴为样本的Sepal.Length，纵轴为样本的Sepal.Width，用Species来指定填充点的颜色。学习geom_encircle( )的用法，为不同种类的样本分组添加环绕圈。

6-2 将习题6-1中的数据改为气泡图形式，气泡大小由Petal.Length决定。

6-3 以分面形式为数据集iris画出类似用pairs( )函数绘制的图形（见示例3-23）。

6-4 生成3组样本数量分别为100、200、300的均值和方差各异的正态分布数据。画出多重密度图，并使用不同的颜色进行填充，设置较高的透明度以显示重叠的区域。

6-5 图6-41中的人口金字塔提供了一种用于表达不同年龄组和性别人口的可视化方式。了解中国的人口数据，将人群按性别和年龄段分为10组绘制一个人口金字塔，使用不同的颜色表示男女的人口数量。在这里可以先使用geom_bar( )绘制条柱，再调用coord_flip( )翻转坐标轴。

图6-41 人口金字塔

6-6 饼图和华夫饼图都以面积方式显示不同类别占总体的比例关系。与饼图不同，华夫饼图中每一类别所占比例用一个由若干小方格组成的正方形中所用到小方格的数量表示。使用geom_tile( )来绘制一个类似于图6-42所示的华夫饼图。

图6-42 华夫饼图

6-7 小提琴图与箱形图类似，但显示了组内的分布密度，因而提供了更多的信息。要求生成5组不同的正态分布数据（其中包括A和B这两种各由两组数据混合而成的类别）并使用geom_violin( )绘制类似图6-43所示的小提琴图。

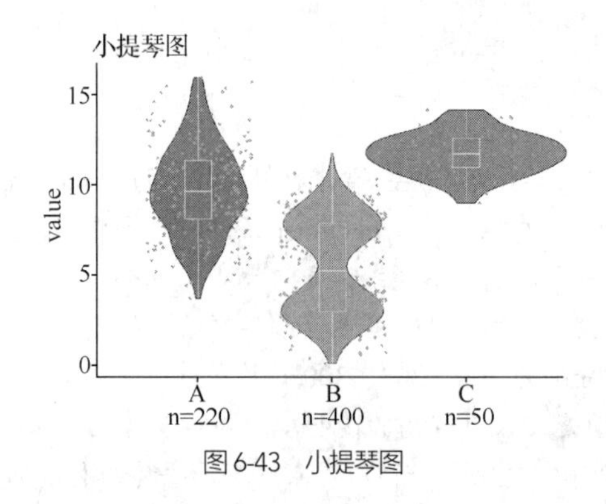

图 6-43　小提琴图

6-8　ggplot2 内置数据集 economics 包含 5 个指标的时间序列数据。请使用 geom_line( )画出这些时间序列。因为数值相差较大，请先对它们进行标准化处理。

6-9　扩展包 streamgraph 可以描绘时间序列之间的变化对比。请下载并安装 streamgraph，并绘制 ggplot2 内置数据集 ecomonics 标准化数据的时间序列对比流图。

6-10　斜坡图用于表示同一组元素的数值变化。已知有 3 个变量，其初值分别为 1、3、2，终值分别为 1.5、2、3，请画出对比它们变化关系的斜坡图。

6-11　R 系统内置数据集 mtcars 包含有关汽车的 11 个不同属性测量值的 32 条记录。请使用 ggplot2 绘图探索数据，分析不同属性之间的相关性，并建立单位油耗里程（m/g）与其他属性的回归模型。

6-12　在定制 ggplot2 图形时，用户需要掌握 R 语言的基础知识和编程技能。为了更方便初学者使用，R 系统扩展包 ggpubr 提供了形式简单的一些函数，用类似基础绘图系统功能的方式来创建基于 ggplot2 的图形，且图形的质量可以达到出版级别。下载和安装 ggpubr。使用帮助系统学习函数 ggboxplot( )、ggviolin( )、ggbarplot( )、ggdotchat( )等的用法。

第 7 章 plotly 绘图

plotly 是一个构建在 JavaScript 库 plotly .js 之上的开源交互式绘图库，拥有 R、Python 和 JavaScript 等不同版本。plotly 可以绘制 40 多种独特的图表类型，支持统计、金融、科学计算和地理信息等应用场景中的可视化任务。R 语言的 plotly 扩展包提供了与 plotly.js 的接口。用户无须深入了解 JavaScript 的编程就能按照 R 语言的习惯与规范，借助对图形语法的理解来绘制多种交互图。

plotly 具有一些突出的特点，支持交互式、跨开发软件和多种存储文件格式。首先，它生成的是交互式图表，可以让数据分析师通过鼠标操作获得观察数据的不同视角；其次，所生成的图形以 JSON（JavaScript Object Notation ，JS 对象表示法）数据格式存储，因此能够使用 Python、Julia、MATLAB 等其他编程语言的脚本读取；最后，plotly 绘制的图形能被导出为各种栅格以及矢量图像格式的文件，方便用户在不同场合中使用。

在本章中，我们将介绍如何使用 plotly 的 R 图形包制作高质量的交互图，通过示例讲解绘制散点图、折线图、柱状图、环形图、平行坐标图、桑基图、误差条形图、等高线图和三维视图等可视化形式，还将介绍子图和插图等的布局方法。

一般来说，用户能用不同方法来显示 plotly 绘制的图表，包括在脚本中使用渲染器框架、在 Web 应用程序中使用 Dash、通过生成 HTML 文件在浏览器中显示，以及通过工具将图形转存为静态图文件（格式如 PNG、JPEG、SVG、PDF 和 EPS 等）查看。在本章中，我们只讨论后两种形式，即在用户计算机上的本地浏览器中显示交互图，以及将图形导出为静态文件。

要想在 R 语言编程时使用 plotly，必须先安装和加载 plotly 包。用户可使用以下安装命令：

```
install.packages ("plotly")
```

然后根据提示选择合适的镜像站点来下载。使用相应的绘图函数前还需加载包，可以执行以下命令：

```
library (plotly)
```

本章默认在 RGui 的控制台中执行代码，用户需要在操作系统中选择并设置默认的浏览器来显示绘图并完成图形的交互任务。

7.1 plotly 对象创建

plotly 对象创建

本节介绍 plotly 支持的两种主要绘图方式：一种是类似于 R 语言基础绘图系统中 plot() 函数的形式，通过调用 plot_ly() 创建并绘制初始 plotly 对象，继而添加各种轨迹（即几何对象组成的基本图形成分）来完成绘图任务；另一种则是使用 ggplot2 按照图形语法绘制图形，然后调用 ggplotly() 函数将 ggplot 对象转换为交互图。成功创建 plotly 对象之后，用户接着使用 print() 或者直接输入对象名，此时交互图就会在本地的浏览器中呈现出来。

7.1.1 plotly 对象

为了直观地了解 plotly 对象，我们先看示例 7-1，其展示的是一个使用 plot_ly( )函数绘制折线图的过程。示例代码的执行结果如图 7-1 所示。

示例 7-1 使用 plot_ly( )函数绘制折线图。

```
#加载plotly包，后续代码中会省略这一步
library(plotly)
#生成随机数
set.seed(99)
x <- 1:60
y <- sample(50:100, 60, replace = TRUE)
#组合为数据框，plot_ly()中需要输入数据框形式的数据
df <- data.frame(x, y)
#用plot_ly()创建plotly对象：指定数据，指定坐标轴对应的变量，指定绘图类型为连线的散点图
#注意，在R中，符号~将变量指定为公式：前一个x表示x轴，后一个x指的是df中的变量x
q <- plot_ly(df, x = ~x, y = ~y, type = "scatter", mode = "lines") %>%
#设置布局：指定标题，指定绘图背景色
    layout(title = "一个简单的折线图", plot_bgcolor = "#E5ECF6",
#加大显示的字号
           font = list(size = 20),
#设置x轴：不显示标签，设置零刻度线颜色和宽度，设置网格线颜色，设置刻度线字号
           xaxis = list(title = "", zerolinecolor = "#FFFF", zerolinewidth = 2,
                  gridcolor = "FFFFFF", tickfont = list( size = 20)),
#设置y轴：不显示标签，设置零刻度线颜色和宽度，设置网格线颜色，设置刻度线字号
           yaxis = list(zerolinecolor = "#FFFF", zerolinewidth = 2,
                  gridcolor = "FFFFFF", tickfont = list(size = 20)),
#设置边宽，分别对应底部、左侧、顶部和右侧宽度（以像素为单位）
           margin = c(b = 50, l = 50, t = 50, r = 50))
#显示绘图
print(q)
```

在示例 7-1 中，我们使用%>%操作符（即 dplyr 包中定义的管道）将上一个函数的输出值传递给了下一个函数。这一做法的目的是突出绘图的整体性。接下来，可以在控制台中输入 class(q)和 str(q)来查看 plotly 对象的类和结构。

```
> class(q)                                          #查看q所属的类
[1] "plotly"     "htmlwidget"
> str(q)                                            #查看q的结构
List of 8
 $ x          :List of 7
  ..$ visdat    :List of 1
  .. ..$ 1eb8796f79e9:function()
  ..$ cur_data   : chr "1eb8796f79e9"
  ..$ attrs     :List of 1
  .. ..$ 1eb8796f79e9:List of 7
  .. .. ..$ x          :Class 'formula'  language ~x
  .. .. .. .. ..- attr(*, ".Environment")=<environment: R_GlobalEnv>
  .. .. ..$ y          :Class 'formula'  language ~y
  .. .. .. .. ..- attr(*, ".Environment")=<environment: R_GlobalEnv>
  .. .. ..$ mode        : chr "lines"
  .. .. ..$ alpha_stroke: num 1
  .. .. ..$ sizes       : num[1:2] 10 100
  .. .. ..$ spans       : num[1:2] 1 20
```

```
.. .. ..$ type       : chr "scatter"
..$ layout     :List of 3
.. ..$ width : NULL
.. ..$ height: NULL
.. ..$ margin:List of 4
.. .. ..$ b: num 40
.. .. ..$ l: num 60
.. .. ..$ t: num 25
.. .. ..$ r: num 10
```

受篇幅限制，这里仅展示 q 的部分结构。从以上显示结果中可知，plotly 对象包含以下组成部分：数据、布局和其他属性。其中数据 x 的属性 attrs 以列表形式表明，其 mode 为"lines"，而 type 是"scatter"，也就是绘制散点轨迹中的折线形式。plotly 绘图可以包括若干图层，由不同的图形轨迹组成，如散点、方框、直方图等，scatter 就意味着这是一个散点类型的轨迹。

plotly 对象以树状结构的方式组织数据和布局：列表的成员符号$表示右侧变量是树的一个节点，每个节点可以有若干个子节点，$左侧..的个数代表了节点不同的深度。在设置时，非树叶参数需要使用列表形式表示，如表示绘图区域边框大小的属性 margin = list (b = 40, l = 60, t = 24, r = 10)，分别用底部、左侧、顶部和右侧空白的像素个数列出。这种数据与布局组成的树状数据结构也是 plotly 与其他绘图系统的一个显著区别。

与调用 plot_ly()等价的另一个做法是直接为数据 data 和布局 layout 赋值，然后使用 plotly_build()来创建 plotly 对象并显示出来。在示例 7-2 中，我们就采用对数据和布局直接赋值的方式等价地绘制与图 7-1 相同的图形。读者可以自行执行示例中的代码，并将结果与图 7-1 比较。

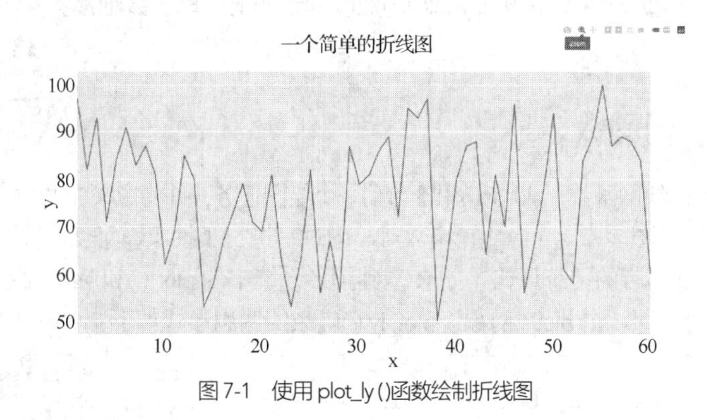

图 7-1　使用 plot_ly ()函数绘制折线图

示例 7-2　采用对数据和布局直接赋值的方式绘图。

```
#设置随机种子
set.seed(99)
#创建数据与布局列表
p <- list(data = list(list(x = 1:60,
           y = sample(50:100, 60, replace = TRUE),
#生成了坐标数据之后，指定轨迹类型为散点
           type = "scatter")),
           layout = list(title = "A sample plot",
#设置绘图背景色
           plot_bgcolor='#E5ECF6',
           font = list(size = 20),
#设置 x、y 轴属性，设置网格线为白色
           xaxis = list(title = "", zerolinecolor = "#FFFF",
           zerolinewidth = 2, gridcolor = "FFFFFF",
           tickfont = list(size = 20)),
```

```
            yaxis = list(title = "y", zerolinecolor = "#FFFF",
            zerolinewidth = 2, gridcolor = "FFFFFF",
            tickfont = list(size = 20)),
            margin = c(50, 50, 50, 50)))
#创建plotly对象
plotly_build(p)
```

图 7-1 是使用截屏方式保存的浏览器窗口图像。与其他由 dygraphs 生成的交互图操作类似，一旦将鼠标指针移至数据点的上方，浮窗中会显示出该点对应的坐标值。使用鼠标单击图中的任意位置，在保持鼠标左键下压的情况下拖动鼠标，然后松开鼠标左键，浏览器窗口就会显示刚才选中区域的放大图像；双击鼠标左键后又会恢复到原始图像。另外，在 plotly 绘图的右上角，可以看到一排图标（在 plotly 中称为 modebar），包括相机图标和放大镜图标等。用户将鼠标指针移动到图标上方，单击鼠标左键后，就可以执行相应的互动操作。这里的互动功能用到了默认模式，用户可以自定义部分互动操作的功能。

虽然沿用了 plot ()和 ggplot ()的部分形式，但是 plotly 也采用了一些有别于前两者的术语与风格。值得说明的是，plotly 对象中包含数据及布局两个至关重要的组成部分。

首先，数据是一个列表对象，其中包含所有被绘制出来的轨迹。轨迹是 plotly 中的一个重要概念，描述的是从所需绘制的数据到可视化对象的映射关系。轨迹既包括几何对象的具体形式，也包括映射数据所用到的视觉属性。同时，轨迹的类型还决定了数据在绘图上的显示形式和所支持的交互方式。plotly 提供了大量的轨迹类型，如 scatter、bar、pie、heatmap 等，每个对象都可用 add_trace 函数族中的成员函数实现，例如 add_scatter ()就可生成散点轨迹。

其次，布局定义了图形的外观，描述图形中与数据无关的性质。因为不依赖数据，所以布局更多地体现用户的主观偏好。用户可以使用 layout( )函数改变绘图的标题、数轴标签、注释、图例、刻度间距、字体和字号等。

7.1.2 plot_ly ( )函数

作为 plotly 中主要的绘图函数，plot_ly()用于启动一个绘图任务，并将定义的 R 语言对象映射到 plotly.js（一个基于 Web 的交互式图表库）。plot_ly( )函数对绘图过程进行了抽象，而且设置了关键的默认值，使其接口风格更接近于 R 语言的传统风格（如 R 基础图形系统中的 plot ()和 ggplot2 中的 qplot ()）。成功调用后，plot_ly ()将会返回一个 plotly 对象。plot_ly ()函数的调用形式如下：

```
plot_ly(data, ..., type, name, color, colors, alpha, stroke, strokes, alpha_stroke,
size, sizes, span, spans, symbol, symbols, linetype, linetypes, split, frame, width,
height, source)
```

表 7-1 中列出了 plot_ly () 函数的参数及其默认值。

表 7-1 plot_ly( )函数的参数及其默认值

参数名	默认值	说明
data	data.frame( )	一个数据框
type	NULL	指定轨迹类型的字符串（例如“scatter”“bar”“box”等）。如果指定类型，则会创建对应的轨迹
name	—	映射到轨迹 name 属性的值。轨迹只能有一个名称，这个参数的作用非常类似于 split，它为每个唯一值创建一个轨迹
color	—	映射到相关的 fill-color 属性（如 fillcolor、marker.color、textfont.color 等）。从数据值到颜色的映射可以使用 RGBA 编码进行控制，或者通过 I( )实现（例如，color = I("red")）
colors	NULL	调色板名（例如“YlOrRd”或“Blues”）、以十六进制“#RRGGBB”格式插入的颜色向量或使用像 colorRamp( )这样的颜色插值函数

续表

参数名	默认值	说明
alpha	NULL	一个0~1的数值，指定应用于颜色的alpha通道。当映射到fillcolor时，alpha默认为0.5，否则为1
stroke	—	类似于color，但是映射到相关的stroke-color属性（例如marker.line.color和用于填充多边形的line.color）。如果没有指定，继承自color
strokes	NULL	类似于colors，但控制stroke映射
alpha_stroke	1	与alpha相似，但适用于stroke
size	—	映射到相关的fill-size属性的数值（例如marker.size、textfont.size和error_x.width）。从数据值到符号的映射也可以使用sizes来控制，或者通过I( )实现（例如，size = I(30)）
sizes	c (10, 100)	长度为2的数值型向量，用于将size缩放为像素个数
span	—	映射到相关的stroke-szie属性的数值（例如marker.line.width、填充多边形的line.width和error_x.thickness）。从数据值到符号的映射可以使用span来控制，或者通过I( )实现（例如，span = I(30)）
spans	c (1, 20)	长度为2的数值型向量，用于将span缩放为像素个数
symbol	—	映射到marker.symbol的离散值。从数据值到符号的映射可以使用symbols来控制，或者通过I( )实现（例如，symbol = I("pentagon")）。任何pch值或符号名都可以这样使用
symbols	NULL	由pch值或符号名组成的字符型向量
linetype	—	映射到line.dash的离散值。从数据值到符号的映射可以使用linetype控制，或者通过I( )实现（例如，linetype = I("dash")）。任何lty参数值（见表4-5）或虚线名都可以这样使用
linetypes	NULL	由lty参数值或虚线名组成的字符型向量
split	—	用于创建多个轨迹的离散值（每个值对应一个轨迹）
frame	—	用于创建动画帧的离散值
width	NULL	以像素为单位的宽度（可选，默认为自动调整大小）
height	NULL	以像素为单位的高度（可选，默认为自动调整大小）
source	"A"	长度为1的字符串。将这个字符串的值与event_data( )中的source参数匹配，以检索对应于特定绘图的事件数据（shiny的应用程序可以有多个绘图）

如表7-1所示，plot_ly( )函数的参数名与plot( )的不尽相同（如color、stroke、span、symbol、linetype等参数），但是它们的作用与R语言基础绘图系统和ggplot2中的参数相当，都是将数据变量映射为可见的视觉属性。

以散点图为例，散点图可以揭示数据蕴含的一些重要特征，如因果关系、聚类效果和异常值等。我们曾讨论过散点图可能存在的一个问题，就是当多个点的坐标相同或接近时，点和点会有部分或完全重叠，影响观察的准确性。因此，在绘制散点图时，用户可以在为几何对象设置视觉属性时对填充所使用的颜色指定较高的透明度。示例7-3是一个使用plot_ly( )函数绘制散点图的例子，其代码的执行结果如图7-2所示。

示例7-3 使用plot_ly( )函数绘制散点图。

```
#生成随机数
set.seed(199)
x <- rnorm(100)
y <- x + rnorm(100)
#组合为数据框
df <- data.frame(x, y)
#使用plot_ly()绘图：指定散点类型，标记模式，指定点的填充颜色，指定点的大小和线宽
plot_ly(data = df, x = ~x, y = ~y, type = "scatter", mode = "markers",
              marker =list(size = 20,
#设置透明度alpha=0.3
```

```
            color = rgb(0.8, 0.1, 0.2, 0.3),
            line = list(width = 2))) %>%
#设置绘图布局：显示过零点的轴线，见图 7-2
layout(title = "随机数据的散点图", font = list(size = 20),
       yaxis = list (title = "", zeroline = TRUE, zerolinewidth = 3,
             tickfont = list(size = 20)),
       xaxis = list(title = "",zeroline = TRUE, zerolinewidth = 3,
             tickfont = list (size = 20)),
#增加顶部的边距，因为标题使用了较大的字号
       margin = c(t = 70))
```

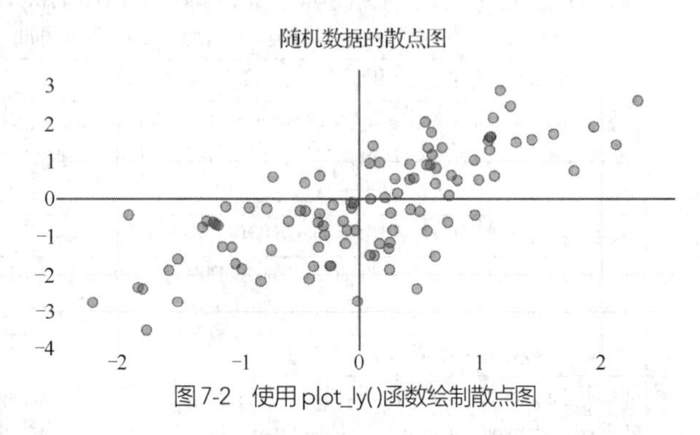

图 7-2　使用 plot_ly()函数绘制散点图

因为在浏览器中显示交互图所使用的默认字号为 12，为了让图中各种标记被缩小后保持清晰，示例 7-3 使用了参数 font 来加大字号。函数 layout ()的作用与 ggplot2 中的 theme ()相似，允许用户在绘图时控制数据之外的元素。在本章剩余部分，我们将陆续使用 layout ()设置布局中其他的选项。在 7.3 节，我们还将介绍关于函数 layout ()的更多细节。

在 R 语言基础绘图系统中，我们可以使用 plot ()中的 type 参数设置绘图类型来完成散点图或折线图的绘制，也可以只使用 plot( )打开空白的画布，而用 points( )和 lines( )等低级函数执行实际的绘图任务。plotly 提供了相似的操作方式：既可以在 plot_ly()函数中指定数据、设置参数 type 和 mode，也可以只使用 plot_ly()初始化一个 plotly 对象，随后借助 add_trace()函数以轨迹形式逐步添加几何对象。

在示例 7-4 中，我们使用 plot_ly()和 add_trace()来实现绘图。示例 7-4 的代码中，我们设置颜色时使用的函数 I()表示 as is，即按照参数本身设置而不依赖其他默认参数（如 colors 的取值范围）发生改变。示例代码的执行结果如图 7-3 所示。

示例 7-4　使用 plot_ly( )和 add_trace( )实现绘图。

```
#设置随机种子
set.seed(199)
x <- 1:100
y1 <- rnorm(100, mean = 4)
y2 <- rnorm(100, mean = 0)
y3 <- rnorm(100, mean = -4)
#组合为数据框
data <- data.frame(x, y1, y2, y3)
#使用 plot_ly()创建图形对象:只加载数据
p <- plot_ly(data)
#添加轨迹:折线。与图 7-2 不同，这里用的是 mode = "lines"和 dash = "dot"设置虚线形式
p <- add_trace(p, x = ~x, y = ~y1, type = "scatter", name = "轨迹 0",
       mode = "lines", color = I("red"),
       line = list(width = 3, dash = "dot"))
#再次添加轨迹:散点。注意，需要输入 plotly 对象 p，这里使用的是 mode = "markers"
p <- add_trace(p, y = ~y2, type = "scatter", name = "轨迹 1",
```

```
        mode = "markers", color = I("steelblue"), alpha = 0.5,
        marker = list(size = 12, line = list(width = 1.5))) 
#继续添加轨迹:折线加散点, 见图 7-3。使用 mode = "lines+markers"
add_trace(p, y = ~y3, type = "scatter", name = "轨迹 2",
   mode = "lines+markers", color = I("coral"),
   line = list(width = 1.5), marker = list(size = 10)) %>%
#设置布局
layout(font = list(size = 20),
      yaxis = list(title = "", zeroline = TRUE),
      xaxis = list(title = "", zeroline = TRUE))
```

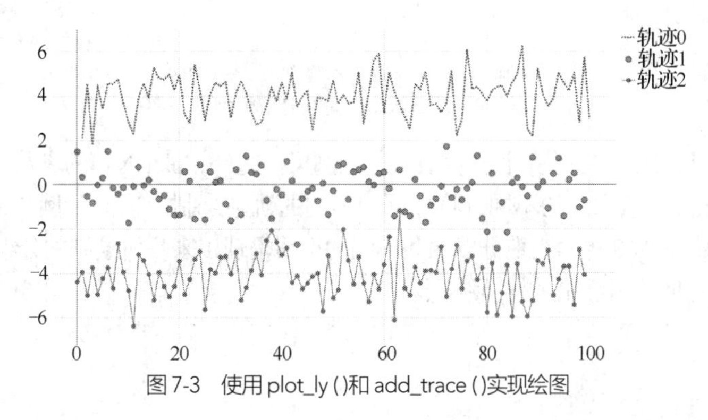

图 7-3 使用 plot_ly()和 add_trace()实现绘图

图 7-3 的右上角是 plotly 在有多个轨迹时自动生成的图例。plot_ly()函数通过参数如 color、stroke、span、symbol 和 linetype 来设置数据到颜色、笔画、跨度、符号、线型等的映射，可以方便地将数据变量编码为视觉属性。但是，plot_ly()的参数中还有一类采用了后缀 s 的形式，如 colors、strokes、spans、symbols 和 linetypes。默认情况下，加了后缀 s 的参数定义了可视属性的取值范围和比例尺。例如，默认的 colors 使用 RColorBrewer 包中的调色板，如果单独设置了 colors 之外的 color 取值，可能并不会产生所期望的效果（除非使用 I()）。

通过 colors 参数来改变默认的颜色比例尺时，用户需要使用下列参数形式之一：调色板名、可以供插值使用的颜色向量或颜色插值函数（如 colorRamp()）。在示例 7-5 中，我们手动设置 colors 向量，让颜色的映射按照 colors 插值。示例代码的执行结果如图 7-4 所示。

示例 7-5 设置 colors 向量实现颜色映射。

```
#设置随机种子
set.seed(199)
x <- 1:120
y <- rnorm(120, mean = 5)
z <- rep(1:4, each = 30)
cols <- c("#386CB0", "#7FC97F", "#F0027F", "#BEAED4")
#组合为数据框
data <- data.frame(x, y, z)
#使用 plot_ly()创建图形对象
plot_ly(data, x = ~x, y = ~y)  %>%
#添加新的轨迹, 见图 7-4
add_markers(color = ~z, marker = list(size = 15), colors = cols) %>%
#设置布局
layout(font = list(size = 20),
        yaxis = list(title = "", zeroline = FALSE),
        xaxis = list(title = "", zeroline = FALSE)) %>%
#设置颜色条标题
colorbar(title = "颜色映射")
```

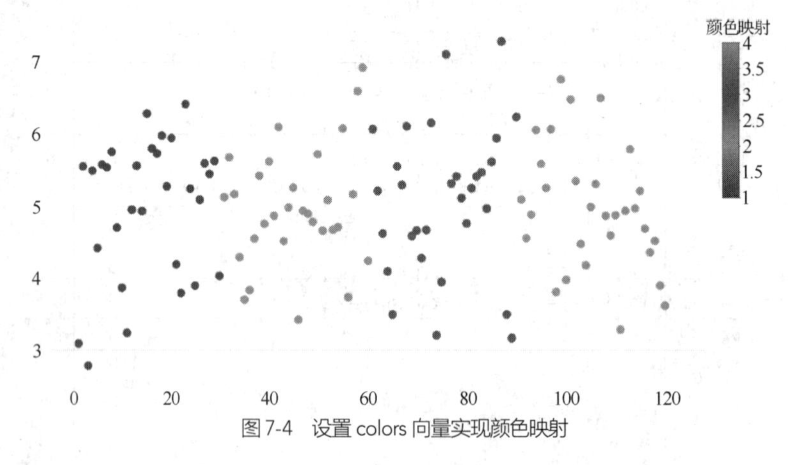

图 7-4　设置 colors 向量实现颜色映射

注意，图 7-4 右上角显示的是一个连续型颜色比例尺。此外，plot_ly ()的参数 split 可以起到对数据分组的作用：根据离散变量取值的不同，将数据用不同的轨迹绘制出了。示例 7-6 设置了 split 参数，按照变量 z 的两个取值 1 和 2 将两组数据以两条不同的折线呈现出来。所绘制的分组数据如图 7-5 所示。

示例 7-6　使用 split 分组绘制数据折线图。

```
#设置随机种子
set.seed(1)
x <- 1:100
y <- rnorm(100, mean = 5)
z <- rep(1:2, 50)
#组合为数据框
data <- data.frame(y, z)
#使用 plot_ly()创建图形对象
plot_ly(data, x = ~x, y = ~y)  %>%
#设置 layout()的参数来加大字号
layout(font = list(size = 20),
       yaxis = list(zeroline = FALSE),
       xaxis = list(title = "x", zeroline = FALSE)) %>%
#添加新的轨迹：用 split = ~z 分组，见图 7-5
add_lines(split = ~z, linetype = z, line = list(width = 3),
          showlegend = FALSE)
```

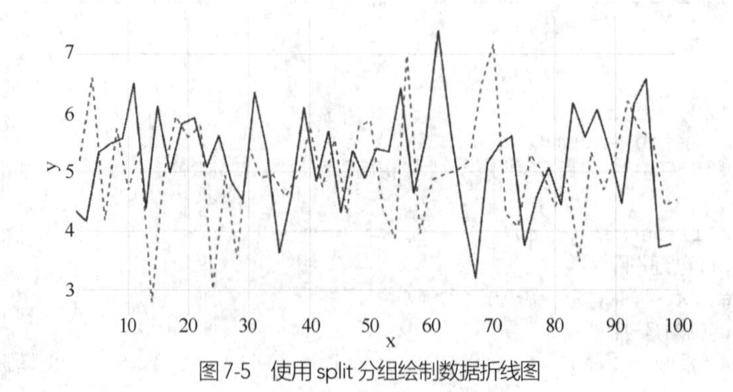

图 7-5　使用 split 分组绘制数据折线图

7.1.3　ggplotly ( )函数

与 ggplot2 相比，plotly 包的优势在于可以创建多种形式的交互图。但是，在创建 plotly 对象时，用户除了直接使用 plot_ly()构建 plotly 对象，还可以通过 ggplotly ( )函数将 ggplot2 对象转换为 plotly 对象。

这两种方法各自具有独特的优点，所以存在互补性。对于熟悉图形语法的用户，使用 ggplotly( )可以省去掌握 plot_ly ( )特殊用法所需的学习时间。

调用 ggplotly ( )函数的形式如下：

```
   ggplotly(p,width,height,tooltip,dynamicTicks,layerData,originalData,
source, ...)
```

表 7-2 中列出了 ggplotly ( )函数的参数及其默认值。

表 7-2　ggplotly( )函数的参数及其默认值

参数名	默认值	说明
p	ggplot2::last_plot( )	ggplot 对象
width	NULL	以像素为单位的绘图宽度（可选，默认为自动调整大小）
height	NULL	以像素为单位的绘图高度（可选，默认为自动调整大小）
tooltip	"all"	一个字符向量，指定在工具提示中显示的美学映射。默认值“all”表示显示所有美学映射。这里变量的顺序也将控制它们出现的顺序。例如，如果你想让 y 在前面，x 在中间，color 在后面，则需使用 tooltip = c ("y", "x", "color ")
dynamicTicks	FALSE	指定 plot.js 是否应该动态生成数轴刻度标签。动态刻度对于更新刻度以响应缩放/平移交互非常有用，但是，不能总是像在静态 ggplot2 图形中那样复制标签
layerData	1	指定应该从哪一层返回数据
originalData	TRUE	指定是应该返回“原始”数据还是应该返回“缩放”的数据
source	"A"	长度为 1 的字符串。将这个字符串的值与 event_data( )中的 source 参数匹配，以检索对应于特定绘图的事件数据（shiny 的应用程序可以有多个绘图）

我们首先来看看遵循 ggplot2 风格且使用预置主题来绘制时间序列图的示例 7-7。通过不同图层的组合，我们在图中同时画出了点和折线，还使用多种标注方式去标识特殊事件。最后，再调用 ggplotly( ) 把 ggplot 对象转换为交互图。示例代码执行结果如图 7-6 所示。

示例 7-7　遵循 ggplot2 风格绘制时间序列图。

```
#如加载 plotly 时已经载入了 ggplot2，则忽略这一语句
library(ggplot2)
#设置随机种子
set.seed(1)
x <- seq(as.Date("2018-1-1"), length.out = 100, by = 1)
y <- sqrt(1:100) + rnorm(100, mean = 6)
#组合为数据框
data <- data.frame(x, y)
#使用 ggplot()创建图形对象
p <- data %>%
#初始化 ggplot 对象
ggplot(aes(x, y)) +
#添加图层：绘制折线
   geom_line(color = "#7FC97F", size = 1.2) +
#添加图层：绘制散点
   geom_point(color = "#7FC97F", size = 2) +ylim(0,20) +
#标注文字
   annotate(geom = "text", x = as.Date("2018-03-15"), y = 1.5,
            label = "开启新一阶段", size = 6) +
#标注点
   annotate(geom = "point", x = as.Date("2018-03-1"), y = 0,
            pch = 21, color = "#386CB0FF", size = 5) +
#添加线段
```

```
    geom_segment(aes(x = as.Date("2018-3-15"), y = 1.05,
            xend = as.Date("2018-3-1"), yend = 0), size = 1,
            colour = "#386CB066") +
#添加水平线
    geom_hline(yintercept = 13.6, size = 2, col = "#EF461166") +
#使用预置的极简主题
    theme_minimal() +
#设置较大的字号
    theme(text = element_text(size = 20))
#调用 ggplotly()转换为交互图，见图 7-6
ggplotly(p)
```

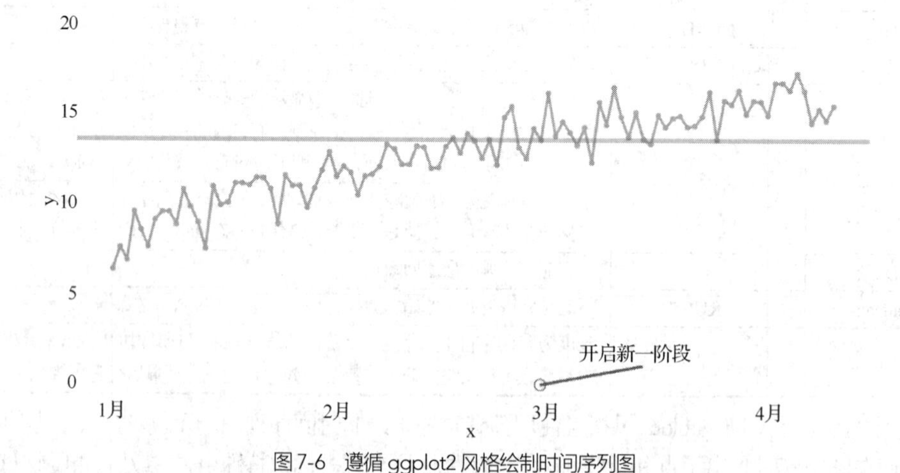

图 7-6　遵循 ggplot2 风格绘制时间序列图

作为散点图的一种特例，气泡图可以用颜色和大小表示在坐标之外其他维度的信息。ggplot2 中的美学映射 aes()可以将数据中的变量直接映射为视觉属性，因此在绘制气泡图时非常方便。在示例 7-8 中，我们使用 ggplotly()实现交互式气泡图，执行代码可以得到图 7-7 所示的结果。

示例 7-8　使用 ggplotly ()实现交互式气泡图。

```
#生成随机变量
set.seed(1001)
v1 <- runif(100, max = 100, min = 1)
v2 <- sqrt(v1) + rnorm(100, mean = 2)
v3 <- sample(5:25, 100, replace = TRUE)
v4 <- sample(LETTERS[1:6], 100, replace = TRUE)
#组合为数据框
df <- data.frame(v1, v2, v3, v4)
#创建 ggplot 对象：设置美学映射
p <- ggplot(df, aes(x = v1, y = v2, size = v3, color = factor(v4))) +
#添加图层：绘制散点
    geom_point(alpha = 0.5) +
#设置大小缩放的比例尺
    scale_size(range = c(2, 15), name = "Value 3") +
#设置主题：不显示图例，加大字号
    theme(legend.position = "none", text = element_text(size = 20))
#调用 ggplotly()转换为交互图，见图 7-7
ggplotly(p)
```

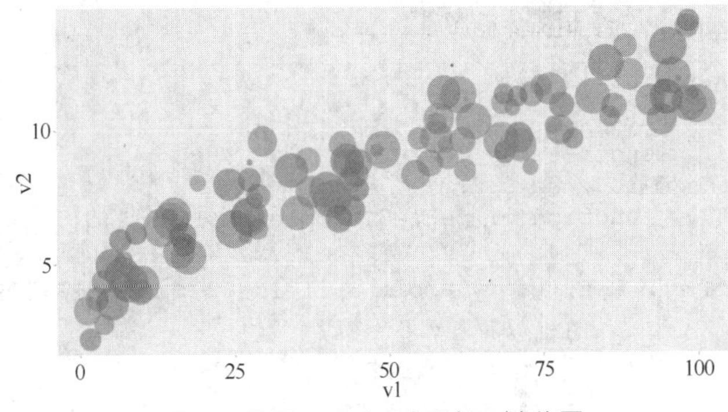

图 7-7　使用 ggplotly ()实现交互式气泡图

用户可以用交互式来直接获取数据信息，将鼠标指针移至气泡上方，就可以读出浮窗显示的数值。因此相比静态气泡图，交互式气泡图更有优势。在 ggplot2 中还可以用不同的图层表示几何对象和统计变换。示例 7-9 使用不同图层绘制散点图和密度图，其代码的执行结果如图 7-8 所示。

示例 7-9　使用不同图层绘制散点图和密度图。

```
#随机生成数据
set.seed(10101)
v1 <- 1:100 + rnorm(100, sd = 15)
v2 <- 1:100 + rnorm(100, sd = 15)
#组合为数据框
df <- data.frame(x = v1, y = v2)
#创建初始 ggplot 对象
p <- ggplot(df, aes(x, y)) +
#添加二维密度图图层
  stat_density2d(geom = "tile", aes(fill = ..density..), contour = FALSE) +
#添加散点图图层
  geom_point(colour = "white", size = 3) +
#不显示图例，加大字号
  theme(legend.position = "none", text = element_text(size = 20))
#调用 ggplotly()转换为交互图，见图 7-8
ggplotly(p)
```

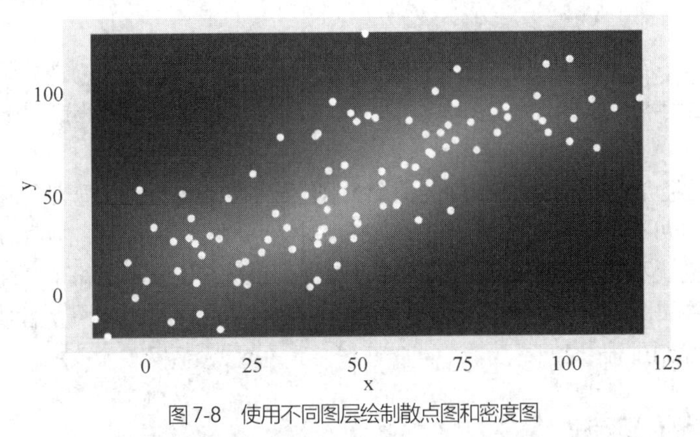

图 7-8　使用不同图层绘制散点图和密度图

棒棒糖图也是直方图的一种特殊形式，可以将散点与条柱结合在一起表示。示例 7-10 在使用 ggplotly( )绘制棒棒糖图时使用了主题 theme_light ()，可以得到与直接调用 plotly( )相似的背景和网格线形式，其代码的执行结果如图 7-9 所示。

示例 7-10 使用 ggplotly( )绘制棒棒糖图。

```
#随机生成数据
set.seed(123)
x <- seq(0, 2*pi, length.out = 100)
y <- sin(x) + rnorm(100, sd=0.2)
z <- sapply(1:100, function(i) paste0(sample(LETTERS[1:3], 1), i))
#生成数据框
data <- data.frame(x = x, y = y, cols = ifelse(y < 0, "#FFF939", "#28FCB0"))
#创建 ggplot 对象
p <- ggplot(data, aes(x = x, y = y, text = z)) +
#添加图层：绘制线段
  geom_segment(aes(x = x, xend = x, y = 0, yend = y, color = cols),
      size = 1.5, alpha = 0.9) +
#添加图层：绘制端点
  geom_point(aes(x, y, color = cols), size = 2.5) + theme_light() +
  theme(legend.position = "none", panel.border = element_blank(),
       text = element_text(size = 20)) +
  xlab("") +
  ylab("")
#调用 ggplotly()转换为交互图：移动到数据点上，浮窗只显示 text，见图 7-9
ggplotly(p, tooltip = "text")
```

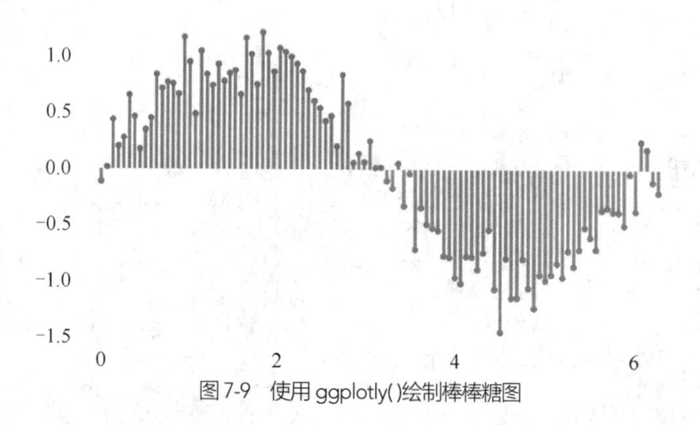

图 7-9 使用 ggplotly( )绘制棒棒糖图

7.2 图形绘制

图形绘制

我们在 7.1 节已经介绍过 plotly 图形中的两个关键组成：数据和轨迹。所谓轨迹只是用于定义从数据到可视化对象的映射。每个轨迹都对应一种特定的类型，如直方图、饼图、柱状图和散点图等，而轨迹类型也决定了其视觉和交互性属性。也就是说，不是每个属性对每个轨迹类型都是适用的，但是有些属性则是每个轨迹类型中通用的。在介绍 add_trace( )的一般性质后，本节会分别介绍不同绘图形式的绘制过程。

7.2.1 add_* ( )函数

我们在前面的示例 7-4 中使用过 add_trace( )函数绘制折线图与散点图。虽然对绘制基本几何图形（如点和线）而言，add_trace( )已经可以发挥很大的作用，但是其他的 add_*( )函数（包括 add_markers( )、add_lines( )、add_paths( )、add_segments( )、add_ribbons( )、add_area( )和 add_polygon( )等）在将数据

映射到轨迹之前进行了必要的处理和转换，为绘制专用的轨迹提供了更方便的接口。例如，同样是绘制折线图，add_lines( )能确保按照 x 变量的排序连线，保障了绘制时间序列所需的时序，而 add_paths( )则严格按照各点在数据框中的行号依次连接为路径。

表 7-3 列出了 add_* ( )函数的主要参数及其默认值。

表 7-3　add_*( )函数的参数及其默认值

参数名	默认值	说明
p	—	plotly 对象
inherit	TRUE	逻辑值。表示是否从 plot_ly( )继承属性
x、y	NULL、NULL	*x*、*y* 轴变量
z	NULL	一个需要光栅对象的数值矩阵
text	NULL	文本标签
xend、yend	NULL	"final" 对应的 *x*、*y* 位置（在这里代表 "start"）
rownames	NULL	是否显示数据的行名
ymin	NULL	用来定义多边形下界的一个变量
ymax	NULL	用来定义多边形上界的一个变量
colormodel	—	如果 z 不是光栅对象，则设置图像轨迹的颜色模型。如果 z 是一个光栅对象，则始终使用 RGBA 颜色模型
r	—	仅供极坐标图使用。设置径向坐标
theta	—	仅供极坐标图使用。设置角坐标
values	—	与饼图的每个切片相关联的值
labels	—	与 values 对应的类别标签

add_trace ( )中基础的类型是散点轨迹，即 type = "scatter"。根据参数 mode 的不同设置，散点轨迹可以生成多种类型的低级图形，用户在绘图中可以使用折线、散点和文本等对象。在散点的可视化过程中，我们既可以把数据映射到 *x-y* 坐标系，也可以利用数据到大小、符号、颜色等视觉属性的映射实现更丰富的可视化形式。此外，还可以在图中指定位置或用鼠标指针悬停方式来显示文本信息。

先看示例 7-11，这是一个使用单一的 add_trace( )设置 mode = "markers+lines+text"添加标记、折线和文本的例子，其代码的执行结果如图 7-10 所示。

示例 7-11　使用单一的 add_trace ( )添加标记、折线和文本。

```
#设置随机种子
set.seed(999)
#创建初始plotly对象
plot_ly() %>%
#添加轨迹
add_trace(type = "scatter",
          mode = "markers+lines+text",
          x = sample(1:9, 7),
          y = sample(1:9, 7),
          color = I("tomato2"),
          marker = list(size = 8),
          text = sapply(1:7,
                    function(i) paste0("这里是", LETTERS[i], sample(1:20, 1))),
          textposition = "right",
          hoverinfo = "text",
          textfont = list(family = "Times New Roman", color = "black",
                    size = 20)) %>%
```

```
#设置布局
layout(font = list(size = 20),
       yaxis = list(title = "", zeroline = FALSE),
       xaxis = list(title = "", zeroline = FALSE, range = c(0, 10)))
```

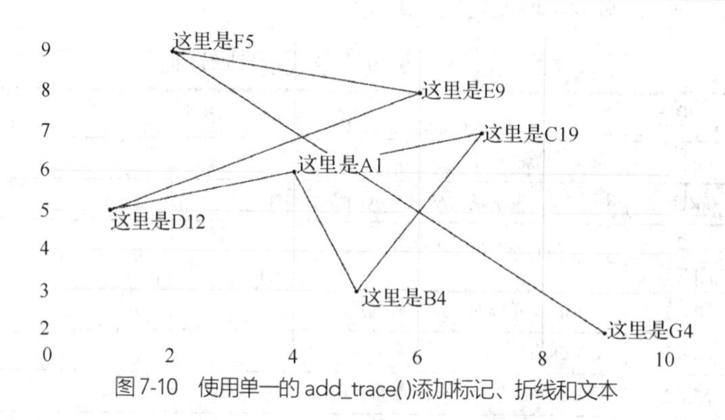

图7-10　使用单一的 add_trace()添加标记、折线和文本

图 7-10 中的连线是按照点的顺序实现的，也就是说，我们实际上得到的是一个运动轨迹。等价地，示例 7-12 中的代码调用其他形式的 add_* ()函数来实现与图 7-10 相近的效果，请读者执行代码检验结果。

示例 7-12　使用其他形式的 add_* ()函数绘制图 7-10 中的图形。

```
#生成随机数
set.seed(999)
data <- data.frame(x = sample(1:9, 7), y = sample(1:9, 7),
          text = sapply(1:7, function(i) paste0("这里是", LETTERS[i],
          sample(1:20, 1))))
#创建初始 plotly 对象
plot_ly(data = data, hoverinfo = "text") %>%
#添加散点，用 add_markers()代替 add_trace(type = "scatter")中的 mode = "markers"
add_markers(x=~x, y=~y, color = I("tomato2"), size = 8, showlegend = FALSE) %>%
#添加路径，用 add_paths()代替 add_trace(type = "scatter")中的 mode = "lines"
add_paths(x= ~x, y = ~y, color = I("tomato2"), showlegend = FALSE) %>%
#添加文字标注，用 add_text()代替 add_trace(type = "scatter")中的 mode = "text"
#这里的"right"相对于 x-y 坐标系，而图 7-10 中是相对于点的，因此实际位置会有差异
add_text(x = ~x, y = ~y, text = ~text,
         textposition = "right",
         textfont = list(family = "Times New Roman", color = "black",
                  size = 20)) %>%
#设置布局
layout(font = list(size = 20),
        yaxis = list(title = "", zeroline = FALSE,
                 tickfont = list(size = 20)),
        xaxis = list(title = "", zeroline = FALSE,
                 tickfont = list(size = 20), range = c(0, 10)))
```

表 7-4 列出了 add_*()函数的主要类型的调用形式。用户可以使用这些函数添加图层。

表 7-4　add_*()函数的主要类型的调用形式

函数调用形式	说明
add_trace (p, ..., inherit = TRUE)	添加轨迹
add_markers (p, x = NULL, y = NULL, z = NULL, ..., data = NULL, inherit = TRUE)	添加散点
add_text (p, x = NULL, y = NULL, z = NULL, text = NULL,..., data = NULL, inherit = TRUE)	添加文本

续表

函数调用形式	说明
add_paths (p, x = NULL, y = NULL, z = NULL, ..., data = NULL, inherit = TRUE)	添加路径图
add_lines (p, x = NULL, y = NULL, z = NULL, ..., data = NULL, inherit = TRUE)	添加线图
add_segments (p, x = NULL, y = NULL, xend = NULL, yend = NULL,..., data = NULL, inherit = TRUE)	添加线段
add_polygons (p, x = NULL, y = NULL, ..., data = NULL, inherit = TRUE)	添加多边形
add_sf (p, ..., x = ~x, y = ~y, data = NULL, inherit = TRUE)	添加简单特征
add_table (p, ..., rownames = TRUE, data = NULL, inherit = TRUE)	添加表格
add_ribbons (p, x = NULL, ymin = NULL, ymax = NULL,..., data = NULL, inherit = TRUE)	添加色带
add_image(p, z = NULL, colormodel = NULL, ..., data = NULL, inherit = TRUE)	添加图像
add_area (p, r = NULL, t = NULL, ..., data = NULL, inherit = TRUE)	添加面积
add_pie (p, values = NULL, labels = NULL, ..., data = NULL, inherit = TRUE)	添加饼图
add_bars (p, x = NULL, y = NULL, ..., data = NULL, inherit = TRUE)	添加柱状图
add_histogram (p, x = NULL, y = NULL, ..., data = NULL, inherit = TRUE)	添加直方图
add_histogram2d(p, x = NULL, y = NULL, z = NULL, ..., data = NULL, inherit = TRUE)	添加二维直方图
add_histogram2dcontour (p, x = NULL, y = NULL, z = NULL, ..., data = NULL, inherit = TRUE)	添加二维直方图等高线
add_heatmap (p, x = NULL, y = NULL, z = NULL, ..., data = NULL, inherit = TRUE)	添加热图
add_contour (p, z = NULL, ..., data = NULL, inherit = TRUE)	添加等高线
add_boxplot (p, x = NULL, y = NULL, ..., data = NULL, inherit = TRUE)	添加箱形图
add_surface (p, z = NULL, ..., data = NULL, inherit = TRUE)	添加表面
add_mesh (p, x = NULL, y = NULL, z = NULL, ..., data = NULL, inherit = TRUE)	添加网格面
add_scattergeo (p, ...)	添加地理散点图
add_choropleth (p, z = NULL, ..., data = NULL, inherit = TRUE)	添加等值线

与 R 语言基础绘图系统及 ggplot2 一样，plotly 中几何对象的视觉属性也包括颜色、符号类型、大小等。下面来看示例 7-13，我们使用 add_markers( )函数把数据映射到视觉属性来绘制散点图，其代码的执行结果如图 7-11 所示。

示例 7-13 使用 add_markers ( )函数绘制散点图。

```
#随机生成离散值数据
set.seed(1001)
x <- rep(1:6, each = 6)
y <- rep(1:6, 6)
z <- sample(1:6, 36, replace = TRUE)
df <- data.frame(x, y, z)
#创建初始plotly对象
p <- plot_ly(df, x = ~x, y = ~y) %>%
#添加散点轨迹，指定颜色、大小和符号的映射，设置大小的缩放范围和颜色的调色板
add_markers(symbol = ~x, span = ~y, spans = c(5, 20),
        color = ~z, colors = "Paired") %>%
#设置布局
layout(font = list(size = 20),
        xaxis = list(title = ""),
        yaxis = list(title = ""))
#显示交互图
p
```

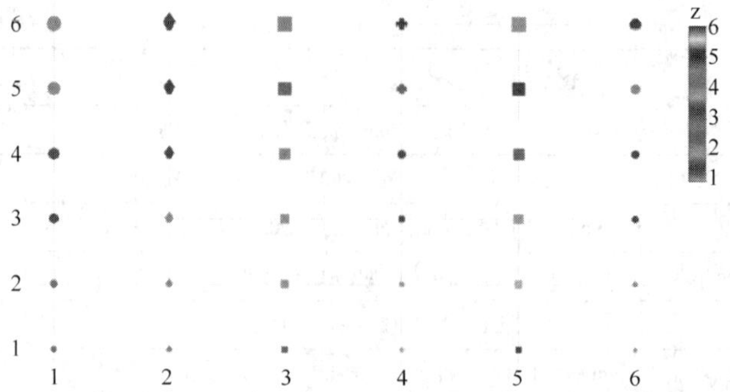

图 7-11　使用 add_markers ( )函数绘制散点图

表 7-5 中列出了一些视觉属性的取值方式、适用对象与说明。

表 7-5　一些视觉属性的取值方式、适用对象与说明

名称	取值方式	适用对象	说明
color	数值、I( )	marker, line,text	设置颜色值，在 colors 中插值
colors	c (cmin, cmax)、调色板、插值函数	marker, line,text	颜色比例尺。调色板名称包括 Blackbody、Bluered、Blues、Earth、Electric、Greens、g rey、Hot、Jet、Picnic、Portland、Rainbow、RdBu、Reds、Viridis、YlGnBu、YlOrRd
textposition	"top left"、"top center"、"top right" 、"middle left"、"middle center"、"middle right"、"bottom left"、"bottom center" 、"bottom right"	text	设置 text 元素的位置相对于(x, y)坐标的关系
symbol	"circle"、"square"、"diamond"、"cross" 、" x"、"triangle-up"、"triangle-down"、"pentagon"、"hexagon"、"octagon"和"star"等	marker	设置绘点的符号
dash	"solid"、"dot"、"dash"、"longdash" 、"dashdot"、"longdashdot"或一个破折号长度列表（如"5px,10px,2px,2px"）	line	设置线的破折号样式
shape	"linear"、"spline"、"hv"、"vh"、"hvh" 、"vhv"	line	确定线型。"linear" 与 "spline" 是分别指定使用线性插值和样条插值方式，其他可用的值对应于阶梯状线型
linetype	1~6	line	设置折线样式

在示例 7-14 中，我们使用 linetype 映射来绘制不同样式的折线，其代码的执行结果如图 7-12 所示。

示例 7-14　使用 linetype 映射绘制不同样式的折线。

```
#设置随机种子
set.seed(99)
x <- rep(1:10, 6)
y <- rep(1:10, each = 6) + rnorm(60, sd = 0.25)
z <- rep(1:6, each = 10)
#组合为数据框
data <-data.frame(x, y, z)
#使用 plot_ly()创建图形对象
p <- plot_ly(data, x = ~x, y = ~y)  %>%
#添加新的轨迹：使用变量 z 实现分组，映射颜色、线型和线宽
add_lines(split = ~z, line = list(width = z), linetype = z,
         color = z, colors = c("red", "blue")) %>%
```

```
#设置布局
layout(font = list(size = 20),
        xaxis = list(title = ""),
        yaxis = list(title = "", zeroline = FALSE))
#显示交互图
p
```

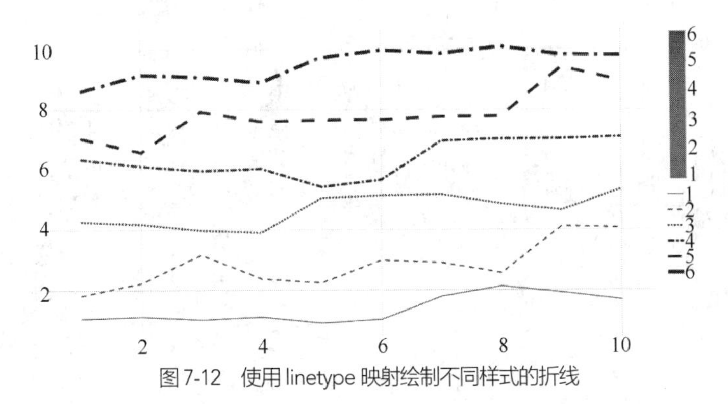

图7-12 使用linetype映射绘制不同样式的折线

7.2.2 绘图形式

本节中我们将介绍如何使用plot_ly()和add_*()函数绘制一些典型的数据可视化图形。

1．柱状图

我们可以在plot_ly()或add_trace()中设置type="bar"来绘制条柱，也可以调用add_bars()达到同样的目的。我们可以在add_bars()中将参数base映射到数据，而不是默认的0，这样能够控制条柱延伸的方向。layout()的参数barmode可以用于实现分组或堆叠显示。示例7-15使用随机生成的数据绘制分组柱状图，而且在第3组的条柱上添加了文字说明，其代码的执行结果如图7-13所示。

示例7-15 绘制分组柱状图。

```
#随机生成数据
set.seed(1)
x <- seq(from = 2011, to = 2018, by = 1)
y1 <- sample(10:18, length(x), replace = TRUE)
y2 <- sample(12:25, length(x), replace = TRUE)
y3 <- sample(5:10, length(x), replace = TRUE)
text <- paste0("成本下降了", y3, "%")
df <- data.frame(x, y1, y2, y3, text)
#使用plot_ly()和add_trace()/add_bar()绘制柱状图
p <- plot_ly(df, x = ~x, y = ~y1, type = "bar", name = "变量1",
          marker = list(color = rgb(0.2, 0.5, 0.6, 0.6),
                        line = list(width = 1.5))) %>%
add_trace(y = ~y2, type = "bar", name = "变量2",
          marker = list(color = rgb(0.8,0.2, 0.2, 0.6),
                        line = list(width = 1.5))) %>%
add_bars(y = ~y3, name = "变量3", base = -y3, text = ~text,
          marker = list(color = rgb(0.2,0.7, 0.2, 0.6),
                        line = list(width = 1.5))) %>%
#使用barmode = "group"设置分组显示，如需堆叠显示，设置barmode = "stack"
layout(xaxis = list(title = "", tickangle = -45),
          yaxis = list(title = ""),
          font = list(size = 20),
          margin = list(b = 100),
```

```
        barmode = "group")
#显示交互图
p
```

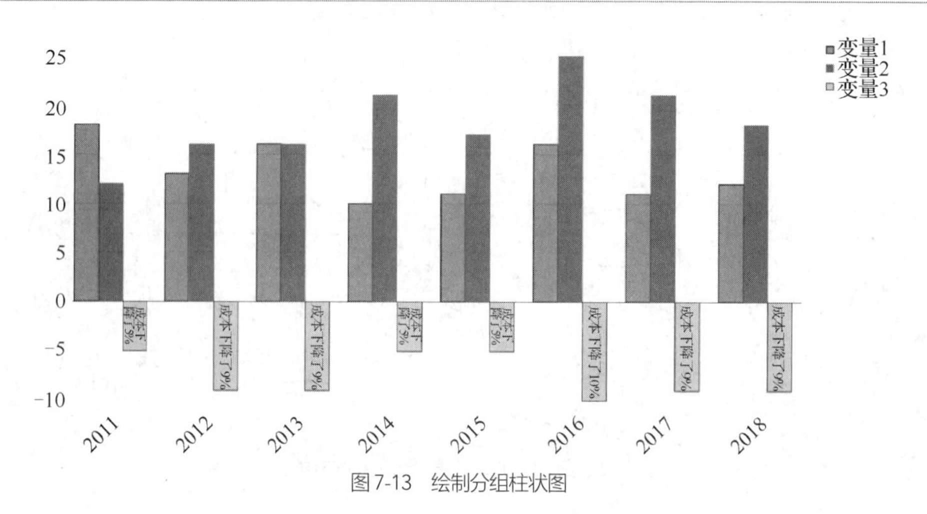

图 7-13 绘制分组柱状图

2. 环形图

环形图又叫作甜甜圈图，是一种特殊的饼图，以中空的形式显示各成员的占比。使用 add_pie( )的参数 hole 可以方便地设置中空的程度。设置 textinfo = 'label+percent'可以自动计算百分比，并且将其与标签一起显示出来。设置 insidetextorientation = 'radial'则让环中的文字按径向排列。示例 7-16 以环形图形式绘制了空气中的成分分布，其代码执行结果如图 7-14 所示。

示例 7-16 绘制空气中的成分分布的环形图。

```
#设置标签向量
labels = c("氧气","稀有气体","二氧化碳","氮气","其他气体和杂质")
#设置数值向量
values = c(209, 9.39, 0.31, 781, 0.30)
#设置颜色向量
colors <- c(rgb(0.1, 0.1, 0.5,0.6), rgb(0.6, 0.6, 0.1, 0.6),
    rgb(0.5, 0.4, 0.4, 0.6), rgb(0.6, 0.3, 0.3, 0.6), rgb(0.4, 0.5, 0.7, 0.6))
#创建plotly对象
p <- plot_ly(labels = labels, values = values,
             textinfo = 'label+percent',
             marker = list(colors = colors),
             insidetextorientation = 'radial') %>%
#添加中空的饼图
add_pie(hole = 0.5) %>%
#设置布局
layout(font = list(size = 20), showlegend = F,
            xaxis = list(showgrid = FALSE, zeroline = FALSE,
                   showticklabels = FALSE),
            yaxis = list(showgrid = FALSE, zeroline = FALSE,
                   showticklabels = FALSE),
            margin = list(t = 80))
#显示交互图
p
```

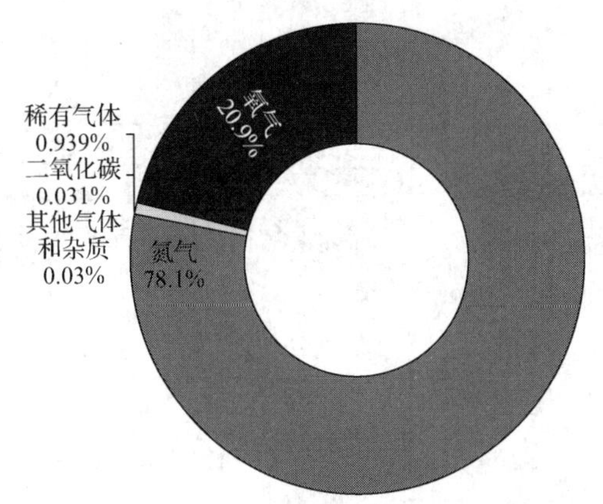

图 7-14 绘制环形图

我们曾使用 ggplot2 中的极坐标变换绘制过环形图，读者可以比较两种方法的不同之处。

3．平行坐标图

平行坐标轴是一种表示高维数据的方式。用户可以在笛卡儿坐标系中绘制一组平行的等间距直线（垂直于横轴）表示不同维度变量的数轴，然后将高维数据的各个维度值分别映射成各数轴上的点，再将这些点连接为折线，用以表示高维空间中的散点。使用 add_lines( )可以完成连线的任务。示例 7-17 绘制了一幅高维数据的平行坐标图，结果如图 7-15 所示。

示例 7-17 绘制高维数据的平行坐标图。

```
#生成随机数
set.seed(999)
w <- sample(1:3, 100, replace = TRUE)
x <- w + rnorm(100, mean = 0, sd = 0.5)
y <- w + rnorm(100, mean = 3, sd = 0.5)
z <- w + rnorm(100, mean = 1, sd = 0.5)
u <- w + rnorm(100, mean = 2, sd = 0.5)
w <- LETTERS[w]
#组合为数据框
df <- data.frame(x, y, z, u, w)
#给数据框增加新变量：对应于观测值的行号
df$obs <-seq_len(nrow(df))
multi_axis <-function(transform = identity)
{
#将数据按行号分组
    tidyr::gather(df, variable, value, -w, -obs) %>%
    group_by(obs) %>%
    plot_ly(x = ~variable, y = ~value, color = ~w) %>%
    #绘制轴线
    add_segments(x = ~variable, y = 0, xend = ~variable, yend = 7,
        line = list(width = 2.5), showlegend = FALSE) %>%
    #将同一组的点连线
    add_lines(alpha = 0.5)
}
multi_axis() %>%
#设置布局：不显示 x 轴网格线，设置 y 轴网格线颜色和宽度，见图 7-15
layout(font = list(size = 20),
       xaxis = list(title = "变量", showgrid = FALSE),
       yaxis = list(title = "数值", gridcolor = "#99999988", gridwidth = 1.5),
       margin = list(b = 65))
```

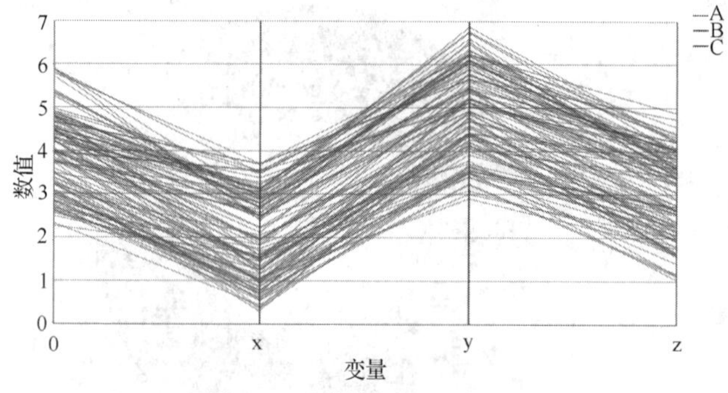

图7-15　高维数据的平行坐标图

4．桑基图

桑基图是一类特殊的流量图，由一组节点和节点之间的连接线构成，其中连接线的宽度表示节点间流量的大小。设置 plot_ly()中的参数 type="sankey" 可以绘制桑基图。示例 7-18 绘制了一幅简单的桑基图，结果如图 7-16 所示。

示例 7-18　绘制简单的桑基图。

```
#生成随机数
set.seed(10201)
#绘制桑基图
p <- plot_ly(type = "sankey", arrangement = "snap",
#设置节点对象，采用随机抽样生成数据
        node = list(label = LETTERS[1:8],
                    x = sample(seq(0.1, 0.9, by = 0.1), 8),
                    y = sample(seq(0.1, 0.9, by = 0.1), 8),
                    pad = 10),
#设置边对象
        link = list(source = sample(0:4, 9, replace = TRUE),
                    target = sample(4:7, 9, replace = TRUE),
                    value = sample(2:5, 9, replace = TRUE))) %>%
#设置布局
layout(title = "桑基图", font = list(size = 20),
                    margin = list(t = 70))
#显示交互图
p
```

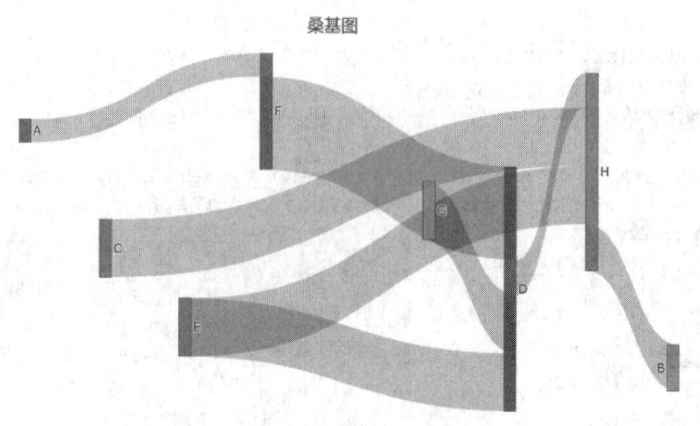

图7-16　简单的桑基图

5．哑铃图

哑铃图是一种特殊的柱状图，但与柱状图不同，哑铃图由两个节点集合与一组连接两个集合的条柱组成：两个点集分别代表两个变量的取值，例如变化范围的上限和下限，而条柱则将对应的变量连接在一起。我们可以使用 plot_ly ()载入数据且初始化一个 plotly 对象，但是并不绘制几何实体，然后使用 add_segments ()添加线段，再用 add_markers ()添加端点，从而实现哑铃形状的绘图。执行示例 7-19 中代码所绘制的哑铃图如图 7-17 所示。

示例 7-19 绘制哑铃图。

```
#设置随机种子
set.seed(101)
x <- sample(20:40, 10, replace = TRUE)
y <- sample(10:25, 10, replace = TRUE)
z <- LETTERS[1:10]
#组合为数据框
data <- data.fram(cat = z, income = x, spending = y, saving = x - y)
#创建plotly对象：设置数据和颜色
p <- plot_ly(data, color = I("gray50")) %>%
#添加线段
add_segments(x = ~spending, xend = ~income, y = ~cat,
             yend = ~cat, line = list(width = 2.5), showlegend = FALSE) %>%
#添加端点
add_markers(x = ~spending, y = ~cat, name = "消费",
              size = 3, color = I("tomato")) %>%
#添加端点
add_markers(x = ~income, y = ~cat, name = "收入",
              size = 3, color = I("steelblue")) %>%
#设置布局参数
layout(title = "储蓄余额", font = list(size = 20),
              xaxis = list(title = "年度结余（单位：千元）",
                   tickfont = list(size = 20)),
              yaxis = list(title = "类别"),
              margin = list(l = 65, t = 70))
#显示交互图
p
```

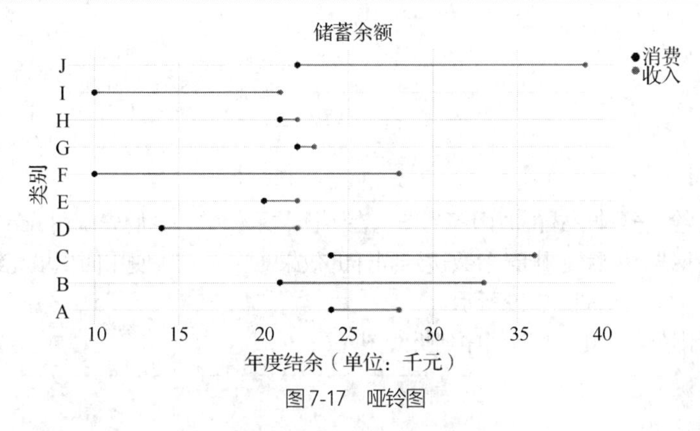

图 7-17 哑铃图

6．核密度图

核密度图使用不同的核函数来估计随机变量的概率密度分布，并绘制为密度图的形式。R 语言中的泛型函数 density( )使用给定的核和带宽进行单变量观测值的核密度估计。它的默认方法是 R 语言中支持多种形式的核密度函数（默认形式是 Gaussian），函数 density ()的返回结果可以用 add_lines ()绘制为交互式的曲线图。示例 7-20 绘制了一组随机数在使用不同核函数时的核密度估计曲线，代码的执行结果如图 7-18 所示。

示例 7-20 一组随机数在使用不同核函数时的核密度估计曲线。

```
#生成随机数
set.seed(10101)
x <- 1:500
y <- 10 + (x/100)^2 + rnorm(500, 0, 0.5)
#设置核密度函数向量
kerns <- c("gaussian", "epanechnikov", "rectangular", "triangular",
           "biweight", "cosine", "optcosine")
#创建一个空的plotly对象
p <- plot_ly()
#循环添加核密度估计曲线
for (k in kerns)
{
   d <- density(y, kernel = k, na.rm = TRUE)
   p <- add_lines(p, x = d$x, y = d$y, name = k)
}
#显示交互图，见图7-18
p %>%
#设置布局
layout(font = list(size = 20),
       yaxis = list(title = "", zeroline = FALSE),
       xaxis = list(title = "", zeroline = FALSE))
```

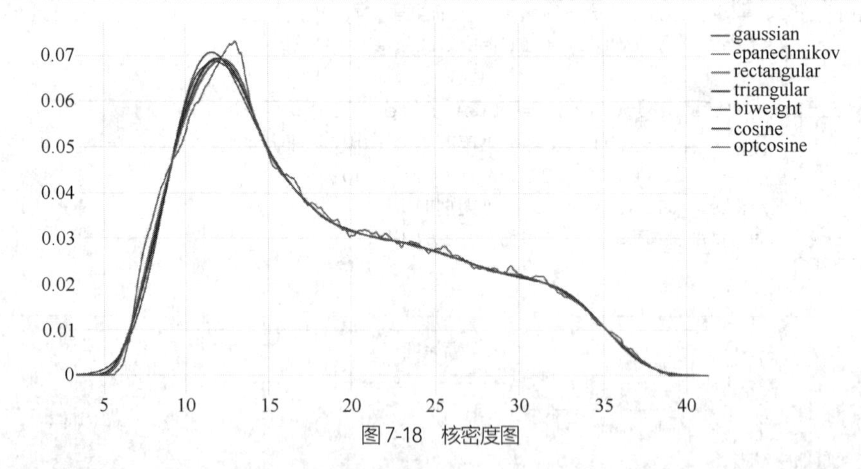

图 7-18 核密度图

7. 时间序列图

plotly 可以用于绘制多种形式的时间序列图。在下面的示例中，我们先调用 add_ribbons()绘制带填充效果的时间序列折线，然后使用 fill 参数达到同样的效果。示例 7-21 使用面积填充绘制了两条时间序列折线，其代码的执行结果如图 7-19 所示。

示例 7-21 绘制带面积填充的时间序列折线图。

```
#生成随机数
set.seed(101)
x <- seq(from = as.Date("2018-1-1"), length.out = 26, by = "week")
y <- rnorm(26, mean = 10, sd = 3)
z <- rnorm(26, mean = 15, sd = 5)
df <- data.frame(x, y)
```

```
#创建初始plotly对象
plot_ly(df, alpha = 0.2) %>%
#添加色带：纵向从最小值0到最大值y
add_ribbons(x = ~x, ymin = 0, ymax = ~y) %>%
#添加色带，绘制第二条折线：纵向从最小值y到最大值z
add_ribbons(x = ~x, ymin = ~y, ymax = ~z) %>%
#添加文字附注
add_text(x = as.Date("2018-3-7"), y = 18, text = "收入",
         textfont = list(size = 25, family = "Serif")) %>%
add_text(x = as.Date("2018-2-22"), y = 8, text = "支出", textposition = "top right",
         textfont = list(size = 25, family = "Serif", color = "red")) %>%
#设置布局
layout(font = list(size = 20),
       xaxis =list(title = "", tickangle = ~45, zeroline = FALSE),
       yaxis =list(title = "", zeroline = FALSE)) %>%
#不显示图例
hide_legend()
```

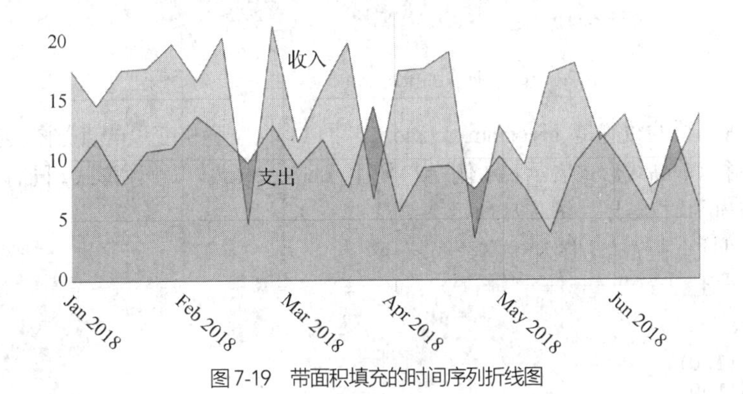

图 7-19 带面积填充的时间序列折线图

为等价地用 fill 参数绘制图 7-19 中的图形，可以将前面代码中的 add_ribbons( )替换为下列语句。

```
plot_ly(df, alpha = 0.2) %>%
#绘制竖线，从坐标（x,y）填充到坐标（x,0）
add_lines(x = ~x, y = ~y, fill = "tozeroy") %>%
#绘制竖线，从坐标（x,z）填充到坐标（x,y），即上一条折线的纵坐标
add_lines(x = ~x, y = ~z, fill = "tonexty")
```

8．等高线图

contour 可以用来计算平面坐标系中第三维的等高线。输入数据 z 必须是一个数值型矩阵或数组。对于 *n* 行和 *m* 列的 z，默认情况下，*n* 行对应于 *y* 坐标，*m* 列对应于 *x* 坐标。如果设置参数 transpose 为 "TRUE"，则坐标对应关系被翻转。示例 7-22 通过设置 plotly 对象的 contour 属性来绘制等高线图，其代码的执行结果如图 7-20 所示。

示例 7-22 设置 plotly 对象的 contour 属性来绘制等高线图。

```
#设置随机种子
set.seed(123)
#创建plotly对象，类型置为contour
p <- plot_ly(type = 'contour',
#生成z数据
  z = matrix(rnorm(100, mean = 100, sd = 20), nrow = 10),
#设置颜色调色板
```

```
                colorscale = 'Jet',
#设置等高线属性：显示标签，范围为 40～160，间距为 10
                contours = list(showlabels = TRUE, end = 160, size = 10, start = 40)
) %>%
#设置布局
layout(font = list(size = 20))
#显示交互图，见图 7-20
p
```

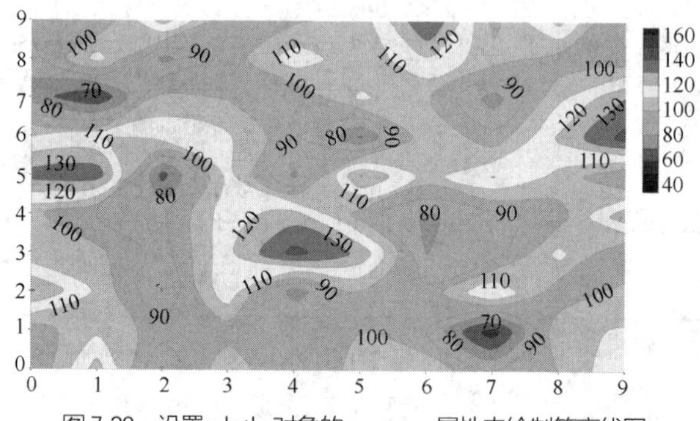

图 7-20　设置 plotly 对象的 contour 属性来绘制等高线图

另一种显示等高线的轨迹是 histogram2dcontour，可以将两个随机变量的直方图转换为二维联合概率密度或频数，并以等高线形式展示。示例 7-23 使用 subplot ()函数以子图形式。同时绘制了直方图和等高线图，其代码的执行结果如图 7-21 所示。

示例 7-23　同时绘制了直方图和等高线图。

```
#生成随机数
set.seed(1)
x <- rnorm(100)
y <- rnorm(100)
#绘制子图：同时绘制了直方图和等高线图
s <- subplot(plot_ly(x = x, type = "histogram", color = I("steelblue")),
  plotly_empty(),
  plot_ly(x = x, y = y, type = "histogram2dcontour", colors = "YlOrRd"),
  plot_ly(y = y, type = "histogram", color = I("tomato")),
  nrows = 2, heights = c(0.2, 0.8), widths = c(0.8, 0.2), margin = 0,
#子图之间共享 x 轴和 y 轴，不显示轴标签
  shareX = TRUE, shareY = TRUE, titleX = FALSE, titleY = FALSE)
#设置布局
p <- layout(s, font = list(size = 20), showlegend = FALSE)
#显示交互图，见图 7-21
p
```

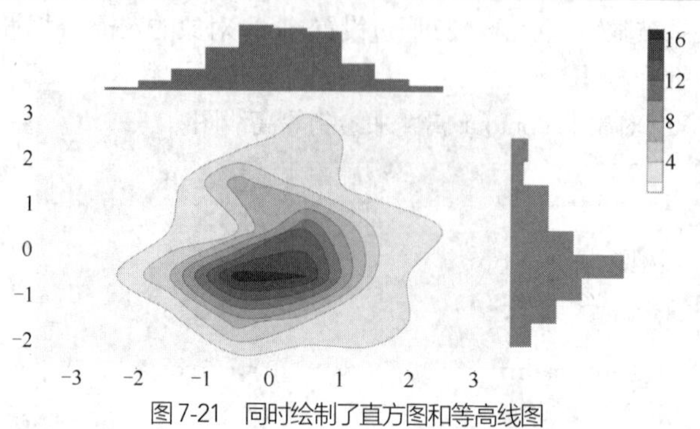

图 7-21　同时绘制了直方图和等高线图

9．瀑布图

瀑布图也称为阶梯图，多用于财务分析，描绘的是引发数据变化的因素或步骤。通过瀑布图，用户可以直观地了解数据的变换过程。plotly 中的瀑布图轨迹是“waterfall”，我们可以设置 decreasing、increasing 和 totals 来刻画单变量数据减少、增加和汇总的步骤。示例 7-24 绘制了一幅手动录入数据构成的瀑布图，其代码的执行结果如图 7-22 所示。

示例 7-24 绘制瀑布图。

```
#数据赋值，分别用+、0、-表示增加、汇总和减少
y <- c(128, 256, 32, 0, -320, -60, 0, 100, 98, -56, 0)
#设置 x 轴刻度，将从字符型转换为因子型
x <- c("营收 1", "营收 2", "营收 3", "总计", "成本 1",
       "成本 2", "利润", "收入 1", "零星收入", "税费", "净利润")
#设置度量的相对关系
m = c("relative", "relative", "relative", "total", "relative",
       "relative", "total", "relative", "relative", "relative", "total")
df <- data.frame(x = factor(x, levels = x), y, m)
#绘制瀑布图，设置 decreasing、increasing、totals 颜色
p <- plot_ly(df, x = ~x, y = ~y, measure = ~m,
             type = "waterfall", base = 200,
             decreasing = list(marker = list(color = "tomato2")),
             increasing = list(marker = list(color = "springgreen3")),
             totals = list(marker = list(color = "steelblue"))) %>%
#设置布局，加大字号和顶部边宽，设置 x 刻度线向外
layout(title = "财务报表", font = list(size = 20),
       xaxis = list(title = "", ticks = "outside"),
       yaxis = list(title = ""),
margin = list(t = 90))
#显示交互图，见图 7-22
p
```

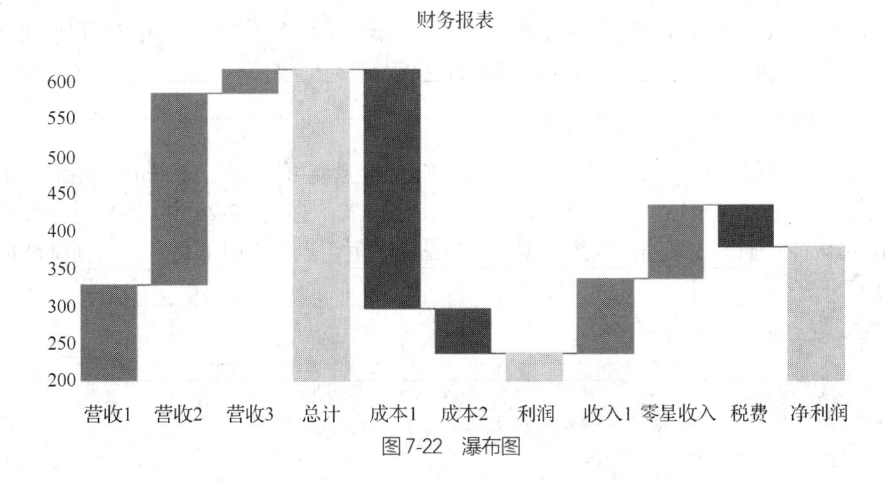

图 7-22 瀑布图

10．三维散点图

plotly 中绘制三维散点图十分简便，只需在除 x、y 之外的坐标变量中添加一个新的 z，plot_ly()就会自动在三维空间中呈现散点、线和路径。也就是说，我们可以将前面介绍的所有方法都用于三维绘图。

在示例 7-25 中，我们绘制随机生成数据的三维散点图，并使用第四个维度为点来填色。示例代码的执行结果如图 7-23 所示。

示例 7-25 绘制随机生成数据的三维散点图。

```
#随机生成数据
set.seed(1)
w <- rep(1:3, each = 100)
x <- w + rnorm(300, mean = 0, sd = 0.5)
y <- w + rnorm(300, mean = 3, sd = 0.5)
z <- w + rnorm(300, mean = 1, sd = 0.5)
w <- LETTERS[w]
#创建初始 plotly 对象，指定坐标变量，在这里使用 3 个变量设置维度为 3
plot_ly(x = ~x, y = ~y, z = ~z) %>%
#添加轨迹：散点，指定大小、边框宽度和颜色，填充颜色按 w 映射
add_markers(marker = list(size = 6, line = list(width = 0.8, color = "black")),
            color = ~w, colors = "Accent") %>%
#设置布局
layout(font = list(size = 15)) %>%
#不显示图例，见图 7-23
hide_legend()
```

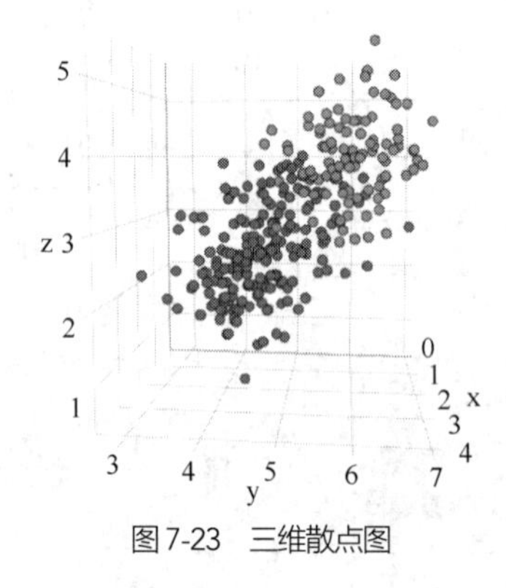

图 7-23 三维散点图

从图 7-23 中，我们可以看到透视的效果。plotly 三维绘图的一个优势就是用户可以使用交互方式，用鼠标将坐标系旋转到合适的角度，以获得对数据更清晰的观察效果。

11．三维线图

与三维散点图类似，在 plot_ly()中添加第三维的坐标变量就可以使用 add_lines()绘制三维线图。另一种实现方法是直接在 plot_ly()将参数置为 type = "scatter3d"。在示例 7-26 中，我们通过设置 plot_ly()函数的 type 参数为"scatter3d"来绘制三维线图，颜色缩放映射由点的索引值决定。示例代码的执行结果如图 7-24 所示。

示例 7-26 绘制三维线图。

```
#设置点的数量
count <- 2000
#生成空向量
x <- c()
y <- c()
z <- c()
col <- c()
for (i in 1:count)
{
    #循环赋值
    r <- i * (count - i)
    x <- c(x, r * cos(i/20))
```

```
        y <- c(y, r * sin(i/20))
        z <- c(z, i)
        col <- c(col, i)
}
#组合成数据框
data <- data.frame(x, y, z, col)
#绘制三维线图
p <- plot_ly(data, x = ~x, y = ~y, z = ~z, type = 'scatter3d',
             mode = 'lines',
             line = list(width = 5, color = ~col,
                  colorscale = list(c(0,'#BA52ED'), c(1,'#FCB040')))) %>%
layout(font = list(size = 16))
#显示交互图
p
```

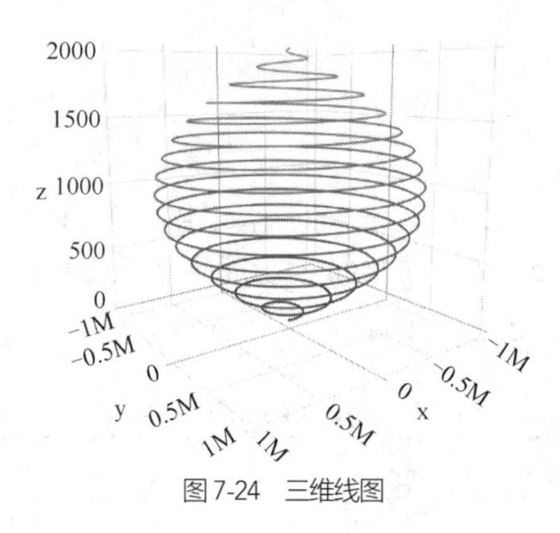

图7-24 三维线图

12．三维表面图

三维表面图可以用 add_surface( )绘制，第三维的数值将被映射到颜色。示例 7-27 绘制了一幅马鞍形的三维表面图，其代码的执行结果如图 7-25 所示。

示例 7-27 绘制马鞍形的三维表面图。

```
#生成数据
x <- 1:105
y <- 1:105
z <- c(sapply(1:100, function(i) c(sapply(1:100,
             function(j) 5000 - (i - 50)^2 + (j - 50)^2))))
#第三维 z 转换为矩阵形式
z <- matrix(z, nrow = 100)
#创建plotly对象
p <- plot_ly(z = ~z) %>%
#添加表面，不显示本轨迹的比例尺图例
add_surface(x = ~x, y = ~y, z = ~z, showscale = FALSE) %>%
#设置布局，可以调整 eye 参数以改变视角和距离
layout(font = list(size = 15),
       scene = list(camera = list(eye = list(x  =2.0, y = 0.8, z = 0.8))))
#显示交互图，见图 7-25
p
```

在 layout 中设置 scene 可以调整三维图形显示的效果。其中，参数 eye 用以设置观察者所在的位置，可以改变观察视角和距离。由于 plotly 具有互动性，用户使用鼠标进行旋转、平移和缩放，可以针对单幅绘图灵活操作，实现较理想的观察目标。

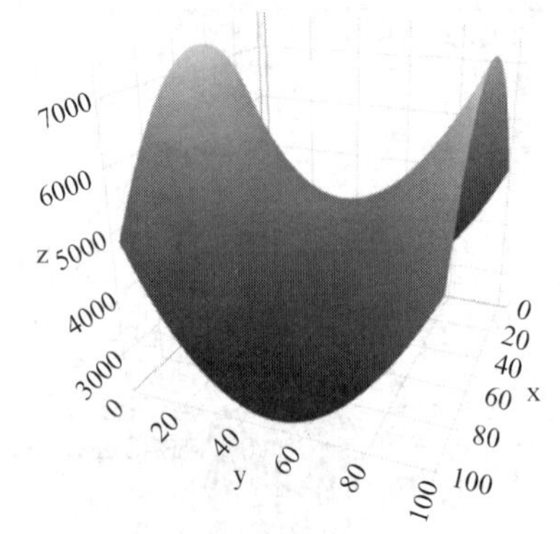

图 7-25　马鞍形的三维表面图

7.3 图形布局

图形布局

本节介绍的是在使用 plotly 时改变图形布局的方法。用户可以调用 layout( )函数修改 plotly 可视化的布局，调整绘图中的非数据部分。其调用形式（其参数说明见表 7-6）如下：

```
layout(p, ..., data = NULL)
```

表 7-6　layout ( )函数的参数

参数名	默认值	说明
p	—	一个 plotly 对象
data	NULL	需要设置的对象

layout( )中可以设置的对象数量很多，我们只讨论与图例、坐标轴和子图相关的布局因素。

7.3.1 图例

默认情况下，如果 plotly 对象中带有多个轨迹就会自动显示图例。如果只有一个轨迹，则默认不显示图例。当需要在单轨迹图中显示图例时，则要在 layout( )中将参数 showlegend 设置为 TRUE。参数 showlegend 起到一个开关作用，可以指定显示或隐藏图例。

一般情况下，图例中的标签就是轨迹对象的名称。用户若要设置其他名称的标签，可以在轨迹中直接修改名称属性。

在自定义图例形式时，用户根据需要来设置 legend 对象：可以改变图例的显示位置和方向，还可以设置图例的标题、字体、字号和颜色，也可以修改背景颜色和边框。示例 7-28 展示了在图形中添加自定义图例，其代码的执行结果如图 7-26 所示。

示例 7-28　添加自定义图例。

```
#生成随机数
set.seed(10101)
x <- 1:50
y <- 10 + (x/100)^2 + rnorm(50, 0, 0.25)
#创建一个空的plotly对象
p <- plot_ly(x = ~x, y = ~y) %>%
#添加轨迹：指定轨迹名称，shape="vh"表示先垂直再水平移动
add_lines(line = list(width = 3, shape = "vh"), name = "线") %>%
```

```
#添加轨迹：指定轨迹名称，轨迹形状设置为五边形
add_markers(marker = list(size = 15, symbol = "pentagon"), name = "点")
p %>%
#设置布局：设置图例标题内容，设置图例字体大小、颜色、位置与方向，设置图例边框颜色与边框厚度、坐标轴字体大小
layout(legend = list(title = list(text = '<b>图例: </b>'),
                     font = list(size = 22, color = "#225588"),
                     x = 0.02, y = .95, orientation = "h",
                     bgcolor = "EFEFEF99", bordercolor = "#225588",
                     borderwidth = 2),
       font = list(size = 20),
#为了在绘图顶部显示图例，指定y轴范围，见图7-26
       yaxis = list(title = "", range = c(9.5, 11), zeroline = FALSE),
       xaxis = list(title = "", zeroline = FALSE, showlegend = TRUE))
```

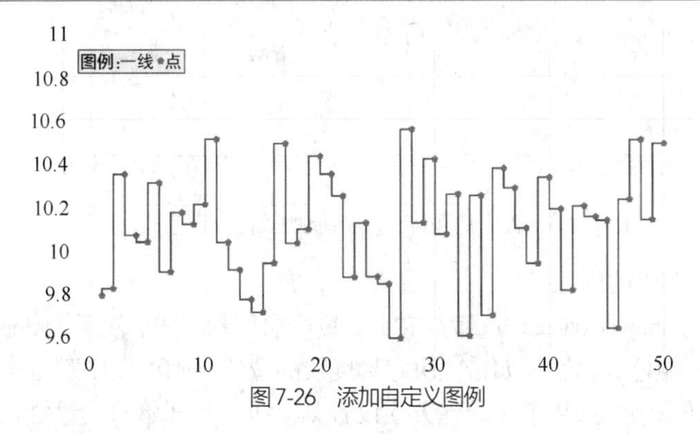

图7-26 添加自定义图例

7.3.2 数轴与刻度

用户可以通过指定线宽和颜色来配置每个数轴，也可以定义网格宽度和网格颜色。在一些应用中，可能需要使用多组数轴来分别表示不同数据集的坐标系，而layout()通过额外的axis对象提供了这种支持。在示例7-29中，我们将使用第二条y轴来表示独立于原始y轴的坐标关系。示例代码的执行结果如图7-27所示。

示例7-29 使用多条数轴表示独立的坐标关系。

```
#随机生成数据
set.seed(10101)
x <- 1:20
y1 <- rnorm(20, mean = 10)
y2 <- sample(1:10, 20, replace = TRUE)
#创建初始的plotly对象
plot_ly() %>%
#添加轨迹：折线图。使用x-y1坐标系
add_lines(x = ~x, y = ~y1, yaxis = "y", line = list(width = 3, dash = "dot"),
          color = I("blue"), name = "y1") %>%
#添加轨迹：折线图。使用x-y2坐标系
add_lines(x = ~x, y = ~y2, yaxis = "y2", line = list(width = 3,
dash = "dashdot"), color = I("purple"), name = "y2") %>%
#设置布局：使用背景色，加大字号
layout(plot_bgcolor = "#E6F6F688", font = list(size = 20),
#x轴：设置变量域宽度，显示轴线，刻度线间距为1，不显示零刻度线，不显示网格线
       xaxis = list(domain = c(0, 0.95), showline = TRUE, dtick = 1,
                    zeroline = FALSE, showgrid = FALSE),
```

```
#y1 轴：显示轴线，设置取值范围，放置在左侧，显示网格线
        yaxis = list(showline = TRUE, range = c(5, 15),
                     side = "left", title = "y1", gridcolor = "grey"),
#y2 轴：显示轴线，设置取值范围，覆盖 y 轴，放置在右侧，不显示网格线
        yaxis2 = list(showline = TRUE, title = "y2", overlaying = "y",
                      side = "right", showgrid = FALSE),
#设置上、下边距，用于显示图例和 x 轴标签
        margin = list(t = 90, b = 60),
#设置图例位置：位于顶部，横向排列，见图 7-27
        legend = list(x = 0.43, y = 1.1, orientation = "h"))
```

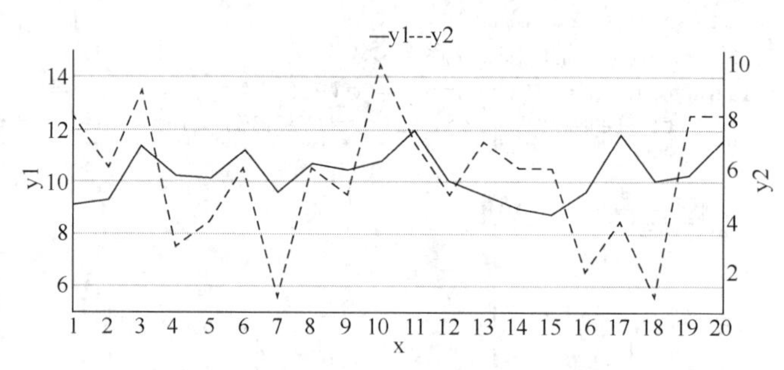

图 7-27　使用多条数轴表示独立的坐标关系

再来看如何设置绘图中的刻度线。

在 layout( )中，如将 showticklabels 设置为 TRUE，则会启用刻度线。使用 tickfont 可以指定刻度线标签的字体名称、大小、颜色等属性。如希望决定刻度线的位置，则可以设置 tickmode 属性，其有两种可能的取值：线性和数组。如果采用线性方式设置刻度线，其开始的位置由 tick0 决定，刻度线之间的步长由 dtick 属性决定。如果 tickmode 设置为"array"（数组），则必须提供作为 tickvals 和 ticktext 属性的值和标签列表。

如果数据取值较大或较小，完整显示所有有效数字就会占据很多绘图空间，这时可以考虑用科学记数法使得刻度标签变短。这一步可以通过将 layout( )的 exponentformat 属性置为"e"来实现，同时，还需要设置 showexponent 属性为"all "。

下面我们使用示例 7-30 中的代码绘制一个误差条形图的示例来说明刻度线标签的设置方法。误差条形图用图形方式表达数据测量值中的误差或不确定性。误差条的长度既可以用来代表一个标准差，也可以表示一个标准误或者一个特定的置信区间（如 95%）。由于该长度值可以有不同的含义，因此在图表或文本中应明确说明。在这里，我们用误差条的长度对应于一个随机变量的正负标准差的范围。我们连接各变量的均值构成条柱，让误差条的中心与条柱对齐。具体实现的代码如下。

示例 7-30　绘制误差条形图。

```
#随机生成数据
set.seed(1991)
x <- 1:12
y <- rnorm(12, mean = 100000, sd = 2000)
l <- rnorm(12, mean = 5000, sd = 500)
df <- data.frame(x, y, l)
#绘制误差条形图
p <- plot_ly(df, x = ~x, y = ~y,
             type = "bar",
             marker = list(color = "22558866"),
             error_y = ~list(array = l, color = "#EF36A2")) %>%
#设置布局
layout(font = list(size = 20),
```

```
#使用数组设置刻度线标签位置和内容，显示轴线，不显示网格线
        xaxis = list(title = "", showgrid = FALSE, showline = TRUE,
                ticktext = list("一月", "三月", "五月", "七月", "九月", "十一月"),
                tickvals = list(1, 3, 5, 7, 9, 11),
                tickmode = "array"),
#使用科学记数法作为标签，显示轴线，不显示网格线
        yaxis = list(title = "", showgrid = FALSE, showline = TRUE,
                     showexponent = "all", exponentformat = "e"))
#显示交互图，见图7-28
p
```

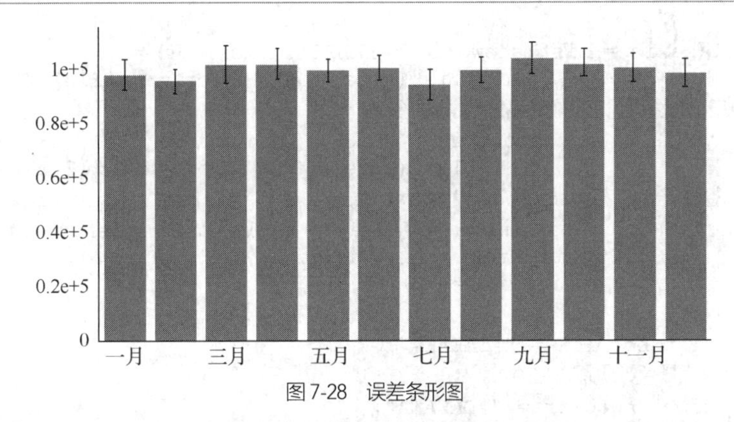

图7-28 误差条形图

绘图背景和轴线部分的背景可以分别单独设置。下面我们使用一个绘制甘特图的示例来说明背景色的配置方法。甘特图是一种特殊形式的条形图，多用于显示项目中各步骤的进度和相互依赖关系。示例7-31绘制了一幅甘特图，其代码的执行结果如图7-29所示。

示例7-31 绘制甘特图。

```
#随机生成数据
date <- seq.Date(as.Date("2018-3-9"), length.out = 31, by = "day")
set.seed(1999)
#设置起始日期
start <- sort(sample(date[1:(length(date) - 2)], 6))
#设置结束日期
end <- start[2:length(start)] + sample(-1:1, length(start) - 1, replace = TRUE)
end[length(start)] <- date[length(date)]
#设置周期
duration <- (end - start)
#设置文本说明
text <- paste("任务", 1:length(start))
#设置资源需求
resource <- sample(c("电力", "空间", "设备"), 6, replace = TRUE)
#选择表示每一步骤的颜色
cols <- RColorBrewer::brewer.pal(length(start), name = "Set3")
color <- factor(start, labels = cols)
#创建初始plotly对象
p <- plot_ly()
#添加步骤
for (i in 1:(length(start)))
{
#以粗线表示每一步
   p <- add_trace(p, type = "scatter", mode = "lines",
```

```
#横轴线段两侧端点为对应的起点和终点
          x = c(start[i], start[i] + duration[i]), y = c(i, i),
          line = list(color = color[i], width = 30),
          showlegend = FALSE,
#设置鼠标指针悬停时显示的文字内容
          hoverinfo = "text",
          text = paste("任务: ", text[i], "<br>",
                   "期限: ", duration[i], "days<br>",
                   "资源: ", resource[i]))
}
#设置布局
p %>% layout(xaxis = list(showgrid = FALSE , tickfont =
                        list(size = 20, color = "#121212")),
#不显示网格线，加大字号，设置刻度线标签颜色
          yaxis = list(showgrid = FALSE, tickfont =
                        list(size = 20, color = "#121212"),
#设置刻度线标签字符串：将tickmode设置为"array"，提供tickvals和ticktext的值和标签列表
                   tickmode = "array", tickvals = 1:length(start),
                   ticktext = unique(text),
                   domain = c(0, 0.9)),
#设置绘图背景色
          plot_bgcolor = "#DAEAEA",
#设置轴线部分的背景色，见图 7-29
          paper_bgcolor = "#DAEAEA")
```

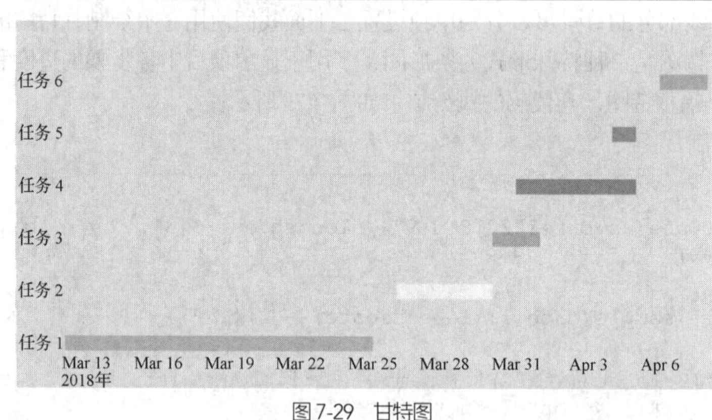

图 7-29　甘特图

7.3.3 子图与插图

高维数据可视化的一个关键技术是提供从多个视角观察不同维度数据的能力，将同一组高维数据对象的多个低维图形排列在一起，用户可以将局部信息和模式纳入全局环境中分析。如果需要在一幅图中安排多个子图，则可以使用 subplot( )进行管理。

subplot( )函数用于将多个 plotly 对象合并为一个整体，可以将一组子图放置到给定行数和列数的表格中。虽然默认情况下每一行和每一列应具有相同的高度和宽度，但在 subplot( )中可以通过 heights 和 widths 参数向量的设置来更改默认值。在绘制二维直方图和等高线图（见图 7-21）时，我们设置了 widths = c (0.8, 0.2)和 heights = c (0.2, 0.8)来安排子图所占据空间的长宽比。

当显示多个相关的数据子图时，它们可以共享底层数据，从而进行比较和分析。但是 subplot( )对子图的数据并没有严格的限制，子图可以各自拥有独立的数据来源。

调用 subplot( )函数的形式如下：

```
subplot(..., nrows = 1, widths = NULL, heights = NULL, margin = 0.02, shareX = FALSE,
shareY = FALSE, titleX = shareX, titleY = shareY, which_layout = "merge")
```

其中参数 nrows 表示子图的行数，逻辑值 shareX 和 shareY 表示是否在子图之间共享坐标轴线。

在示例 7-32 中，我们在 1 行 2 列的水平布局里绘制两个子图，子图之间不共享数据，且具有不同的轨迹形式。示例代码的执行结果如图 7-30 所示。

示例 7-32 绘制水平布局的两个子图。

```
#设置随机种子
set.seed(101)
#子图对象必须在 subplot()中定义
subplot(plot_ly(alpha = 0.6) %>%
#在第一个子图中并列添加 3 个不同的 trace
add_boxplot(y = ~rnorm(500), line = list(width = 3)) %>%
add_boxplot(y = ~rnorm(500) - 0.5, line = list(width = 3)) %>%
add_boxplot(y = ~rnorm(500) + 1, line = list(width = 3)) %>%
layout(font = list(size = 20),
       yaxis = list(zeroline = FALSE, showgrid = FALSE)),
#两个子图分别使用 plot_ly()创建
plot_ly(alpha = 0.6) %>%
add_histogram(x = ~rnorm(500), histnorm = "probability") %>%
add_histogram(x = ~rnorm(500) + 1, histnorm = "probability") %>%
#设置 barmode = "overlay"，直方图重合绘制，条柱之间带有间隙
layout(font = list(size = 20), yaxis = list(showgrid = FALSE),
       barmode = "overlay", bargap = 0.1)) %>%
#隐藏图例，见图 7-30
hide_legend()
```

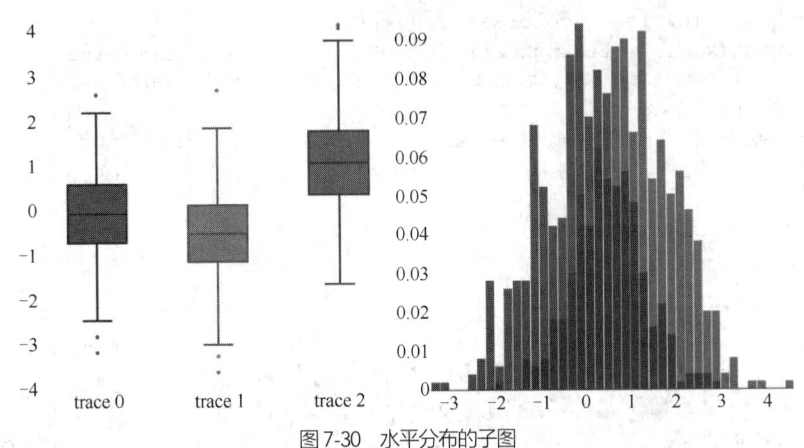

图 7-30 水平分布的子图

在示例 7-33 中，子图共享同一个数据来源。我们首先创建一个 plotly 对象，然后在 subplot ()中使用 add_markers ()来定义子图。设置 nrows 参数可以控制子图分布的形式，我们可用 2 行 2 列的子图来说明 plotly 中不同的 colors 设置方式。示例代码的执行结果如图 7-31 所示。

示例 7-33 绘制 2 行 2 列布局的子图。

```
#随机生成数据
set.seed(12345)
x <- 1:100
y <- rnorm(100)
z <- seq(from = 1, by = 0.05, length.out = 100)
#设置颜色比例尺：分别使用上下界、调色板和颜色插值函数
col1 <- c("#132B43", "#56B1F7")
```

```
col2 <- viridisLite::inferno(10)
col3 <- colorRamp(c("red", "white", "blue"))
#创建初始plotly对象
p <- plot_ly(x = ~x, y = ~y, alpha = 0.8)
#设置子图：为了避免白色的点不可见，使用黑色边框线
subplot(add_markers(p, color = ~z,
                    marker = list(size = 10,
                         line = list(color = "black", width = 0.8))) %>%
#显示颜色条：默认调色板
        colorbar(title = "plotly默认调色板") %>%
#显示轴线，不显示零刻度线
        layout(xaxis = list(showline = TRUE, width = 2, zeroline = FALSE),
               yaxis = list(showline = TRUE, width = 2, zeroline = FALSE)),
        add_markers(p, color = ~z, colors = col1,
                    marker = list(size = 10,
                       line = list(color = "black", width = 0.8))) %>%
        colorbar(title = "ggplot风格调色板") %>%
        layout(xaxis = list(showline = TRUE, width = 2, zeroline = FALSE),
               yaxis = list(showline = TRUE, width = 2, zeroline = FALSE)),
        add_markers(p, color = ~z, colors = col2,
                    marker = list(size = 10,
                       line = list(color = "black", width = 0.8))) %>%
        colorbar(title = "Inferno调色板") %>%
        layout(xaxis = list (showline = TRUE, width = 2, zeroline = FALSE),
               yaxis = list(showline = TRUE, width = 2, zeroline = FALSE)),
        add_markers(p, color = ~z, colors = col3,
                    marker = list(size = 10,
                       line = list(color = "black", width = 0.8))) %>%
        colorbar(title = "colorRamp颜色插值") %>%
        layout(xaxis = list(showline = TRUE, width = 2, zeroline = FALSE),
               yaxis = list(showline = TRUE, width = 2, zeroline = FALSE)),
#设置为2行，子图共享x、y轴
        nrows = 2, shareX = TRUE, shareY = TRUE
        ) %>%
#加大字号
layout(font = list(size = 18)) %>%
#隐藏图例，见图7-31
hide_legend()
```

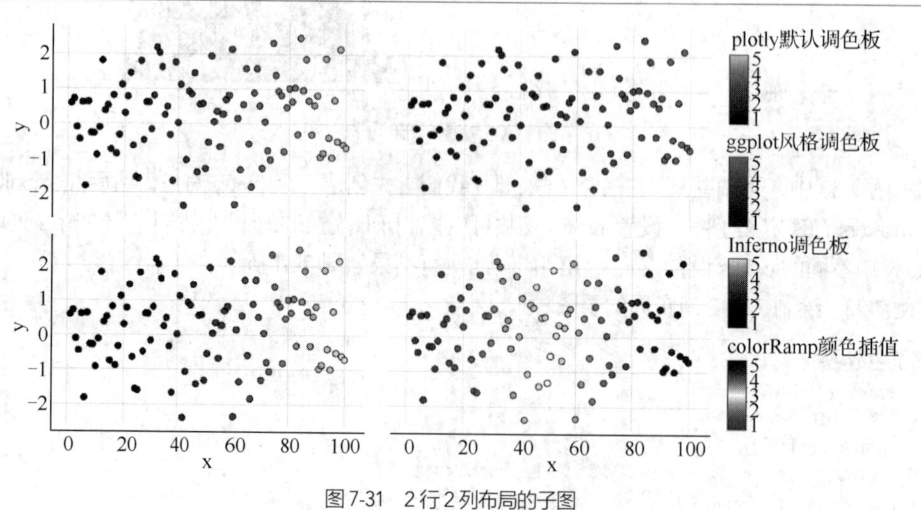

图7-31　2行2列布局的子图

除了能够灵活地安排子图布局之外，plotly 还提供了对插图形式的支持。为了显示插入一幅绘图中的子图，我们需要配置其轨迹对象的坐标系，将它的 xaxis 和 yaxis 属性分别指定为"x2"和"y2"。接下来，在配置 layout 对象时，把插图所用的 x2 轴和 y2 轴位置依靠 domain 属性加以定义，指定它们与主轴对应的位置。

在示例 7-34 中，我们将一个散点图插入小提琴图中。我们使用 domain = c (0.05, 0.45)和 domain = c (0.6, 0.99)指定插图坐标系相对于原图的位置关系，注意不要让插图覆盖掉原图中的重要信息。示例代码的执行结果如图 7-32 所示。

示例 7-34 将散点图插入小提琴图中。

```
#随机生成数据
set.seed(101)
x <- rep(1:5, 50)
y <- x + rnorm(250)
df <- data.frame(x, y)
#创建plotly对象
p <- plot_ly(df) %>%
#添加轨迹：小提琴图，边框线可见，绘制均值线
add_trace(x = ~x, y = ~y, split = ~x,
   type = "violin",
   box = list(visible = TRUE),
   meanline = list(visible = TRUE)) %>%
#添加轨迹：散点图，使用 x2 和 y2 坐标轴
add_markers(x = 3 + rnorm(250), y = ~y, name = "散点",
          size = 1.5, alpha = 0.8, color = ~x,
          xaxis = "x2", yaxis = "y2") %>%
#设置布局：将 x2 和 y2 安排到图中合适的位置
layout(font = list(size = 20),
      xaxis = list(title = "", zeroline = FALSE),
      yaxis = list(title = "", range = c(-2, 10), zeroline = FALSE),
      xaxis2 = list(title = "", domain = c(0.05, 0.45), anchor = "y2",
                 zeroline = FALSE),
      yaxis2 = list(title = "", domain = c(0.6, 0.99), anchor = "x2",
                 zeroline = FALSE))
#显示交互图，见图 7-32
p
```

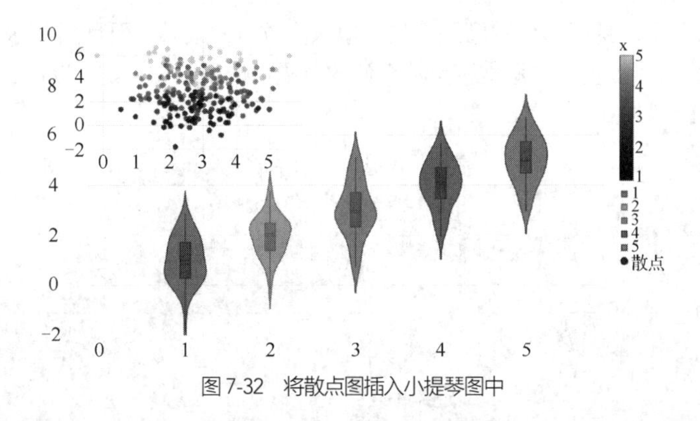

图 7-32　将散点图插入小提琴图中

7.4 交互方式

交互方式

plotly 支持鼠标指针悬停显示数据或选择绘图中区域进行放大操作，而且浏览器的

右上角还有一组图标（称为 modebar）可用于选择交互方式。在默认情况下，这组图标的含义依次是 Download plot as a png、Zoom、Pan、Box Select、Lasso Select、Zoom In、Zoom Out、Autoscale 和 Reset Axes 等。plotly 提供了不同的方法，让用户可以选择添加、删除、修改已有的交互方式。

7.4.1 配置修改

函数 config( )可以用于设置 plotly 图形的配置选项。调用函数时，需输入对象，以及用来设置图形配置选项的列表。对于未在 config()中设置的选项，将自动使用该选项的默认值。

默认情况下，使用 plotly 包创建的图形是响应式的，图形的高度和宽度会根据浏览器窗口的大小自动改变。如果希望禁用此行为，不管窗口大小，强制使图形始终具有相同的高度和宽度，则可以在 config( ) 中将参数 responsive 的值置为 FALSE。

在示例 7-35 中，我们将通过设置 config( )中的参数来完成以下效果：将地区设置为中国（即显示中文），不显示 plotly 的图标，允许用户使用鼠标上的滚轮来放大和缩小图形。

示例 7-35 设置 config( )中的参数以修改 plotly 配置。

```
#设置随机种子
set.seed(1)
#取日期值以组成序列
t <- as.Date("2018-6-1")
x <- seq.Date(t, t + 30, by = "day")
p <- plot_ly(x = ~x, y = ~rnorm(length(x))) %>%
#添加轨迹：折线图
add_lines() %>%
#设置布局：背景色和字号
     layout(plot_bgcolor = "#E6E6F688", font = list(size = 20),
#x 轴：不显示标题，显示轴线，设置刻度线间隔，不显示零刻度线
         xaxis = list(title = "", showline = TRUE, dtick = "day",
                      zeroline = FALSE),
#y 轴：不显示标题
         yaxis = list(title = ""))
#修改配置：地区设置为中国，不显示图标，允许滚轮操作
config(p, locale = "zh-CN", displaylogo = FALSE, scrollZoom = TRUE)
```

从图 7-33 可以看出，日期的显示已经体现出地区修改后的效果，而且当鼠标指针悬停在 modebar 上时，显示的图标发生了变化，提示文字也从默认的英语变成了中文，如“Download plot as a png”变成了“下载图表为 PNG 格式”。

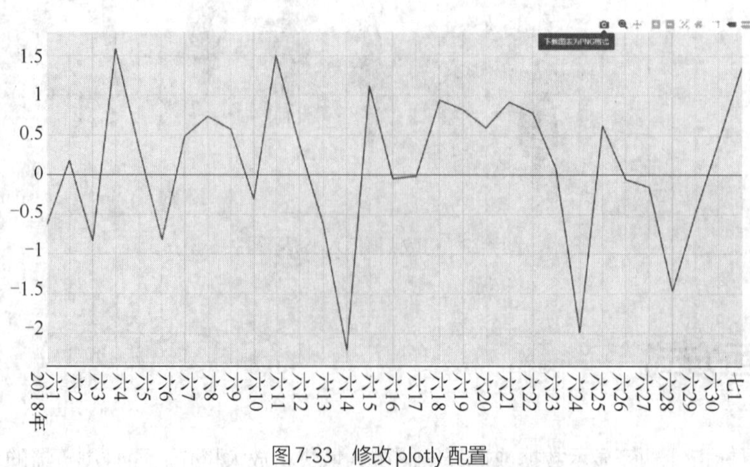

图 7-33 修改 plotly 配置

如果只希望显示静态图，取消所有的交互操作，则可以在 config( )中直接设置 staticPlot = TRUE。例如，在示例 7-35 的代码末尾加上：

```
config(p, staticPlot = TRUE)
```

就可以得到静态绘图。

7.4.2 modebar 修改

当用户将鼠标指针悬停在用 plotly 生成的图形上时，一个 modebar 会出现在图形的右上角。它为用户提供了几个与图形交互的选项。默认情况下，modebar 仅当用户将鼠标指针悬停在图表上时可见。如果无论鼠标指针是否悬停在图形上都要让 modebar 保持可见，则需设置 displayModeBar 属性为真，即 displayModeBar = TRUE。相反，如果希望 modebar 始终不可见，那么就要设置 displayModeBar 属性为 FALSE。要恢复自动状态，则需要设置为默认的 displayModeBar = NULL。

此外，用户还可以修改 modebar 图标的对应操作行为。例如，modebar 上的相机图标允许用户通过浏览器下载图像的静态版本。默认行为是下载大小为 700 像素 × 450 像素的 PNG 格式。通过修改 config( ) 的 toImageButtonOptions 配置，可以将离线图形设置为各种尺寸的栅格和矢量图像格式。

```
#只能是 PNG、SVG、JPEG、WebP 之一的格式
config(p, toImageButtonOptions = list(format= "svg", filename= "myPlot", width=1200, height = 800, scale = 1))
```

如希望以当前浏览器渲染的尺寸下载文件，则可以设置 height = NULL, width = NULL。

若要从 modebar 中删除图标，请将包含要删除图标名称的字符串数组传递到图的配置字典中的 modeBarButtonsToRemove 属性。注意，不同的图表类型可以有不同的默认 modebar。

平面直角坐标系的图形中还有一些可选的 modebar 图标，用户对 modeBarButtonsToAdd 进行配置后方可使用图标。这些图标或者用于绘制直线、开放路径、封闭路径、圆和矩形，或者用于擦除现有形状。例如，在前面代码中添加下列语句并执行，就会在 modebar 中出现相应的新图标。

```
#在二维图形中添加互动图标
config(p,modeBarButtonsToAdd=list("drawline","drawopenpath", "drawclosedpath", "drawcircle", "drawrect", "eraseshape"))
```

7.4.3 hoverinfo 修改

默认情况下，当鼠标指针悬停在数据点上方时，浮窗中显示的是该点的坐标值。用户可以在添加轨迹时设置 hoverinfo 为鼠标指针悬停时希望显示的内容。例如，设置 hoverinfo = "x"就会只显示该处的 x 值，设置 hoverinfo = "text"就只会显示对应的 text 内容。如果要显示指定格式的内容，则可以通过参数 hovertemplate 来实现。

在平面中难以刻画高维数据。鼠标指针悬停时，浮窗可以将当前数据点对应的高维数据全部显示出来，从而方便数据分析师查看完整的数据。示例 7-36 通过修改鼠标指针悬停显示信息的格式，在 *x-y* 坐标系中显示一个四维向量的数值，其代码的执行结果如图 7-34 所示。

示例 7-36 修改鼠标指针悬停显示信息的格式以显示四维向量的数值。

```
#设置随机数
set.seed(100)
x <- 1:100
y <- rnorm(100, mean = 3)
z <- runif(min = 0, max = 5, 100)
w <- sample(2:7, 100, replace = TRUE)
```

```
#创建初始 plotly 对象
plot_ly() %>%
#添加轨迹：折线+散点
add_trace(x = ~x, y = ~y, type = "scatter", mode = "lines+markers",
#设置几何对象的视觉属性
        marker = list(size = 12, color = "steelblue"),
        line = list(width = 3, color = "tomato"),
#设置鼠标指针悬停显示信息的格式
        hovertemplate = paste("<i>位置</i>: ", x,
                    "<br><b>长度</b>: %{y:.2f}",
                    "<br><b>体积</b>: ", round (z, 2),
                    "<br><b>重量</b>: ", w),
        showlegend = FALSE) %>%
#设置布局，见图 7-32
layout(font = list(size = 20),
        xaxis = list(title = "", zeroline = FALSE, showline = TRUE, linewidth = 2),
        yaxis = list(title = "", showline = TRUE, linewidth = 2))
```

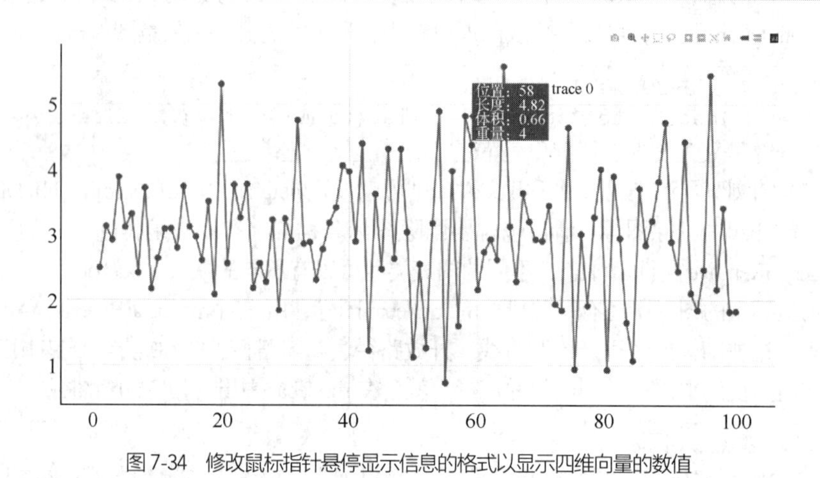

图 7-34　修改鼠标指针悬停显示信息的格式以显示四维向量的数值

从图 7-34 可知，鼠标指针悬停显示的信息中包含数据点所对应的所有变量值，因此可以帮助数据分析师快速掌握高维数据的含义。

7.5 静态图保存

有多种方式可以将 plotly 绘图结果保存为静态图，前面已经介绍过了通过 modebar 上的相机图标，将浏览器中显示的互动图存储为 PNG 格式的文件。如果修改参数 toImageButtonOptions，还可以将渲染结果保存为其他的指定格式。本节将介绍 webshot( )和 orca( )这两种将浏览器中的动图保存为静态图的方式。

7.5.1 webshot( )

函数 webshot( )可以将 HTML 文件转换为指定文件格式加以保存。示例 7-37 就是一个保存 plotly 绘图结果的具体例子。

示例 7-37 保存 plotly 绘图结果为 EPS 格式。

```
#加载 htmlwidgets 包，将 plotly 对象保存为 HTML 文件
library(htmlwidgets)
#加载 webshot 包，将 HTML 文件在虚拟浏览器中渲染，然后保存为指定格式的图像文件
library(webshot)

#设置随机种子
set.seed(1)
#取日期值以组成时间序列
t <- as.Date("2018-6-1")
x <- seq.Date(t, t + 30, by = "day")
p <- plot_ly(x = ~x, y = ~rnorm(length(x))) %>%
#添加轨迹：折线图
add_lines() %>%
#设置布局：背景色和字号
    layout(plot_bgcolor = "#E6E6F688", font = list(size = 20),
#x 轴：不显示标题，显示轴线，设置刻度线间隔，不显示零刻度线
        xaxis = list(title = "", showline = TRUE, dtick = "day",
                     zeroline = FALSE),
#y 轴：不显示标题
        yaxis = list(title = ""))
#设置工作目录
setwd("D:/Workspace")
#将 plotly 对象保存为 HTML 文件
saveWidget(p, "tmp.html", selfcontained = FALSE)
width <- 1080
height <- 610
webshot("tmp.html", file = "MyPlot.eps", cliprect = c(10, 30, width+50,
height+50),vwidth = width, vheight = height )
```

7.5.2 orca( )

引入 plotly R 包后，用户可以使用 orca 将创建的静态图导出为 PNG、JPG/JPEG、EPS、SVG 和 PDF 格式的文件。orca 是 open-source report creator app（开源报告创建者应用程序）的缩写，用于生成用 plotly 的图形库创建的交互图的静态图。orca 完全可以在本地运行，不需要使用虚拟浏览器进行渲染，用户直接调用 orca( )函数就可以在 R 会话中导出静态图。

请读者搜索关键词 plotly orca，在官方网站根据自己的平台类型来下载并安装 orca 可执行程序。因为 orca 是一个命令行程序，在 R 中调用时，需要将可执行文件的路径添加到系统的环境变量 Path 中去。如果使用 Windows 平台，则可以按照下列步骤完成环境变量的设置：安装成功后，在 Windows 桌面上找到 Orca 的图标，单击鼠标右键，在弹出的快捷菜单中选择“属性”命令，在属性对话框中找到可执行文件 orca.exe 的路径。然后，在“我的电脑”（或“此电脑”）图标上单击鼠标右键，在“设置”窗口中找到并单击“高级系统设置”，进入“系统属性”→“环境变量”对话框，编辑“Path”，单击“新建”按钮，将刚才发现的 orca.exe 的完整路径添加进去。

orca ( )的主要参数如下：

```
orca(p, file = "plot.png", scale = NULL, width = NULL, height = NULL, ...)
```

其中 p 是一个 plotly 对象，file 是输出文件名，目前支持的输出格式包括 PNG、JPEG、WebP、SVG、PDF 和 EPS。

在保存图形到文件时，至少需要给 orca( )函数输入两个参数：一个是要导出的 plotly 对象，另一个

是要保存的文件名。在示例 7-38 中，我们使用 type = "candlestick"绘制一张蜡烛图，并使用 orca( )将其保存为 PDF 文件。示例代码的执行结果如图 7-35 所示。

示例 7-38 绘制蜡烛图，并使用 orca( )将其保存为 PDF 文件。

```
#设置随机种子
set.seed(511)
#取日期值以组成时间序列
t <- as.Date("2015-9-1")
x <- seq.Date(t, t + 30, by = "day")
#设置 open、low、high、close 对应的数据
low <- 10 + sqrt(1:length(x)) + rnorm(length(x), mean = 2)
high <- low + rnorm(length(x), mean = 5)
open <- sapply(1:length(x), function(i) sample(low[i]:high[i], 1))
close <- sapply(1:length(x), function(i) sample(low[i]:high[i], 1))
#设置标注
a <- list(text = "分红公告日期", x = '2015-9-7', y = 1.01,
          xref = 'x', yref = 'paper', xanchor = 'left', showarrow = FALSE)
#在标注处设置一条直线
l <- list(type = line, x0 = '2015-9-7', x1 = '2015-9-7', y0 = 0, y1 = 1,
          xref = 'x', yref = 'paper', line = list(color = 'steelblue',
          dash = "dash", alpha = 0.3, width = 1.5))
#绘制蜡烛图
p <- plot_ly(x = ~x, type = "candlestick",
          open = ~open, close = ~close,
          high = ~high, low = ~low) %>%
#设置布局
layout(title = "我的股票交易价格", font = list(size = 12),
         xaxis = list(title = ""),
         annotations = a, shapes = l, margin = list(t = 80))
#设置工作目录
setwd("D:/Workspace")
#有可能需要 processx 工具
if (!require("processx")) install.packages("processx")
#输出到指定格式的文件
orca(p, "myNewPlot.pdf")
```

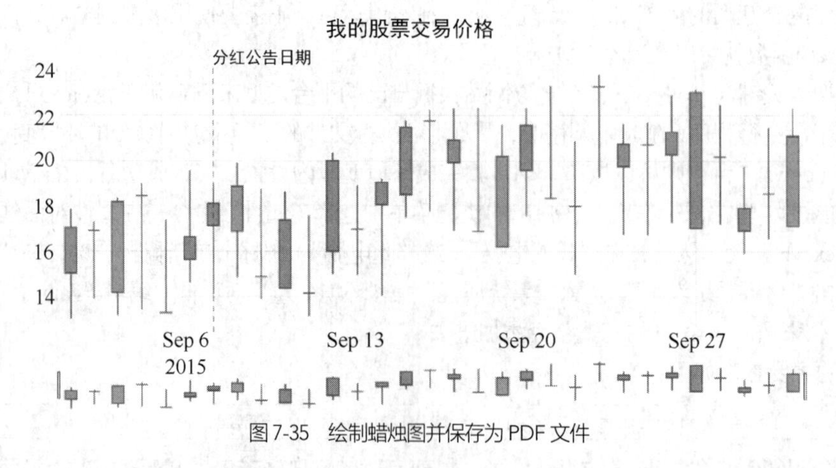

图 7-35 绘制蜡烛图并保存为 PDF 文件

图 7-35 中的下方显示了一个缩略图和两端的移动条，允许用户选择感兴趣的时间段来观察局部的信息。用户如果不希望使用这一功能，特别是在输出到文件时取消区间选择功能，可以在 layout( )中设置 *x* 轴：

```
#不显示rangeslider
p <- layout(p, xaxis = list(rangeslider = list(visible = F)))
```

值得注意的是，静态图的高度和宽度必须以像素为单位，对于大多数文件格式（如PNG、JPEG、SVG等），这一点是很直观的，但当导出为PDF时，用户可能想以英寸为单位指定大小，这时就需要将机器显示的分辨率乘以所需的英寸数来得到所需的以像素为单位的结果。所以如果想要一个8英寸×11英寸的PDF文件，假设显示设备是典型的96 dpi，那么可以执行以下语句：

```
orca(p, file = "myNewPlot.pdf", width = 11*96, height = 7*96)
```

7.6 本章小结

作为一个开源的免费工具，plotly与第6章中介绍的ggplot2虽然在形式和术语上有一些区别，但是两者有很多共同之处，特别是构建绘图的架构。ggplot2定义了数据到美学属性的映射和表示几何对象的图层；plotly则使用相似的映射表达从数据到视觉属性的对应关系，使用具有相对独立性的几何形式的轨迹来层叠地构建复杂的视图。在ggplot2中，非数据部分的外观元素被纳入主题theme()中加以控制；在plotly中，用户借助layout()的参数设置来实现对于非数据元素的管理。plotly甚至还提供了一个函数ggplotly()，用于将ggplot对象直接封装为plotly对象。

plotly与ggplot2的最大区别在于，plotly所创建的是一个支持交互性操作的图形，可以让用户通过简单的鼠标操作实现与图形的互动。对于处在数据探索阶段的数据分析师来说，能让他们快速、准确地从不同视角、不同抽象层次去深入了解数据对象的细节，无疑是plotly的一大优势。

plotly可以用不同方式呈现交互图，既可以在RStudio的Viewer中，也可以在云端显示。本章中，我们只介绍了利用用户计算机上的本地浏览器渲染视图和保存为静态文件的方式。不要求掌握任何JavaScript知识，用户便可以使用plotly的R接口，创建、操作、编辑和保存plotly绘制的图形。

本章只介绍了部分plotly的绘图形式，对于更专业的财务和地图应用，请用户按照需要在现有基础上自行了解。

习题7

7-1 使用plotly对R自带的数据集iris绘制不同属性组合的气泡图。用Species来指定点的形状。

7-2 在习题7-1的图形上增加交互要求：当鼠标指针移至气泡上方时，显示该样本的属性值。

7-3 使用plotly以平行坐标轴方式绘制R内置数据集iris的样本，颜色用类别表示。

7-4 画出faithful数据集的散点图，并以子图形式将数据的箱形图内嵌在当前图形的左上角。

7-5 查找最近一个月的某只股票交易数据，绘制蜡烛图，并保存为PDF文件。

7-6 在MASS包的数据集Boston中包含一个506行14列的数据框，其中的属性分别表示按城镇划分的人均犯罪率、划作超过25 000平方英尺（ft^2，$1ft^2=0.09290304m^2$）地段的住宅用地比例、城镇非零售营业面积占比等数值型变量，以及一个虚拟变量是否在查尔斯河岸边。请使用plotly可视化手段帮助分析房价与其他变量的关系。建立房价和其他变量的回归模型，并分析模型的效果。

7-7 判别分析可以用于分辨数值型自变量对分类因变量的影响，帮助用户理解每个自变量对分类的贡献。判别分析依赖一些假设：自变量服从正态分布；不同类别之间的差异在不同的预测因子水平之间相同；预测变量互相独立；除了变量之间的独立性，样本本身也是独立的。使用统计分析和可视化工具分析 iris 数据集，以鸢尾花类别为因变量进行判别分析。MASS 包中的函数 lda( )可以执行线性判别分析。将样本按 7∶3 的比例划分为训练集和测试集，建立 lda 模型，并分析结果。

7-8　ggplot2 包包含数据集 diamonds。该数据集包含 53940 颗不同钻石的 10 个不同变量的测量值（如价格、颜色、克拉数等）。使用统计分析和可视化技术讨论价格与其他比例的关系。如何建立价格为因变量的模型？实现模型并评价模型的效果。